TURING 图灵程序设计丛书

TCP/IP网络编程

【韩】尹圣雨 著 金国哲 译

人民邮电出版社
北京

图书在版编目（CIP）数据

TCP/IP网络编程 /（韩）尹圣雨著 ; 金国哲译. --
北京 : 人民邮电出版社, 2014.7
（图灵程序设计丛书）
ISBN 978-7-115-35885-1

Ⅰ. ①T… Ⅱ. ①尹… ②金… Ⅲ. ①计算机网络－通
信协议②计算机网络－程序设计 Ⅳ. ①TN915.04
②TP393.09

中国版本图书馆CIP数据核字(2014)第117505号

内 容 提 要

本书涵盖操作系统、系统编程、TCP/IP 协议等多种内容，结构清晰、讲解细致、通俗易懂。书中收录丰富示例，详细展现了 Linux 和 Windows 平台下套接字编程的共性与个性。特别是从代码角度说明了不同模型服务器端的区别，还包括了条件触发与边缘触发等知识，对开发实践也有很大帮助。

本书针对网络编程初学者，面向具备 C 语言基础的套接字网络编程学习者，适合所有希望学习 Linux 和 Windows 网络编程的人。

◆ 著　　[韩] 尹圣雨
　译　　金国哲
　责任编辑　傅志红
　执行编辑　陈　曦
　责任印制　焦志炜

◆ 人民邮电出版社出版发行　北京市丰台区成寿寺路 11 号
　邮编　100164　电子邮件　315@ptpress.com.cn
　网址　http://www.ptpress.com.cn
　固安县铭成印刷有限公司印刷

◆ 开本：800×1000　1/16
　印张：26.25　　2014 年 7 月第 1 版
　字数：620千字　　2025 年 1 月河北第 48 次印刷
著作权合同登记号　图字：01-2013-8539 号

定价：79.00元

读者服务热线：(010)84084456-6009　印装质量热线：(010)81055316

反盗版热线：(010)81055315

广告经营许可证：京东市监广登字 20170147 号

版 权 声 明

作 者 序

为初学者准备的网络编程

我曾有一段时间痴迷于学习网络编程，那时关注的重点是网络技术，也因此走上了网络编程之路。现在回想起来也没有什么特别的理由，只是因为我个人认为网络编程是程序员的基本功。当时学完 C 和 C++后，我购买了外国知名作者撰写的网络编程书。虽然是英文书，而且内容较多，但我对自己的网络技术和编程技术相当自信，选书的时候毫不犹豫。但不到一周就实在看不下去了，并不是因为书的质量没有想象的那么好，或者有英文障碍，主要是因为自己连书中示例都无法正常调试通过。

之后，我在大学研究室和公司接触了大量开发人员，逐渐对各个领域有了更深入的认识，也因此产生了重拾书本的勇气。再去读的时候发现原书写得的确非常棒。

我并不是特别聪明或理解力特别强的人，所以花费大量时间学习了属于程序员必修课的操作系统和算法。对我而言，学习知名的计算机理论原著是不小的负担。当时的我最需要的是通俗易懂的书，并不是笼统的叙述，而是详细的说明，同时符合我的水平。

如果各位与我当年的水平一样，那本书正是为大家准备的。对于已经掌握大量网络编程相关知识并希望得到提升的读者而言，本书可能过于简单。而第一次接触网络编程的读者，或者在学习过程中像我一样受过挫折的读者，都能通过本书获得很大帮助。

我在书中也尝试探讨了更多深层问题，但同时又担心读者对此产生抵触情绪。感谢那些选择本书并给予好评的读者们！

借此机会，我要感谢韩浩、智秀、胜熙、朱英及其学生帮我修改病句和错别字。另外，向智敏（不允许我在家工作而只能休息）、智律（对不起，没能抱着你陪你玩）和他们的“队长”燕淑表示深深的歉意。

最后，感谢敬爱的母亲，您一直为深夜还在写书的我而操心。感谢宋盛根组长、李升振组长，你们让我懂得写书并非一人之力。感谢帮助我完善本书的编辑们。感谢对本书提出宝贵意见的同事们，以及鼓励并祝福我的所有朋友们。

尹圣雨

前　　言

本书适合人群

本书面向基于套接字的网络编程学习者，所以不需要太多基础知识。但示例使用C语言编写而成，因此需要这方面的理解。我相信各位已经具备一定的C语言基础。

掌握网络相关基础知识将有助于学习，但并不绝对。本书针对的是网络编程的初学者，因此，书中首先强调的是所有示例的可读性，之后才考虑代码优化问题。

本书适合所有希望学习Linux和Windows网络编程的人士，所以无论使用哪种操作系统都不会有问题。但我想说，网络编程的特点决定了同时学习两种操作系统平台的网络编程是最有效的学习方法。如果说在一种操作系统下学习网络编程需要十分努力，那么同时学习两种平台仅需十二分功夫，可谓事半功倍。

没有必要为学习本书而特意掌握Linux和Windows的所有操作方法，只需了解编译方法即可，书中详细讲解了Linux平台下的编译方法。大部分示例都在Linux和Windows平台下实现，很容易找到网络编程中不同操作系统的差异。

本书结构

本书共分4个部分，各部分的内容如下。

第一部分主要介绍网络编程基础知识。此部分主要由Windows和Linux平台网络编程必备基础知识构成，不会过多涉及操作系统特性相关内容。第一部分并非第二部分和第三部分的简化版，而是介绍了两种操作系统的共性。

第一部分的特点决定了本书的叙述方式。如果根据不同操作系统分别展开叙述，则会产生大量重复内容。因此，本书围绕一个操作系统进行讲解，然后指出系统间差异。选择哪一种操作系统也成为困扰我的一个问题，刚开始考虑使用相对流行的Windows，但最终选了Linux。Windows套接字是以UNIX系列的BSD套接字模型为基础设计而成的，所以我认为先介绍Linux平台下的套接字更有助于理解。这个决定也反映出不少程序员的想法，相信同样有助于各位学习。其实基于哪种操作系统展开叙述对第一部分的影响并不大，关于这一点，各位在学习过程中会有切身感悟。

第二部分和第三部分与操作系统有关。不同操作系统提供的系统函数不同，支持的功能也有差异，因此，有些内容必须分开讨论。第二部分主要是Linux相关内容，而第三部分主要是Windows相关内容。希望从事Windows编程的朋友也浏览一下第二部分的内容，即使在Windows平台下编程，这部分内容同样会帮助您提高技艺。

第四部分是收尾阶段，各位可以把这部分内容视为对之前学习的总结。其中包含了我作为网络编程先行者的学习建议，希望大家以轻松的心态阅读。

目　　录

Part 01

开始网络编程

第1章 理解网络编程和套接字

网络编程领域需要一定的操作系统和系统编程知识，同时还需要理解好 TCP/IP 网络数据传输协议。这么说来，网络编程的确需要一定的基础知识，但相比于其他领域，它更有趣，而且没想象中那么难。只要踏踏实实学习，任何人都可以轻松进入网络编程的世界。

深入细节前，本章先帮助各位建立对本书的总体认识，并简要了解后面的内容。希望通过本章的学习，大家能对网络编程有初步了解，摆脱对它的畏惧。

1.1 理解网络编程和套接字

学习C语言时，一般会先学利用printf函数和scanf函数进行控制台输入输出，然后学习文件输入输出。如果各位认真学习过C语言就会发现，控制台输入输出和文件输入输出非常类似。实际上，网络编程也与文件输入输出有很多相似之处，相信大家也能轻松掌握。

网络编程和套接字概要

网络编程就是编写程序使两台连网的计算机相互交换数据。这就是全部内容了吗？是的！网络编程要比想象中简单许多。那么，这两台计算机之间用什么传输数据呢？首先需要物理连接。如今大部分计算机都已连接到庞大的互联网，因此不用担心这点。在此基础上，只需考虑如何编写数据传输软件。但实际上这也不用愁，因为操作系统会提供名为“套接字”（socket）的部件。套接字是网络数据传输用的软件设备。即使对网络数据传输原理不太熟悉，我们也能通过套接字完成数据传输。因此，网络编程又称为套接字编程。那为什么要用“套接字”这个词呢？

我们把插头插到插座上就能从电网获得电力供给，同样，为了与远程计算机进行数据传输，需要连接到因特网，而编程中的“套接字”就是用来连接该网络的工具。它本身就带有“连接”的含义，如果将其引申，则还可以表示两台计算机之间的网络连接。

构建接电话套接字

套接字大致分为两种，其中，先要讨论的TCP套接字可以比喻成电话机。实际上，电话机也是通过固定电话网（telephone network）完成语音数据交换的。因此，我们熟悉的固定电话与套接字实际并无太大区别。下面利用电话机讲解套接字的创建及使用方法。

电话机可以同时用来拨打或接听，但对套接字而言，拨打和接听是有区别的。我们先讨论用于接听的套接字创建过程。

调用socket函数（安装电话机）时进行的对话

- 问：“接电话需要准备什么？”
- 答：“当然是电话机！”

有了电话机才能安装电话，接下来，我们就准备一部漂亮的电话机。下列函数创建的就是相当于电话机的套接字。

```
#include <sys/socket.h>
int socket(int domain, int type, int protocol);
```

➔ 成功时返回文件描述符，失败时返回-1。

上述函数及本章涉及的其他函数的详细说明将在以后章节中逐一给出，现在只需掌握“原来是由socket函数生成套接字的”就足够了。另外，我们只需购买机器，剩下的安装和分配电话号码等工作都由电信局的工作人员完成。而套接字需要我们自己安装，这也是套接字编程难点所在，但多安装几次就会发现其实不难。准备好电话机后要考虑分配电话号码的问题，这样别人才能联系到自己。

调用bind函数（分配电话号码）时进行的对话

- 问：“请问您的电话号码是多少？”
- 答：“我的电话号码是123-1234。”

套接字同样如此。就像给电话机分配电话号码一样（虽然不是真的把电话号码给了电话机），利用以下函数给创建好的套接字分配地址信息（IP地址和端口号）。

```
#include <sys/socket.h>
int bind(int sockfd, struct sockaddr *myaddr, socklen_t addrlen);

    → 成功时返回 0，失败时返回-1。
```

调用bind函数给套接字分配地址后，就基本完成了接电话的所有准备工作。接下来需要连接电话线并等待来电。

调用listen函数（连接电话线）时进行的对话

- 问："已架设完电话机后是否只需连接电话线？"
- 答："对，只需连接就能接听电话。"

一连接电话线，电话机就转为可接听状态，这时其他人可以拨打电话请求连接到该机。同样，需要把套接字转化成可接收连接的状态。

```
#include <sys/socket.h>
int listen(int sockfd, int backlog);

    → 成功时返回 0，失败时返回-1。
```

连接好电话线后，如果有人拨打电话就会响铃，拿起话筒才能接听电话。

调用accept函数（拿起话筒）时进行的对话

- 问："电话铃响了，我该怎么办？"
- 答："难道您真不知道？接听啊！"

拿起话筒意味着接收了对方的连接请求。套接字同样如此，如果有人为了完成数据传输而请求连接，就需要调用以下函数进行受理。

```
#include <sys/socket.h>
int accept(int sockfd, struct sockaddr *addr, socklen_t *addrlen);

    → 成功时返回文件描述符，失败时返回-1。
```

网络编程中接受连接请求的套接字创建过程可整理如下。

- 第一步：调用socket函数创建套接字。
- 第二步：调用bind函数分配IP地址和端口号。
- 第三步：调用listen函数转为可接收请求状态。

- 第四步：调用accept函数受理连接请求。

记住并掌握这些步骤就相当于为套接字编程勾勒好了轮廓，后续章节会为此轮廓着色。

编写“Hello world!”服务器端

服务器端（server）是能够受理连接请求的程序。下面构建服务器端以验证之前提到的函数调用过程，该服务器端收到连接请求后向请求者返回“Hello world!”答复。除各种函数的调用顺序外，我们还未涉及任何实际编程。因此，阅读代码时请重点关注套接字相关函数的调用过程，不必理解全部示例。

❖ hello_server.c

```
1.  #include <stdio.h>
2.  #include <stdlib.h>
3.  #include <string.h>
4.  #include <unistd.h>
5.  #include <arpa/inet.h>
6.  #include <sys/socket.h>
7.  void error_handling(char *message);
8.  
9.  int main(int argc, char *argv[])
10. {
11.     int serv_sock;
12.     int clnt_sock;
13. 
14.     struct sockaddr_in serv_addr;
15.     struct sockaddr_in clnt_addr;
16.     socklen_t clnt_addr_size;
17. 
18.     char message[]="Hello World!";
19. 
20.     if(argc!=2)
21.     {
22.         printf("Usage : %s <port>\n", argv[0]);
23.         exit(1);
24.     }
25. 
26.     serv_sock=socket(PF_INET, SOCK_STREAM, 0);
27.     if(serv_sock == -1)
28.         error_handling("socket() error");
29. 
30.     memset(&serv_addr, 0, sizeof(serv_addr));
31.     serv_addr.sin_family=AF_INET;
32.     serv_addr.sin_addr.s_addr=htonl(INADDR_ANY);
33.     serv_addr.sin_port=htons(atoi(argv[1]));
34. 
35.     if(bind(serv_sock, (struct sockaddr*) &serv_addr, sizeof(serv_addr))==-1)
36.         error_handling("bind() error");
37. 
38.     if(listen(serv_sock, 5)==-1)
39.         error_handling("listen() error");
```

```
40.
41.     clnt_addr_size=sizeof(clnt_addr);
42.     clnt_sock=accept(serv_sock, (struct sockaddr*)&clnt_addr, &clnt_addr_size);
43.     if(clnt_sock==-1)
44.         error_handling("accept() error");
45.
46.     write(clnt_sock, message, sizeof(message));
47.     close(clnt_sock);
48.     close(serv_sock);
49.     return 0;
50. }
51.
52. void error_handling(char *message)
53. {
54.     fputs(message, stderr);
55.     fputc('\n', stderr);
56.     exit(1);
57. }
```

代码说明

- 第26行：调用socket函数创建套接字。
- 第35行：调用bind函数分配IP地址和端口号。
- 第38行：调用listen函数将套接字转为可接收连接状态。
- 第42行：调用accept函数受理连接请求。如果在没有连接请求的情况下调用该函数，则不会返回，直到有连接请求为止。
- 第46行：稍后将要介绍的write函数用于传输数据，若程序经过第42行代码执行到本行，则说明已经有了连接请求。

编译并运行以上示例，创建等待连接请求的服务器端。目前不必详细分析源代码，只需确认之前4个函数调用过程。稍后将讲解上述示例中调用的write函数。下面讨论如何编写向服务器端发送连接请求的客户端。

构建打电话套接字

服务器端创建的套接字又称为服务器端套接字或监听（listening）套接字。接下来介绍的套接字是用于请求连接的客户端套接字。客户端套接字的创建过程比创建服务器端套接字简单，因此直接进行讲解。

还未介绍打电话（请求连接）的函数，因为其调用的是客户端套接字，如下所示。

```
#include <sys/socket.h>
int connect(int sockfd, struct sockaddr *serv_addr, socklen_t addrlen);
```

➔ 成功时返回 0，失败时返回-1。

客户端程序只有“调用socket函数创建套接字”和“调用connect函数向服务器端发送连接请求”这两个步骤，因此比服务器端简单。下面给出客户端，查看以下两项内容：第一，调用socket函数和connect函数；第二，与服务器端共同运行以收发字符串数据。

❖ hello_client.c

```
1.  #include <stdio.h>
2.  #include <stdlib.h>
3.  #include <string.h>
4.  #include <unistd.h>
5.  #include <arpa/inet.h>
6.  #include <sys/socket.h>
7.  void error_handling(char *message);
8.  
9.  int main(int argc, char* argv[])
10. {
11.     int sock;
12.     struct sockaddr_in serv_addr;
13.     char message[30];
14.     int str_len;
15.     
16.     if(argc!=3)
17.     {
18.         printf("Usage : %s <IP> <port>\n", argv[0]);
19.         exit(1);
20.     }
21.     
22.     sock=socket(PF_INET, SOCK_STREAM, 0);
23.     if(sock == -1)
24.         error_handling("socket() error");
25.     
26.     memset(&serv_addr, 0, sizeof(serv_addr));
27.     serv_addr.sin_family=AF_INET;
28.     serv_addr.sin_addr.s_addr=inet_addr(argv[1]);
29.     serv_addr.sin_port=htons(atoi(argv[2]));
30.     
31.     if(connect(sock, (struct sockaddr*)&serv_addr, sizeof(serv_addr))==-1)
32.         error_handling("connect() error!");
33.     
34.     str_len=read(sock, message, sizeof(message)-1);
35.     if(str_len==-1)
36.         error_handling("read() error!");
37.     
38.     printf("Message from server : %s \n", message);
39.     close(sock);
40.     return 0;
41. }
42. 
43. void error_handling(char *message)
44. {
45.     fputs(message, stderr);
46.     fputc('\n', stderr);
47.     exit(1);
48. }
```

- 第22行：创建套接字，但此时套接字并不马上分为服务器端和客户端。如果紧接着调用bind、listen函数，将成为服务器端套接字；如果调用connect函数，将成为客户端套接字。
- 第31行：调用connect函数向服务器端发送连接请求。

这样就编好了服务器端和客户端，相信各位会产生好多疑问（实际上不懂的内容比知道的更多）。接下来的几章将进行解答，请不要着急。

在 Linux 平台下运行

虽未另行说明，但上述两个示例应在Linux环境中编译并执行。接下来将简单介绍Linux下的C语言编译器——GCC（GNU Compiler Collection，GNU编译器集合）。下面是对hello_server.c示例进行编译的命令。

```
gcc hello_server.c -o hserver
    ➔ 编译 hello_server.c 文件并生成可执行文件 hserver。
```

该命令中的-o是用来指定可执行文件名的可选参数，因此，编译后将生成可执行文件hserver。可如下执行此项命令。

```
./hserver
    ➔ 运行当前目录下的 hserver 文件。
```

了解编译和运行相关知识的确多多益善，但学习本书只需掌握基本用法。接下来运行程序。服务器端需要在运行时接收客户端的连接请求，因此先运行服务器端。

❖ 运行结果：hello_server.c

```
root@my_linux:/tcpip# gcc hello_server.c -o hserver
root@my_linux:/tcpip# ./hserver 9190
```

正常情况下程序将停留在此状态，因为服务器端调用的accept函数还未返回。接下来运行客户端。

❖ 运行结果：hello_client.c

```
root@my_linux:/tcpip# gcc hello_client.c -o hclient
root@my_linux:/tcpip# ./hclient 127.0.0.1 9190
Message from server: Hello World!
root@my_linux:/tcpip#
```

由此查看客户端消息传输过程。同时发现，完成消息传输后，服务器端和客户端都停止运行。执行过程中输入的127.0.0.1是运行示例用的计算机（本地计算机）的IP地址。如果在同一台计算机中同时运行服务器端和客户端，将采用这种连接方式。但如果服务器端与客户端在不同计算机中运行，则应采用服务器端所在计算机的IP地址。

提 示

再次运行程序前需等待

上面的服务器端无法立即重新运行。如果想再次运行，则需要更改之前输入的端口号 9190。后面会详细讲解其原因，现在不必对此感到意外。

1.2 基于 Linux 的文件操作

讨论套接字的过程中突然谈及文件也许有些奇怪。但对Linux而言，socket操作与文件操作没有区别，因而有必要详细了解文件。在Linux世界里，socket也被认为是文件的一种，因此在网络数据传输过程中自然可以使用文件I/O的相关函数。Windows则与Linux不同，是要区分socket和文件的。因此在Windows中需要调用特殊的数据传输相关函数。

底层文件访问（Low-Level File Access）和文件描述符（File Descriptor）

即使看到“底层”二字，也会有读者臆测其难以理解。实际上，“底层”这个表达可以理解为“与标准无关的操作系统独立提供的”。稍后讲解的函数是由Linux提供的，而非ANSI标准定义的函数。如果想使用Linux提供的文件I/O函数，首先应该理解好文件描述符的概念。

此处的文件描述符是系统分配给文件或套接字的整数。实际上，学习C语言过程中用过的标准输入输出及标准错误在Linux中也被分配表1-1中的文件描述符。

表1-1 分配给标准输入输出及标准错误的文件描述符

文件描述符	对 象
0	标准输入：Standard Input
1	标准输出：Standard Output
2	标准错误：Standard Error

文件和套接字一般经过创建过程才会被分配文件描述符。而表1-1中的3种输入输出对象即使未经过特殊的创建过程，程序开始运行后也会被自动分配文件描述符。稍后将详细讲解其使用方法及含义。

知识补给站 **文件描述符（文件句柄）**

学校附近有个服务站，只需打个电话就能复印所需论文。服务站有位常客叫英秀，他每次都要求复印同一篇论文的一部分内容。

“大叔您好！请帮我复印一下《关于随着高度信息化社会而逐步提升地位的触觉、知觉、思维、性格、智力等人类生活质量相关问题特性的人类学研究》这篇论文第26页到第30页。”

这位同学每天这样打好几次电话，更雪上加霜的是语速还特别慢。终于有一天大叔说：

“从现在开始，那篇论文就编为第18号！你就说帮我复印18号论文26页到30页！”

之后英秀也是只复印超过50字标题的论文，大叔也会给每篇论文分配无重复的新号（数字）。这才不会头疼于与英秀的对话，且不影响业务。

该示例中，大叔相当于操作系统，英秀相当于程序员，论文号相当于文件描述符，论文相当于文件或套接字。也就是说，每当生成文件或套接字，操作系统将返回分配给它们的整数。这个整数将成为程序员与操作系统之间良好沟通的渠道。实际上，文件描述符只不过是为了方便称呼操作系统创建的文件或套接字而赋予的数而已。

文件描述符有时也称为文件句柄，但“句柄”主要是Windows中的术语。因此，本书中如果涉及Windows平台将使用“句柄”，如果是Linux平台则用“描述符”。

打开文件

首先介绍打开文件以读写数据的函数。调用此函数时需传递两个参数：第一个参数是打开的目标文件名及路径信息，第二个参数是文件打开模式（文件特性信息）。

```
#include <sys/types.h>
#include <sys/stat.h>
#include <fcntl.h>

int open(const char *path, int flag);

    → 成功时返回文件描述符，失败时返回-1。
```

- path　文件名的字符串地址。
- flag　文件打开模式信息。

表1-2是此函数第二个参数flag可能的常量值及含义。如需传递多个参数，则应通过位或运算（OR）符组合并传递。

表1-2　文件打开模式

打开模式	含　义
O_CREAT	必要时创建文件
O_TRUNC	删除全部现有数据
O_APPEND	维持现有数据，保存到其后面
O_RDONLY	只读打开
O_WRONLY	只写打开
O_RDWR	读写打开

稍后将给出此函数的使用示例。接下来先介绍关闭文件和写文件时调用的函数。

关闭文件

各位学习C语言时学过，使用文件后必须关闭。下面介绍关闭文件时调用的函数。

```
#include <unistd.h>

int close(int fd);

    ➔ 成功时返回 0，失败时返回-1。
```

- fd　需要关闭的文件或套接字的文件描述符。

若调用此函数的同时传递文件描述符参数，则关闭（终止）相应文件。另外需要注意的是，此函数不仅可以关闭文件，还可以关闭套接字。这再次证明了“Linux操作系统 不区分文件与套接字”的特点。

将数据写入文件

接下来介绍的write函数用于向文件输出（传输）数据。当然，Linux中不区分文件与套接字，因此，通过套接字向其他计算机传递数据时也会用到该函数。之前的示例也调用它传递字符串“Hello World!”。

```
#include <unistd.h>

ssize_t write(int fd, const void * buf, size_t nbytes);

    ➔ 成功时返回写入的字节数，失败时返回-1。
```

- fd　显示数据传输对象的文件描述符。
- buf　保存要传输数据的缓冲地址值。
- nbytes　要传输数据的字节数。

此函数定义中，size_t是通过typedef声明的unsigned int类型。对ssize_t来说，size_t前面多加的s代表signed，即ssize_t是通过typedef声明的signed int类型。

知识补给站　以_t为后缀的数据类型

我们已经接触到ssize_t、size_t等陌生的数据类型。这些都是元数据类型(primitive)，在sys/types.h头文件中一般由typedef声明定义，算是给大家熟悉的基本数据类型起了别名。既然已经有了基本数据类型，为何还要声明并使用这些新的呢?

人们目前普遍认为int是32位的，因为主流操作系统和计算机仍采用32位。而在过去16位操作系统时代，int类型是16位的。根据系统的不同、时代的变化，数据类型的表现形式也随之改变，需要修改程序中使用的数据类型。如果之前已在需要声明4字节数据类型之处使用了size_t或ssize_t，则将大大减少代码变动，因为只需要修改并编译size_t和ssize_t的typedef声明即可。在项目中，为了给基本数据类型赋予别名，一般会添加大量typedef声明。而为了与程序员定义的新数据类型加以区分，操作系统定义的数据类型会添加后缀_t。

下面通过示例帮助大家更好地理解前面讨论过的函数。此程序将创建新文件并保存数据。

❖ low_open.c

```
1.  #include <stdio.h>
2.  #include <stdlib.h>
3.  #include <fcntl.h>
4.  #include <unistd.h>
5.  void error_handling(char* message);
6.
7.  int main(void)
8.  {
9.      int fd;
10.     char buf[]="Let's go!\n";
11.
12.     fd=open("data.txt", O_CREAT|O_WRONLY|O_TRUNC);
13.     if(fd==-1)
14.         error_handling("open() error!");
15.     printf("file descriptor: %d \n", fd);
16.
17.     if(write(fd, buf, sizeof(buf))==-1)
18.         error_handling("write() error!");
19.     close(fd);
20.     return 0;
21. }
22.
23. void error_handling(char* message)
```

```
24. {
25.      //与之前示例相同，故省略!
26. }
```

- 第12行：文件打开模式为O_CREAT、O_WRONLY和O_TRUNC的组合，因此将创建空文件，并只能写。若存在data.txt文件，则清空文件的全部数据。
- 第17行：向对应于fd中保存的文件描述符的文件传输buf中保存的数据。

❖ 运行结果：low_open.c

```
root@my_linux:/tcpip# gcc low_open.c -o lopen
root@my_linux:/tcpip# ./lopen
file descriptor: 3
root@my_linux:/tcpip# cat data.txt
Let's go!
root@my_linux:/tcpip#
```

运行示例后，利用Linux的cat命令输出data.txt文件内容，可以确认确实已向文件传输数据。

读取文件中的数据

与之前的write函数相对应，read函数用来输入（接收）数据。

```
#include <unistd.h>

ssize_t read(int fd, void * buf, size_t nbytes);
```

→ 成功时返回接收的字节数（但遇到文件结尾则返回 0），失败时返回-1。

- fd　　　显示数据接收对象的文件描述符。
- buf　　　要保存接收数据的缓冲地址值。
- nbytes　　要接收数据的最大字节数。

下列示例将通过read函数读取data.txt中保存的数据。

❖ low_read.c

```
1.  #include <stdio.h>
2.  #include <stdlib.h>
3.  #include <fcntl.h>
4.  #include <unistd.h>
5.  #define BUF_SIZE 100
6.  void error_handling(char* message);
7.
8.  int main(void)
```

```
9.  {
10.     int fd;
11.     char buf[BUF_SIZE];
12.
13.     fd=open("data.txt", O_RDONLY);
14.     if( fd==-1)
15.         error_handling("open() error!");
16.     printf("file descriptor: %d \n" , fd);
17.
18.     if(read(fd, buf, sizeof(buf))==-1)
19.         error_handling("read() error!");
20.     printf("file data: %s", buf);
21.     close(fd);
22.     return 0;
23. }
24.
25. void error_handling(char* message)
26. {
27.     //与之前示例相同，故省略!
28. }
```

- 第13行：打开读取专用文件data.txt。
- 第18行：调用read函数向第11行中声明的数组buf保存读入的数据。

❖ 运行结果 low_read.c

```
root@my_linux:/tcpip# gcc low_read.c -o lread
root@my_linux:/tcpip# ./lread
file descriptor: 3
file data: Let's go!
root@my_linux:/tcpip#
```

基于文件描述符的I/O操作相关介绍到此结束。希望各位记住，该内容同样适用于套接字。

文件描述符与套接字

下面将同时创建文件和套接字，并用整数型态比较返回的文件描述符值。

❖ fd_seri.c

```
1.  #include <stdio.h>
2.  #include <fcntl.h>
3.  #include <unistd.h>
4.  #include <sys/socket.h>
5.
6.  int main(void)
7.  {
```

```
8.      int fd1, fd2, fd3;
9.      fd1=socket(PF_INET, SOCK_STREAM, 0);
10.     fd2=open("test.dat", O_CREAT|O_WRONLY|O_TRUNC);
11.     fd3=socket(PF_INET, SOCK_DGRAM, 0);
12.
13.     printf("file descriptor 1: %d\n", fd1);
14.     printf("file descriptor 2: %d\n", fd2);
15.     printf("file descriptor 3: %d\n", fd3);
16.
17.     close(fd1); close(fd2); close(fd3);
18.     return 0;
19. }
```

- 第9～11行：创建1个文件和2个套接字。
- 第13～15行：输出之前创建的文件描述符的整数值。

❖ 运行结果：fd_seri.c

```
root@my_linux:/tcpip# gcc fd_seri.c -o fds
root@my_linux:/tcpip# ./fds
file descriptor 1: 3
file descriptor 2: 4
file descriptor 3: 5
root@my_linux:/tcpip#
```

从输出的文件描述符整数值可以看出，描述符从3开始以由小到大的顺序编号（numbering），因为0、1、2是分配给标准I/O的描述符（如表1-1所示）。

1.3 基于 Windows 平台的实现

Windows套接字（以下简称Winsock）大部分是参考BSD系列UNIX套接字设计的，所以很多地方都跟Linux套接字类似。因此，只需要更改Linux环境下编好的一部分网络程序内容，就能在Windows平台下运行。本书也会同时讲解Linux和Windows两大平台，这不会给大家增加负担，反而会减轻压力。

同时学习 Linux 和 Windows 的原因

大多数项目都在Linux系列的操作系统下开发服务器端，而多数客户端是在Windows平台下开发的。不仅如此，有时应用程序还需要在两个平台之间相互切换。因此，学习套接字编程的过程中，有必要兼顾Windows和Linux两大平台。另外，这两大平台下的套接字编程非常类似，如果把其中相似的部分放在一起讲解，将大大提高学习效率。这会不会增加学习负担？一点也不。只要理解好其中一个平台下的网络编程方法，就很容易通过分析差异掌握另一平台。

为 Windows 套接字编程设置头文件和库

为了在Winsock基础上开发网络程序，需要做如下准备。

- 导入头文件winsock2.h。
- 链接ws2_32.lib库。

首先介绍项目中链接ws2_32.lib库的方法。我用的环境是Visual Studio 2008版本，接下来的讲解同样适用于更高版本的开发环境，不必因版本不同而感到困惑。打开项目的“属性”页，选择“配置属性”→“输入”→“附加依赖项”，如图1-1所示。当然，也可以通过快捷键Alt+F7打开“属性页”。

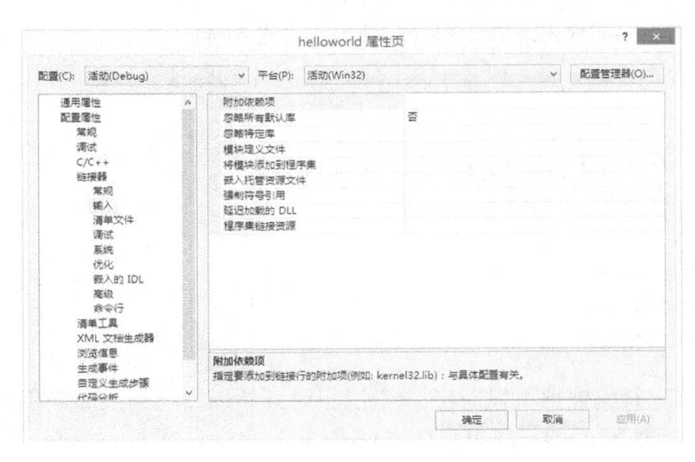

图1-1　项目“属性”页

接下来需要在图1-1的“附加依赖项”右边空白处直接写入ws2_32.lib。也可以通过点击空白处右边的按钮弹出如图1-2所示的对话框，并填写库名。

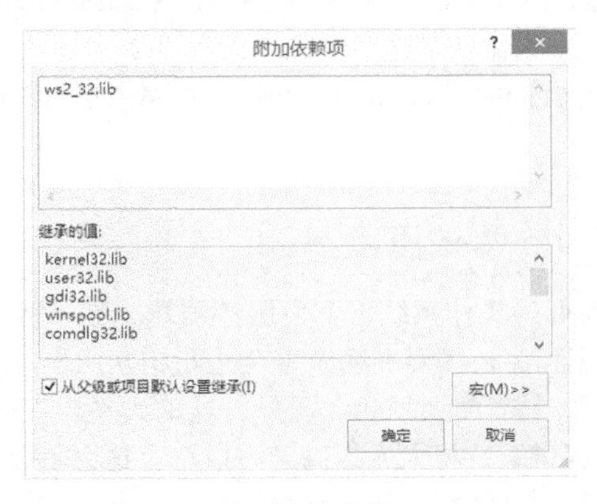

图1-2　链接库

设置库的工作到此结束。现在只需要在源文件中添加头文件，即可调用Winsock相关函数。

提　示

附加依赖项窗口位置可能不同

根据 VC++版本号的不同，图 1-2 中的附加依赖项窗口位置可能不同。一般可通过以下两种路径找到附加依赖项。

- 快捷键 Alt+F7→“配置属性”→“输入”→“附加依赖项”
- 快捷键 Alt+F7→“配置属性”→“链接器”→“输入”→“附加依赖项”

Winsock 的初始化

进行Winsock编程时，首先必须调用WSAStartup函数，设置程序中用到的Winsock版本，并初始化相应版本的库。

```
#include <winsock2.h>

int WSAStartup(WORD wVersionRequested, LPWSADATA lpWSAData);

    → 成功时返回 0，失败时返回非零的错误代码值。
```

- wVersionRequested　程序员要用的Winsock版本信息。
- lpWSAData　WSADATA结构体变量的地址值。

有必要给出上述两个参数的详细说明。先说第一个，Winsock中存在多个版本，应准备WORD类型的（WORD是通过typedef声明定义的unsigned short类型）套接字版本信息，并传递给该函数的第一个参数wVersionRequested。若版本为1.2，则其中1是主版本号，2是副版本号，应传递0x0201。

如前所述，高8位为副版本号，低8位为主版本号，以此进行传递。本书主要使用2.2版本，故应传递0x0202。不过，以字节为单位手动构造版本信息有些麻烦，借助MAKEWORD宏函数则能轻松构建WORD型版本信息。

- `MAKEWORD(1, 2);`：//主版本为1，副版本为2，返回0x0201。
- `MAKEWORD(2, 2);`：//主版本为2，副版本为2，返回0x0202。

接下来讲解第二个参数lpWSADATA，此参数中需传入WSADATA型结构体变量地址（LPWSADATA是WSADATA的指针类型）。调用完函数后，相应参数中将填充已初始化的库信息。虽无特殊含义，但为了调用函数，必须传递WSADATA结构体变量地址。下面给出WSAStartup函数调用过程，这段代码几乎已成为Winsock编程的公式。

```
int main(int argc, char* argv[])
{
    WSADATA wsaData;
    . . . .
    if(WSAStartup(MAKEWORD(2, 2), &wsaData) != 0)
        ErrorHandling("WSAStartup() error!");
    . . . .
    return 0;
}
```

前面已经介绍了Winsock相关库的初始化方法，接下来讲解如何注销该库——利用下面给出的函数。

```
#include <winsock2.h>

int WSACleanup(void);

    → 成功时返回 0，失败时返回 SOCKET_ERROR。
```

调用该函数时，Winsock相关库将归还Windows操作系统，无法再调用Winsock相关函数。从原则上讲，无需再使用Winsock函数时才调用该函数，但通常都在程序结束之前调用。

1.4　基于 Windows 的套接字相关函数及示例

本节介绍的Winsock函数与之前的Linux套接字相关函数相对应。既然只是介绍，就不做详细说明了，目的只在于让各位体会基于Linux和Windows的套接字函数之间的相似性。

基于 Windows 的套接字相关函数

首先介绍的函数与Linux下的socket函数提供相同功能。稍后讲解返回值类型SOCKET。

```
#include <winsock2.h>

SOCKET socket(int af, int type, int protocol);

    → 成功时返回套接字句柄，失败时返回 INVALID_SOCKET。
```

下列函数与Linux的bind函数相同，调用其分配IP地址和端口号。

```
#include <winsock2.h>

int bind(SOCKET s, const struct sockaddr * name, int namelen);
```

→ 成功时返回 0，失败时返回 SOCKET_ERROR。

下列函数与Linux的listen函数相同，调用其使套接字可接收客户端连接。

```
#include <winsock2.h>

int listen(SOCKET s,int backlog);
```

→ 成功时返回 0，失败时返回 SOCKET_ERROR。

下列函数与Linux的accept函数相同，调用其受理客户端连接请求。

```
#include <winsock2.h>

SOCKET accept(SOCKET s, struct sockaddr * addr, int * addrlen);
```

→ 成功时返回套接字句柄，失败时返回 INVALID_SOCKET。

下列函数与Linux的connect函数相同，调用其从客户端发送连接请求。

```
#include <winsock2.h>

int connect(SOCKET s, const struct sockaddr * name, int namelen);
```

→ 成功时返回 0，失败时返回 SOCKET_ERROR。

最后这个函数在关闭套接字时调用。Linux中，关闭文件和套接字时都会调用close函数；而Windows中有专门用来关闭套接字的函数。

```
#include <winsock2.h>

int closesocket(SOCKET s);
```

→ 成功时返回 0，失败时返回 SOCKET_ERROR。

以上就是基于Windows的套接字相关函数，虽然返回值和参数与Linux函数有所区别，但具有相同功能的函数名是一样的。正是这些特点使跨越两大操作系统平台的网络编程更加简单。

Windows 中的文件句柄和套接字句柄

Linux内部也将套接字当作文件，因此，不管创建文件还是套接字都返回文件描述符。之前也通过示例介绍了文件描述符返回及编号的过程。Windows中通过调用系统函数创建文件时，返回“句柄”（handle），换言之，Windows中的句柄相当于Linux中的文件描述符。只不过Windows中要区分文件句柄和套接字句柄。虽然都称为“句柄”，但不像Linux那样完全一致。文件句柄相关函数与套接字句柄相关函数是有区别的，这一点不同于Linux文件描述符。

既然对句柄有了一定理解，接下来再观察基于Windows的套接字相关函数，这将加深各位对SOCKET类型的参数和返回值的理解。的确！这就是为了保存套接字句柄整型值的新数据类型，它由typedef声明定义。回顾socket、listen和accept等套接字相关函数，则更能体会到与Linux中套接字相关函数的相似性。

有些程序员可能会问：“既然Winsock是以UNIX、Linux系列的BSD套接字为原型设计的，为什么不照搬过来，而是存在一定差异呢？”有人认为这是微软为了防止UNIX、Linux服务器端直接移植到Windows而故意为之。从网络程序移植性角度上看，这也是可以理解的。但我有不同意见。从本质上说，两种操作系统内核结构上存在巨大差异，而依赖于操作系统的代码实现风格也不尽相同，连Windows程序员给变量命名的方式也不同于Linux程序员。从各方面考虑，保持这种差异性就显得比较自然。因此我个人认为，Windows套接字与BSD系列的套接字编程方式有所不同是为了保持这种自然差异性。

创建基于 Windows 的服务器端和客户端

接下来将之前基于Linux的服务器端与客户端示例转化到Windows平台。目前想完全理解这些代码有些困难，我们只需验证套接字相关函数的调用过程、套接字库的初始化与注销过程即可。先介绍服务器端示例。

❖ hello_server_win.c

```
1.  #include <stdio.h>
2.  #include <stdlib.h>
3.  #include <winsock2.h>
4.  void ErrorHandling(char* message);
5.
6.  int main(int argc, char* argv[])
7.  {
8.      WSADATA wsaData;
9.      SOCKET hServSock, hClntSock;
10.     SOCKADDR_IN servAddr, clntAddr;
```

```
11.
12.     int szClntAddr;
13.     char message[]="Hello World!";
14.     if(argc!=2)
15.     {
16.         printf("Usage : %s <port>\n", argv[0]);
17.         exit(1);
18.     }
19.
20.     if(WSAStartup(MAKEWORD(2, 2), &wsaData)!=0)
21.         ErrorHandling("WSAStartup() error!");
22.
23.     hServSock=socket(PF_INET, SOCK_STREAM, 0);
24.     if(hServSock==INVALID_SOCKET)
25.         ErrorHandling("socket() error");
26.
27.     memset(&servAddr, 0, sizeof(servAddr));
28.     servAddr.sin_family=AF_INET;
29.     servAddr.sin_addr.s_addr=htonl(INADDR_ANY);
30.     servAddr.sin_port=htons(atoi(argv[1]));
31.
32.     if(bind(hServSock, (SOCKADDR*) &servAddr, sizeof(servAddr))==SOCKET_ERROR)
33.         ErrorHandling("bind() error");
34.
35.     if(listen(hServSock, 5)==SOCKET_ERROR)
36.         ErrorHandling("listen() error");
37.
38.     szClntAddr=sizeof(clntAddr);
39.     hClntSock=accept(hServSock, (SOCKADDR*)&clntAddr,&szClntAddr);
40.     if(hClntSock==INVALID_SOCKET)
41.         ErrorHandling("accept() error");
42.
43.     send(hClntSock, message, sizeof(message), 0);
44.     closesocket(hClntSock);
45.     closesocket(hServSock);
46.     WSACleanup();
47.     return 0;
48. }
49.
50. void ErrorHandling(char* message)
51. {
52.     fputs(message, stderr);
53.     fputc('\n', stderr);
54.     exit(1);
55. }
```

代码说明

- 第20行：初始化套接字库。
- 第23、32行：第23行创建套接字，第32行给该套接字分配IP地址与端口号。
- 第35行：调用listen函数使第23行创建的套接字成为服务器端套接字。
- 第39行：调用accept函数受理客户端连接请求。
- 第43行：调用send函数向第39行连接的客户端传输数据。稍后讲解send函数。
- 第46行：程序终止前注销第20行中初始化的套接字库。

可以看出，除了Winsock库的初始化和注销相关代码、数据类型信息外，其余部分与Linux环境下的示例并无区别。希望各位阅读这部分代码时与之前的Linux服务器端进行逐行比较。接下来介绍与此示例同步的客户端代码。

❖ hello_client_win.c

```
1.  #include <stdio.h>
2.  #include <stdlib.h>
3.  #include <winsock2.h>
4.  void ErrorHandling(char* message);
5.  
6.  int main(int argc, char* argv[])
7.  {
8.      WSADATA wsaData;
9.      SOCKET hSocket;
10.     SOCKADDR_IN servAddr;
11. 
12.     char message[30];
13.     int strLen;
14.     if(argc!=3)
15.     {
16.         printf("Usage : %s <IP> <port>\n", argv[0]);
17.         exit(1);
18.     }
19. 
20.     if(WSAStartup(MAKEWORD(2, 2), &wsaData) != 0)
21.         ErrorHandling("WSAStartup() error!");
22. 
23.     hSocket=socket(PF_INET, SOCK_STREAM, 0);
24.     if(hSocket==INVALID_SOCKET)
25.         ErrorHandling("socket() error");
26. 
27.     memset(&servAddr, 0, sizeof(servAddr));
28.     servAddr.sin_family=AF_INET;
29.     servAddr.sin_addr.s_addr=inet_addr(argv[1]);
30.     servAddr.sin_port=htons(atoi(argv[2]));
31. 
32.     if(connect(hSocket, (SOCKADDR*)&servAddr, sizeof(servAddr))==SOCKET_ERROR)
33.         ErrorHandling("connect() error!");
34. 
35.     strLen=recv(hSocket, message, sizeof(message)-1, 0);
36.     if(strLen==-1)
37.         ErrorHandling("read() error!");
38.     printf("Message from server: %s \n", message);
39. 
40.     closesocket(hSocket);
41.     WSACleanup();
42.     return 0;
43. }
44. 
45. void ErrorHandling(char* message)
46. {
```

```
47.     fputs(message, stderr);
48.     fputc('\n', stderr);
49.     exit(1);
50. }
```

代码说明

- 第20行：初始化Winsock库。
- 第23、32行：第23行创建套接字，第32行通过此套接字向服务器端发出连接请求。
- 第35行：调用recv函数接收服务器发来的数据。稍后讲解该函数。
- 第41行：注销第20行中初始化的Winsock库。

下面运行以上示例。创建编译项目的过程与各位学习C语言时使用的方法相同，只是增加了设置ws2_32.lib链接库的过程。

❖ 运行结果：hello_server_win.c

```
C:\tcpip>hServerWin 9190
```

运行过程中，假设可执行文件名为hServerWin.exe。如果运行正常，则与Linux相同，程序进入等待状态。这是因为服务器端调用了accept函数。接着运行客户端，假设客户端的可执行文件名为hClientWin.exe。

❖ 运行结果：hello_client_win.c

```
C:\tcpip>hClientWin 127.0.0.1 9190
Message from server: Hello World!
```

基于 Windows 的 I/O 函数

Linux中套接字也是文件，因而可以通过文件I/O函数read和write进行数据传输。而Windows中则有些不同。Windows严格区分文件I/O函数和套接字I/O函数。下面介绍Winsock数据传输函数。

```
#include <winsock2.h>

int send(SOCKET s, const char * buf, int len, int flags);
```

➔ 成功时返回传输字节数，失败时返回 SOCKET_ERROR。

- s　表示数据传输对象连接的套接字句柄值。
- buf　保存待传输数据的缓冲地址值。
- len　要传输的字节数。
- flags　传输数据时用到的多种选项信息。

此函数与Linux的write函数相比，只是多出了最后的flags参数。后续章节中将给出该参数的详细说明，在此之前只需传递0，表示不设置任何选项。但有一点需要注意，send函数并非Windows独有。Linux中也有同样的函数，它也来自于BSD套接字。只不过我在Linux相关示例中暂时只使用read、write函数，为了强调Linux环境下文件I/O和套接字I/O相同。下面介绍与send函数对应的recv函数。

```
#include <winsock2.h>

int recv(SOCKET s, const char * buf, int len, int flags);
```

→ 成功时返回接收的字节数（收到 EOF 时为 0），失败时返回 SOCKET_ERROR。

- s　　表示数据接收对象连接的套接字句柄值。
- buf　　保存接收数据的缓冲地址值。
- len　　能够接收的最大字节数。
- flags　　接收数据时用到的多种选项信息。

我只是在Windows环境下提前介绍了send、recv函数，以后的Linux示例中也会涉及。请不要误认为Linux中的read、write函数就是对应于Windows的send、recv函数。另外，之前的程序代码中也给出了send、recv函数调用过程，故不再另外给出相关示例。

知识补给站　Windows？Linux？

过去要编写服务器端的话，大部分程序员都会想起Linux或UNIX，因为那时的Windows还被认为是只能给个人使用的操作系统。即使Windows已经开始提供运营服务器端所需环境，但绝大多数网络程序员都会选择Linux和UNIX。不过，随着多媒体数据传输要求的提高，程序员的想法也有了变化。他们会根据服务器端的特点和环境选择不同的操作系统。如果各位想成为网络编程专家，就必须具备跨平台编程能力。

1.5　习题

(1) 套接字在网络编程中的作用是什么？为何称它为套接字？

(2) 在服务器端创建套接字后，会依次调用listen函数和accept函数。请比较并说明二者作用。

(3) Linux中，对套接字数据进行I/O时可以直接使用文件I/O相关函数；而在Windows中则不可以。原因为何？

(4) 创建套接字后一般会给它分配地址，为什么？为了完成地址分配需要调用哪个函数？

(5) Linux中的文件描述符与Windows的句柄实际上非常类似。请以套接字为对象说明它们的含义。

(6) 底层文件I/O函数与ANSI标准定义的文件I/O函数之间有何区别？

(7) 参考本书给出的示例low_open.c和low_read.c，分别利用底层文件I/O和ANSI标准I/O编写文件复制程序。可任意指定复制程序的使用方法。

第2章

套接字类型与协议设置

因为涉及套接字编程的基本内容，所以第2章和第3章显得相对枯燥一些。但本章内容是第4章介绍的实际网络编程的基础，希望各位反复精读。

大家已经对套接字的概念有所理解，本章将介绍套接字创建方法及不同套接字的特性。在本章仅需了解创建套接字时调用的socket函数，所以希望大家以放松的心态开始学习。

2.1 套接字协议及其数据传输特性

"协议"这个词给人的第一印象总是相当困难，我在学生时代也这么想。但各位要慢慢熟悉"协议"，因为它几乎是网络编程的全部内容。首先解释其定义。

关于协议（Protocol）

如果相隔很远的两人想展开对话，必须先决定对话方式。如果一方使用电话，那么另一方也只能使用电话，而不是书信。可以说，电话就是两人对话的协议。协议是对话中使用的通信规则，把上述概念拓展到计算机领域可整理为"计算机间对话必备通信规则"。

各位是否已理解了协议的含义？简言之，协议就是为了完成数据交换而定好的约定。

创建套接字

创建套接字所用的socket函数已经在第1章中简单介绍过。但为了完全理解该函数，此处将再次展开讨论，本章的主要目的也在于此。

```
#include <sys/socket.h>

int socket(int domain, int type, int protocol);
```

➔ 成功时返回文件描述符，失败时返回-1。

- domain　套接字中使用的协议族（Protocol Family）信息。
- type　套接字数据传输类型信息。
- protocol　计算机间通信中使用的协议信息。

2

第1章并未提及该函数的参数，但它们对创建套接字来说是不可或缺的。下面给出详细说明。

协议族（Protocol Family）

奶油意大利面和番茄酱意大利面均属于意大利面的一种，与之类似，套接字通信中的协议也具有一些分类。通过socket函数的第一个参数传递套接字中使用的协议分类信息。此协议分类信息称为协议族，可分成如下几类。

表2-1　头文件sys/socket.h中声明的协议族

名　称	协　议　族
PF_INET	IPv4互联网协议族
PF_INET6	IPv6互联网协议族
PF_LOCAL	本地通信的UNIX协议族
PF_PACKET	底层套接字的协议族
PF_IPX	IPX Novell协议族

本书将着重讲解表2-1中PF_INET对应的IPv4互联网协议族。其他协议族并不常用或尚未普及，因此本书将重点放在PF_INET协议族上。另外，套接字中实际采用的最终协议信息是通过socket函数的第三个参数传递的。在指定的协议族范围内通过第一个参数决定第三个参数。

套接字类型（Type）

套接字类型指的是套接字的数据传输方式，通过socket函数的第二个参数传递，只有这样才能决定创建的套接字的数据传输方式。这种说法可能会使各位感到疑惑。已通过第一个参数传递了协议族信息，还要决定数据传输方式？问题就在于，决定了协议族并不能同时决定数据传输方式，换言之，socket函数第一个参数PF_INET协议族中也存在多种数据传输方式。

下面介绍2种具有代表性的数据传输方式。这是理解好套接字的重要前提，请各位务必掌握。

套接字类型1：面向连接的套接字（SOCK_STREAM）

如果向socket函数的第二个参数传递SOCK_STREAM，将创建面向连接的套接字。面向连接的套接字到底具有哪些特点呢？右图中2位工人通过1条传送带传递物品，这与面向连接的数据传输方式类似。

右图的数据（糖果）传输方式特征整理如下。

- 传输过程中数据不会消失。
- 按序传输数据。
- 传输的数据不存在数据边界（Boundary）。

图中通过独立的传送带传输数据（糖果），只要传送带本身没有问题，就能保证数据不丢失。同时，较晚传递的数据不会先到达，因为传送带保证了数据的按序传递。最后，下面这句话说明的确不存在数据边界：

> "100个糖果是分批传递的，但接收者凑齐100个后才装袋。"

这种情形可以适用到之前说过的write和read函数。

> "传输数据的计算机通过3次调用write函数传递了100字节的数据，但接收数据的计算机仅通过1次read函数调用就接收了全部100个字节。"

收发数据的套接字内部有缓冲（buffer），简言之就是字节数组。通过套接字传输的数据将保存到该数组。因此，收到数据并不意味着马上调用read函数。只要不超过数组容量，则有可能在数据填充满缓冲后通过1次read函数调用读取全部，也有可能分成多次read函数调用进行读取。也就是说，在面向连接的套接字中，read函数和write函数的调用次数并无太大意义。所以说面向连接的套接字不存在数据边界。稍后将给出示例以查看该特性。

知识补给站 套接字缓冲已满是否意味着数据丢失

之前讲过，为了接收数据，套接字内部有一个由字节数组构成的缓冲。如果这个缓冲被接收的数据填满会发生什么事情？之后传递的数据是否会丢失？

首先调用read函数从缓冲读取部分数据，因此，缓冲并不总是满的。但如果read函数读取速度比接收数据的速度慢，则缓冲有可能被填满。此时套接字无法再接收数据，但即使这样也不会发生数据丢失，因为传输端套接字将停止传输。也就是说，面向连接的套接字会根据接收端的状态传输数据，如果传输出错还会提供重传服务。因此，面向连接的套接字除特殊情况外不会发生数据丢失。

还有一点需要说明。上图中传输和接收端各有1名工人，这说明面向连接的套接字还有如下特点：

> “套接字连接必须一一对应。”

面向连接的套接字只能与另外一个同样特性的套接字连接。用一句话概括面向连接的套接字如下：

> “可靠的、按序传递的、基于字节的面向连接的数据传输方式的套接字”

这是我自己的总结，希望各位深入理解其含义，不要仅停留于字面表达。

套接字类型2：面向消息的套接字（SOCK_DGRAM）

如果向socket函数的第二个参数传递SOCK_DGRAM，则将创建面向消息的套接字。面向消息的套接字可以比喻成高速移动的摩托车快递。右图中摩托车快递的包裹（数据）传输方式如下。

- 强调快速传输而非传输顺序。
- 传输的数据可能丢失也可能损毁。
- 传输的数据有数据边界。
- 限制每次传输的数据大小。

众所周知，快递行业的速度就是生命。用摩托车发往同一目的地的2件包裹无需保证顺序，只要以最快速度交给客户即可。这种方式存在损坏或丢失的风险，而且包裹大小有一定限制。因此，若要传递大量包裹，则需分批发送。另外，如果用2辆摩托车分别发送2件包裹，则接收者也需要分2次接收。这种特性就是“传输的数据具有数据边界”。

以上就是面向消息的套接字具有的特性。即，面向消息的套接字比面向连接的套接字具有更快的传输速度，但无法避免数据丢失或损毁。另外，每次传输的数据大小具有一定限制，并存在数据边界。存在数据边界意味着接收数据的次数应和传输次数相同。面向消息的套接字特性总结如下：

> “不可靠的、不按序传递的、以数据的高速传输为目的的套接字”

另外，面向消息的套接字不存在连接的概念，这一点将在以后章节介绍。

协议的最终选择

下面讲解socket函数的第三个参数，该参数决定最终采用的协议。各位是否觉得有些困惑？

前面已经通过socket函数的前两个参数传递了协议族信息和套接字数据传输方式，这些信息还不足以决定采用的协议吗？为什么还需要传递第3个参数呢？

正如各位所想，传递前两个参数即可创建所需套接字。所以大部分情况下可以向第三个参数传递0，除非遇到以下这种情况：

"同一协议族中存在多个数据传输方式相同的协议"

数据传输方式相同，但协议不同。此时需要通过第三个参数具体指定协议信息。

下面以前面讲解的内容为基础，构建向socket函数传递的参数。首先创建满足如下要求的套接字：

"IPv4协议族中面向连接的套接字"

IPv4与网络地址系统相关，关于这一点将给出单独说明，目前只需记住：本书是基于IPv4展开的。参数PF_INET指IPv4网络协议族，SOCK_STREAM是面向连接的数据传输。满足这2个条件的协议只有IPPROTO_TCP，因此可以如下调用socket函数创建套接字，这种套接字称为TCP套接字。

```
int tcp_socket = socket(PF_INET, SOCK_STREAM, IPPROTO_TCP);
```

下面创建满足如下要求的套接字：

"IPv4协议族中面向消息的套接字"

SOCK_DGRAM指的是面向消息的数据传输方式，满足上述条件的协议只有IPPROTO_UDP。因此，可以如下调用socket函数创建套接字，这种套接字称为UDP套接字。

```
int udp_socket = socket(PF_INET, SOCK_DGRAM, IPPROTO_UDP);
```

前面进行了大量描述以解释这两行代码，这是为了让大家理解它们创建的套接字的特性。

面向连接的套接字：TCP 套接字示例

其他章节将讲解UDP套接字，此处只给出面向连接的TCP套接字示例。本示例是在第1章的如下2个源文件基础上修改而成的。

- hello_server.c → tcp_server.c：无变化！
- hello_client.c → tcp_client.c：更改read函数调用方式！

之前的hello_server.c和hello_client.c是基于TCP套接字的示例，现调整其中一部分代码，以验证TCP套接字的如下特性：

"传输的数据不存在数据边界。"

为验证这一点，需要让write函数的调用次数不同于read函数的调用次数。因此，在客户端中分多次调用read函数以接收服务器端发送的全部数据。

❖ tcp_client.c

```
1.  #include < "头信息与hello_client.c一致，故省略。" >
2.  void error_handling(char *message);
3.
4.  int main(int argc, char* argv[])
5.  {
6.      int sock;
7.      struct sockaddr_in serv_addr;
8.      char message[30];
9.      int str_len=0;
10.     int idx=0, read_len=0;
11.
12.     if(argc!=3){
13.         printf("Usage : %s <IP> <port>\n", argv[0]);
14.         exit(1);
15.     }
16.
17.     sock=socket(PF_INET, SOCK_STREAM, 0);
18.     if(sock == -1)
19.         error_handling("socket() error");
20.
21.     memset(&serv_addr, 0, sizeof(serv_addr));
22.     serv_addr.sin_family=AF_INET;
23.     serv_addr.sin_addr.s_addr=inet_addr(argv[1]);
24.     serv_addr.sin_port=htons(atoi(argv[2]));
25.
26.     if(connect(sock, (struct sockaddr*)&serv_addr, sizeof(serv_addr))==-1)
27.         error_handling("connect() error!");
28.
29.     while(read_len=read(sock, &message[idx++], 1))
30.     {
31.         if(read_len==-1)
32.             error_handling("read() error!");
33.
34.         str_len+=read_len;
35.     }
36.
37.     printf("Message from server: %s \n", message);
38.     printf("Function read call count: %d \n", str_len);
39.     close(sock);
40.     return 0;
41. }
42.
43. void error_handling(char *message)
44. {
45.     //与以前示例一致，故省略!
46. }
```

- 第17行：创建TCP套接字。若前两个参数传递PF_INET、SOCK_STREAM，则可以省略第三个参数IPPROTO_TCP。
- 第29行：while循环中反复调用read函数，每次读取1个字节。如果read返回0，则循环条件为假，跳出while循环。
- 第34行：执行该语句时，变量read_len的值始终为1，因为第29行每次读取1个字节。跳出while循环后，str_len中存有读取的总字节数。

与该示例配套使用的服务器端tcp_server.c与hello_server.c完全相同，故省略其源代码。执行方式也与hello_server.c和hello_client.c相同，因此只给出最终运行结果。

❖ 运行结果：hello_client.c

```
root@my_linux:/tcpip# gcc tcp_client.c -o hclient
root@my_linux:/tcpip# ./hclient 127.0.0.1 9190
Message from server: Hello World!
Function read call count: 13
```

从运行结果可以看出，服务器端发送了13字节的数据，客户端调用13次read函数进行读取。希望各位通过该示例深入理解TCP套接字的数据传输方式。

2.2 Windows 平台下的实现及验证

前面讲过的套接字类型及传输特性与操作系统无关。Windows平台下的实现方式也类似，不需要过多说明，只需稍加了解socket函数返回类型即可。

Windows 操作系统的 socket 函数

Windows的函数名和参数名都与Linux平台相同，只是返回值类型稍有不同。再次给出socket函数的声明。

```
#include <winsock2.h>

SOCKET socket(int af, int type, int protocol);

    → 成功时返回 socket 句柄，失败时返回 INVALID_SOCKET。
```

该函数的参数种类及含义与Linux的socket函数完全相同，故省略，只讨论返回值类型。可以看出返回值类型为SOCKET，此结构体用来保存整数型套接字句柄值。实际上，socket函数返回整数型数据，因此可以通过int型变量接收，就像在Linux中做的一样。但考虑到以后的扩展性，定义为SOCKET数据类型，希望各位也使用SOCKET结构体变量保存套接字句柄，这也是微软希望看到的。以后即可将SOCKET视作保存套接字句柄的一个数据类型。

同样，发生错误时返回INVALID_SOCKET，只需将其理解为提示错误的常数即可。其实际值为-1，但值是否为-1并不重要，除非编写如下代码。


```
SOCKET soc = socket(PF_INET, SOCK_STREAM, IPPROTO_TCP);
if ( soc == -1 )
      ErrorHandling(". . .");
```

如果这样编写代码，那么微软定义的INVALID_SOCKET常数将失去意义！应该如下编写，这样，即使日后微软更改INVALID_SOCKET常数值，也不会发生问题。

```
SOCKET soc = socket(PF_INET, SOCK_STREAM, IPPROTO_TCP);
if ( soc == INVALID_SOCKET )
      ErrorHandling(". . .");
```

这些问题虽然琐碎却非常重要。

基于 Windows 的 TCP 套接字示例

把之前的tcp_server.c、tcp_client.c如下改为基于Windows的程序。

- hello_server_win.c → tcp_server_win.c：无变化！
- Hello_client_win.c → tcp_client_win.c：更改read函数调用方式！

与之前一样，只给出tcp_client_win.c源代码及运行结果。各位若想亲自查看tcp_server_win.c的代码，可以参考第1章的hello_server_win.c，或到“图灵社区”本书主页（http://www.ituring.com.cn/book/1284）下载源代码。

❖ tcp_client_win.c

```
1.  #include <stdio.h>
2.  #include <stdlib.h>
3.  #include <winsock2.h>
4.  void ErrorHandling(char* message);
5.
6.  int main(int argc, char* argv[])
7.  {
8.      WSADATA wsaData;
9.      SOCKET hSocket;
10.     SOCKADDR_IN servAddr;
11.
12.     char message[30];
13.     int strLen=0;
```

```
14.     int idx=0, readLen=0;
15.
16.     if(argc!=3)
17.     {
18.         printf("Usage : %s <IP> <port>\n", argv[0]);
19.         exit(1);
20.     }
21.
22.     if(WSAStartup(MAKEWORD(2, 2), &wsaData) != 0)
23.         ErrorHandling("WSAStartup() error!");
24.
25.     hSocket=socket(PF_INET, SOCK_STREAM, 0);
26.     if(hSocket==INVALID_SOCKET)
27.         ErrorHandling("hSocket() error");
28.
29.     memset(&servAddr, 0, sizeof(servAddr));
30.     servAddr.sin_family=AF_INET;
31.     servAddr.sin_addr.s_addr=inet_addr(argv[1]);
32.     servAddr.sin_port=htons(atoi(argv[2]));
33.
34.     if(connect(hSocket, (SOCKADDR*)&servAddr, sizeof(servAddr))==SOCKET_ERROR)
35.         ErrorHandling("connect() error!");
36.
37.     while(readLen=recv(hSocket, &message[idx++], 1, 0))
38.     {
39.         if(readLen==-1)
40.             ErrorHandling("read() error!");
41.
42.         strLen+=readLen; if(message[idx-1]=='\0') break;
43.     }
44.
45.     printf("Message from server: %s \n", message);
46.     printf("Function read call count: %d \n", strLen);
47.
48.     closesocket(hSocket);
49.     WSACleanup();
50.     return 0;
51. }
52.
53. void ErrorHandling(char* message)
54. {
55.     fputs(message, stderr);
56.     fputc('\n', stderr);
57.     exit(1);
58. }
```

- 第9、25行：第9行声明SOCKET变量以保存socket函数返回值。第25行调用socket函数创建TCP套接字，各位应该感到眼熟。
- 第37行：while循环中调用recv函数读取数据，每次1个字节。
- 第42行：第37行中每次读取1个字节，因此变量strLen每次加1，这与recv函数调用次数相同。

❖ 运行结果：tcp_client_win.c

```
C:\tcpip>hTCPClientWin 127.0.0.1 9190
Message from server: Hello World!
Function read call count: 13
```


该示例的运行方式与第1章的hello_server_win.c、hello_client_win.c相同，因此只给出客户端的运行结果。以上就是第2章的全部内容，相信各位对服务器端和客户端有了更深入的理解。

2.3 习题

(1) 什么是协议？在收发数据中定义协议有何意义？

(2) 面向连接的TCP套接字传输特性有3点，请分别说明。

(3) 下列哪些是面向消息的套接字的特性？

a. 传输数据可能丢失
b. 没有数据边界（Boundary）
c. 以快速传递为目标
d. 不限制每次传递数据的大小
e. 与面向连接的套接字不同，不存在连接的概念

(4) 下列数据适合用哪类套接字传输？并给出原因。

a. 演唱会现场直播的多媒体数据（　）
b. 某人压缩过的文本文件（　）
c. 网上银行用户与银行之间的数据传递（　）

(5) 何种类型的套接字不存在数据边界？这类套接字接收数据时需要注意什么？

(6) tcp_server.c和tcp_client.c中需多次调用read函数读取服务器端调用1次write函数传递的字符串。更改程序，使服务器端多次调用（次数自拟）write函数传输数据，客户端调用1次read函数进行读取。为达到这一目的，客户端需延迟调用read函数，因为客户端要等待服务器端传输所有数据。Windows和Linux都通过下列代码延迟read或recv函数的调用。

```
for(i=0; i<3000; i++)
    printf("Wait time %d \n", i);
```

让CPU执行多余任务以延迟代码运行的方式称为“Busy Waiting”。使用得当即可推迟函数调用。

第 3 章

地址族与数据序列

第 2 章中讨论了套接字的创建方法，如果把套接字比喻为电话，那么目前只安装了电话机。本章将着重讲解给电话机分配号码的方法，即给套接字分配 IP 地址和端口号。这部分内容也相对有些枯燥，但并不难，而且是学习后续那些有趣内容必备的基础知识。

3.1 分配给套接字的 IP 地址与端口号

IP是Internet Protocol（网络协议）的简写，是为收发网络数据而分配给计算机的值。端口号并非赋予计算机的值，而是为区分程序中创建的套接字而分配给套接字的序号。下面逐一讲解。

网络地址（Internet Address）

为使计算机连接到网络并收发数据，必需向其分配IP地址。IP地址分为两类。

- IPv4 (Internet Protocol version 4)　　4字节地址族
- IPv6 (Internet Protocol version 6)　　16字节地址族

IPv4与IPv6的差别主要是表示IP地址所用的字节数，目前通用的地址族为IPv4。IPv6是为了应对2010年前后IP地址耗尽的问题而提出的标准，即便如此，现在还是主要使用IPv4，IPv6的普及将需要更长时间。

IPv4标准的4字节IP地址分为网络地址和主机（指计算机）地址，且分为A、B、C、D、E等类型。图3-1展示了IPv4地址族，一般不会使用已被预约了的E类地址，故省略。

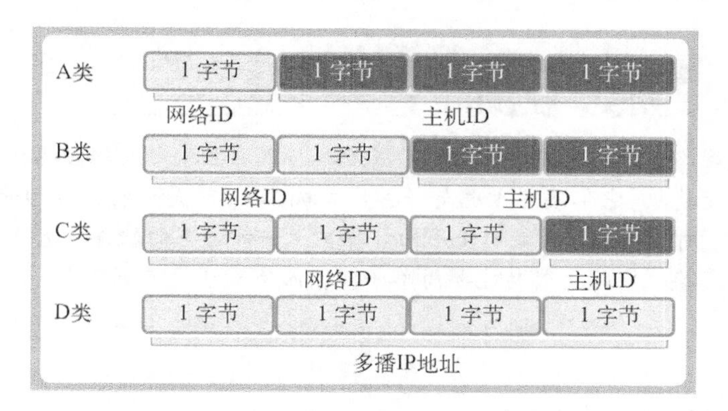

图3-1　IPv4地址族

网络地址（网络ID）是为区分网络而设置的一部分IP地址。假设向WWW.SEMI.COM公司传输数据，该公司内部构建了局域网，把所有计算机连接起来。因此，首先应向SEMI.COM网络传输数据，也就是说，并非一开始就浏览所有4字节IP地址，进而找到目标主机；而是仅浏览4字节IP地址的网络地址，先把数据传到SEMI.COM的网络。SEMI.COM网络（构成网络的路由器）接收到数据后，浏览传输数据的主机地址（主机ID）并将数据传给目标计算机。图3-2展示了数据传输过程。

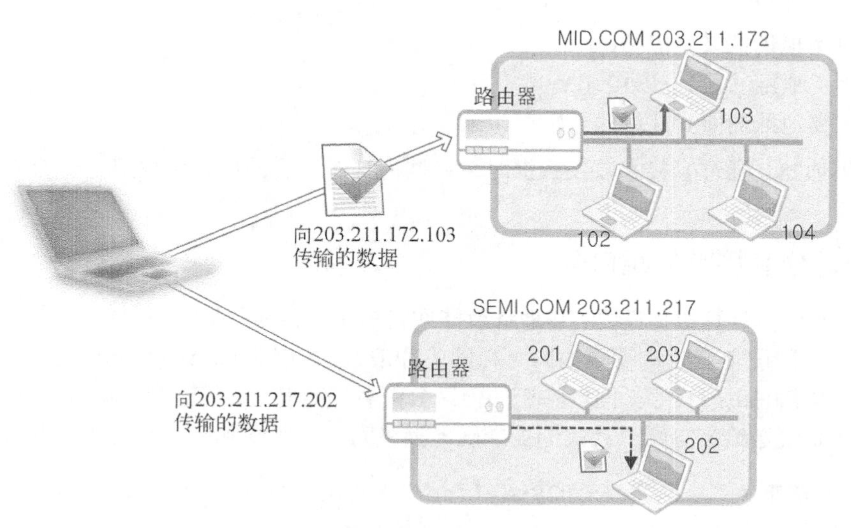

图3-2　基于IP地址的数据传输过程

某主机向203.211.172.103和203.211.217.202传输数据，其中203.211.172和203.211.217为该网络的网络地址（稍后将给出网络地址的区分方法）。所以，“向相应网络传输数据”实际上是向构成网络的路由器（Router）或交换机（Switch）传递数据，由接收数据的路由器根据数据中的主机地址向目标主机传递数据。

知识补给站 路由器和交换机

若想构建网络，需要一种物理设备完成外网与本网主机之间的数据交换，这种设备便是路由器或交换机。它们实际上也是一种计算机，只不过是为特殊目的而设计运行的，因此有了别名。所以，如果在我们使用的计算机上安装适当的软件，也可以将其用作交换机。另外，交换机比路由器功能要简单一些，而实际用途差别不大。

网络地址分类与主机地址边界

只需通过IP地址的第一个字节即可判断网络地址占用的字节数，因为我们根据IP地址的边界区分网络地址，如下所示。

- A类地址的首字节范围：0~127
- B类地址的首字节范围：128~191
- C类地址的首字节范围：192~223

还有如下这种表述方式。

- A类地址的首位以0开始
- B类地址的前2位以10开始
- C类地址的前3位以110开始

正因如此，通过套接字收发数据时，数据传到网络后即可轻松找到正确的主机。

用于区分套接字的端口号

IP用于区分计算机，只要有IP地址就能向目标主机传输数据，但仅凭这些无法传输给最终的应用程序。假设各位欣赏视频的同时在网上冲浪，这时至少需要1个接收视频数据的套接字和1个接收网页信息的套接字。问题在于如何区分二者。简言之，传输到计算机的网络数据是发给播放器，还是发送给浏览器？让我们更准确地描述问题。假设各位开发了如下应用程序：

> “我开发了收发数据的P2P程序，该程序用块单位分割1个文件，从多台计算机接收数据。”

假设各位对P2P有一定了解，即便不清楚也无所谓。如上所述，若想接收多台计算机发来的数据，则需要相应个数的套接字。那如何区分这些套接字呢？

计算机中一般配有NIC（Network Interface Card，网络接口卡）数据传输设备。通过NIC向计算机内部传输数据时会用到IP。操作系统负责把传递到内部的数据适当分配给套接字，这时就要利用端口号。也就是说，通过NIC接收的数据内有端口号，操作系统正是参考此端口号把数据传输给相应端口的套接字，如图3-3所示。

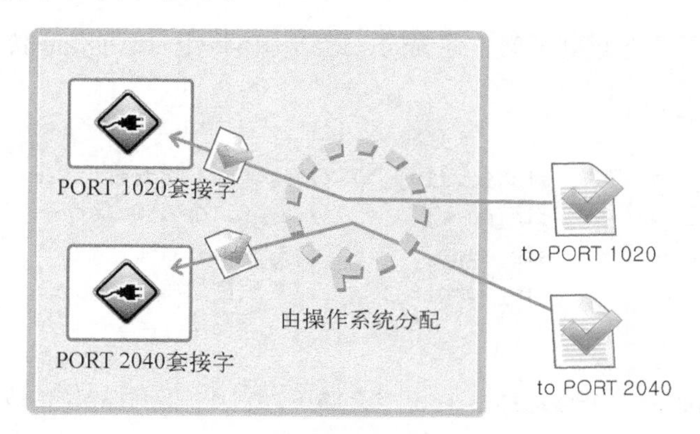

图3-3 数据分配过程

端口号就是在同一操作系统内为区分不同套接字而设置的，因此无法将1个端口号分配给不同套接字。另外，端口号由16位构成，可分配的端口号范围是0-65535。但0-1023是知名端口（Well-known PORT），一般分配给特定应用程序，所以应当分配此范围之外的值。另外，虽然端口号不能重复，但TCP套接字和UDP套接字不会共用端口号，所以允许重复。例如：如果某TCP套接字使用9190号端口，则其他TCP套接字就无法使用该端口号，但UDP套接字可以使用。

总之，数据传输目标地址同时包含IP地址和端口号，只有这样，数据才会被传输到最终的目的应用程序（应用程序套接字）。

3.2 地址信息的表示

应用程序中使用的IP地址和端口号以结构体的形式给出了定义。本节将以IPv4为中心，围绕此结构体讨论目标地址的表示方法。

表示 IPv4 地址的结构体

填写地址信息时应以如下提问为线索进行，各位读过下列对话后也会同意这一点。

- ❑ 问题1："采用哪一种地址族？"
- ❑ 答案1："基于IPv4的地址族。"

- ❑ 问题2："IP地址是多少？"
- ❑ 答案2："211.204.214.76。"

- 问题3：“端口号是多少？”
- 答案3：“2048。”

结构体定义为如下形态就能回答上述提问，此结构体将作为地址信息传递给bind函数。

```
struct sockaddr_in
{
    sa_family_t        sin_family;     //地址族（Address Family）
    uint16_t           sin_port;       //16 位 TCP/UDP 端口号
    struct in_addr     sin_addr;       //32 位 IP 地址
    char               sin_zero[8];    //不使用
};
```

该结构体中提到的另一个结构体in_addr定义如下，它用来存放32位IP地址。

```
struct in_addr
{
    in_addr_t          s_addr;         //32 位 IPv4 地址
};
```

讲解以上2个结构体前先观察一些数据类型。uint16_t、in_addr_t等类型可以参考POSIX（Portable Operating System Interface，可移植操作系统接口）。POSIX是为UNIX系列操作系统设立的标准，它定义了一些其他数据类型，如表3-1所示。

表3-1　POSIX中定义的数据类型

数据类型名称	数据类型说明	声明的头文件
int8_t	signed 8-bit int	sys/types.h
uint8_t	unsigned 8-bit int (unsigned char)	
int16_t	signed 16-bit int	
uint16_t	unsigned 16-bit int(unsigned short)	
int32_t	signed 32-bit int	
uint32_t	unsigned 32-bit int(unsigned long)	
sa_family_t	地址族（address family）	sys/socket.h
socklen_t	长度（length of struct）	
in_addr_t	IP地址，声明为uint32_t	netinet/in.h
in_port_t	端口号，声明为uint16_t	

从这些数据类型声明也可掌握之前结构体的含义。那为什么需要额外定义这些数据类型呢？如前所述，这是考虑到扩展性的结果。如果使用int32_t类型的数据，就能保证在任何时候都占用4字节，即使将来用64位表示int类型也是如此。

结构体 sockaddr_in 的成员分析

接下来重点观察结构体成员的含义及其包含的信息。

成员sin_family

每种协议族适用的地址族均不同。比如，IPv4使用4字节地址族，IPv6使用16字节地址族。可以参考表3-2保存sin_family地址信息。

表3-2　地址族

地址族（Address Family）	含　义
AF_INET	IPv4网络协议中使用的地址族
AF_INET6	IPv6网络协议中使用的地址族
AF_LOCAL	本地通信中采用的UNIX协议的地址族

AF_LOCAL只是为了说明具有多种地址族而添加的，希望各位不要感到太突然。

成员sin_port

该成员保存16位端口号，重点在于，它以网络字节序保存（关于这一点稍后将给出详细说明）。

成员sin_addr

该成员保存32位IP地址信息，且也以网络字节序保存。为理解好该成员，应同时观察结构体in_addr。但结构体in_addr声明为uint32_t，因此只需当作32位整数型即可。

成员sin_zero

无特殊含义。只是为使结构体sockaddr_in的大小与sockaddr结构体保持一致而插入的成员。必需填充为0，否则无法得到想要的结果。后面会另外讲解sockaddr。

从之前介绍的代码也可看出，sockaddr_in结构体变量地址值将以如下方式传递给bind函数。稍后将给出关于bind函数的详细说明，希望各位重点关注参数传递和类型转换部分的代码。

```
struct sockaddr_in serv_addr;
....
if(bind(serv_sock, (struct sockaddr * ) &serv_addr, sizeof(serv_addr)) == -1)
    error_handling("bind() error");
....
```

此处重要的是第二个参数的传递。实际上，bind函数的第二个参数期望得到sockaddr结构体变量地址值，包括地址族、端口号、IP地址等。从下列代码也可看出，直接向sockaddr结构体填充这些信息会带来麻烦。

```
struct sockaddr
{
```

```
    sa_family_t      sin_family;      // 地址族（Address Family）
    char             sa_data[14];     // 地址信息
};
```

此结构体成员sa_data保存的地址信息中需包含IP地址和端口号，剩余部分应填充0，这也是bind函数要求的。而这对于包含地址信息来讲非常麻烦，继而就有了新的结构体sockaddr_in。若按照之前的讲解填写sockaddr_in结构体，则将生成符合bind函数要求的字节流。最后转换为sockaddr型的结构体变量，再传递给bind函数即可。

知识补给站 sin_family

sockaddr_in是保存IPv4地址信息的结构体。那为何还需要通过sin_family单独指定地址族信息呢？这与之前讲过的sockaddr结构体有关。结构体sockaddr并非只为IPv4设计，这从保存地址信息的数组sa_data长度为14字节也可看出。因此，结构体sockaddr要求在sin_family中指定地址族信息。为了与sockaddr保持一致，sockaddr_in结构体中也有地址族信息。

3.3 网络字节序与地址变换

不同CPU中，4字节整数型值1在内存空间的保存方式是不同的。4字节整数型值1可用2进制表示如下。

```
00000000 00000000 00000000 00000001
```

有些CPU以这种顺序保存到内存，另外一些CPU则以倒序保存。

```
00000001 00000000 00000000 00000000
```

若不考虑这些就收发数据则会发生问题，因为保存顺序的不同意味着对接收数据的解析顺序也不同。

字节序（Order）与网络字节序

CPU向内存保存数据的方式有2种，这意味着CPU解析数据的方式也分为2种。

- 大端序（Big Endian）：高位字节存放到低位地址。
- 小端序（Little Endian）：高位字节存放到高位地址。

仅凭描述很难解释清楚，下面通过示例进行说明。假设在0x20号开始的地址中保存4字节int类型数0x12345678。大端序CPU保存方式如图3-4所示。

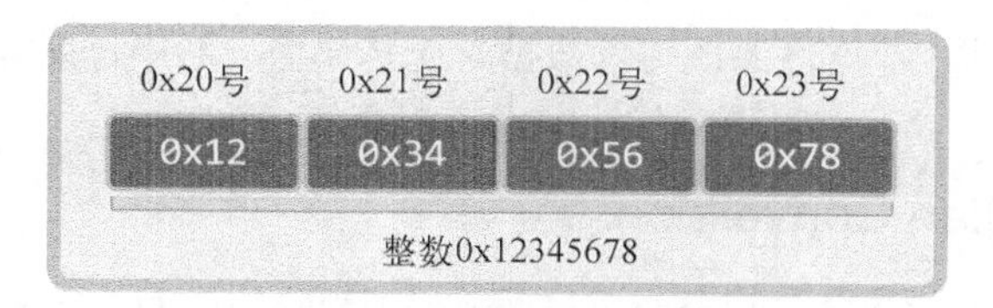

图3-4　大端序字节表示

整数0x12345678中，0x12是最高位字节，0x78是最低位字节。因此，大端序中先保存最高位字节0x12（最高位字节0x12存放到低位地址）。小端序保存方式如图3-5所示。

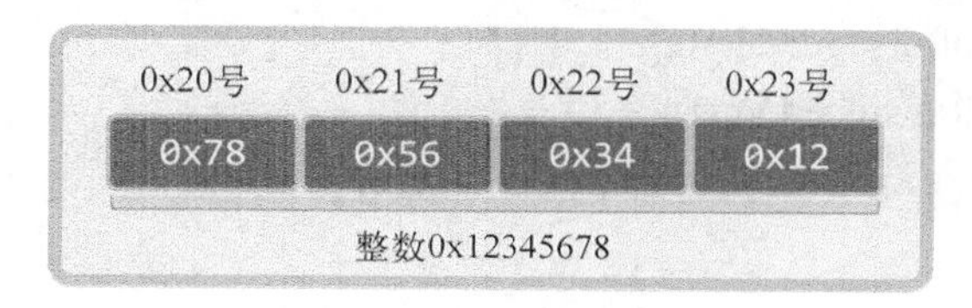

图3-5　小端序字节表示

先保存的是最低位字节0x78。从以上分析可以看出，每种CPU的数据保存方式均不同。因此，代表CPU数据保存方式的主机字节序（Host Byte Order）在不同CPU中也各不相同。目前主流的Intel系列CPU以小端序方式保存数据。接下来分析2台字节序不同的计算机之间数据传递过程中可能出现的问题，如图3-6所示。

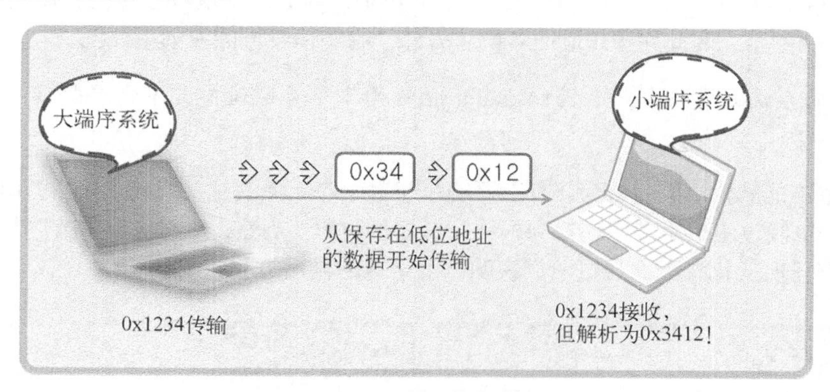

图3-6　字节序问题

0x12和0x34构成的大端序系统值与0x34和0x12构成的小端序系统值相同。换言之，只有改变数据保存顺序才能被识别为同一值。图3-6中，大端序系统传输数据0x1234时未考虑字节序问题，而直接以0x12、0x34的顺序发送。结果接收端以小端序方式保存数据，因此小端序接收的数据变成0x3412，而非0x1234。正因如此，在通过网络传输数据时约定统一方式，这种约定称为网络字节序（Network Byte Order），非常简单——统一为大端序。

即，先把数据数组转化成大端序格式再进行网络传输。因此，所有计算机接收数据时应识别该数据是网络字节序格式，小端序系统传输数据时应转化为大端序排列方式。

字节序转换（Endian Conversions）

相信大家已经理解了为何要在填充sockadr_in结构体前将数据转换成网络字节序。接下来介绍帮助转换字节序的函数。

- unsigned short htons(unsigned short);
- unsigned short ntohs(unsigned short);
- unsigned long htonl(unsigned long);
- unsined long ntohl(unsigned long);

通过函数名应该能掌握其功能，只需了解以下细节。

- htons中的h代表主机（host）字节序。
- htons中的n代表网络（network）字节序。

另外，s指的是short，l指的是long（Linux中long类型占用4个字节，这很关键）。因此，htons是h、to、n、s的组合，也可以解释为“把short型数据从主机字节序转化为网络字节序”。

再举个例子，ntohs可以解释为“把short型数据从网络字节序转化为主机字节序”。

通常，以s作为后缀的函数中，s代表2个字节short，因此用于端口号转换；以l作为后缀的函数中，l代表4个字节，因此用于IP地址转换。另外，有些读者可能有如下疑问：

> “我的系统是大端序的，为sockaddr_in结构体变量赋值前就不需要转换字节序了吧？”

这么说也不能算错。但我认为，有必要编写与大端序无关的统一代码。这样，即使在大端序系统中，最好也经过主机字节序转换为网络字节序的过程。当然，此时主机字节序与网络字节序相同，不会有任何变化。下面通过示例说明以上函数的调用过程。

❖ endian_conv.c

```
1.  #include <stdio.h>
2.  #include <arpa/inet.h>
3.
4.  int main(int argc, char *argv[])
5.  {
6.      unsigned short host_port=0x1234;
7.      unsigned short net_port;
8.      unsigned long host_addr=0x12345678;
9.      unsigned long net_addr;
10.
11.     net_port=htons(host_port);
12.     net_addr=htonl(host_addr);
```

```
13.
14.     printf("Host ordered port: %#x \n", host_port);
15.     printf("Network ordered port: %#x \n", net_port);
16.     printf("Host ordered address: %#lx \n", host_addr);
17.     printf("Network ordered address: %#lx \n", net_addr);
18.     return 0;
19. }
```

- 第6、8行：各保存2个字节、4个字节的数据。当然，若运行程序的CPU不同，则保存的字节序也不同。
- 第11、12行：变量host_port和host_addr中的数据转化为网络字节序。若运行环境为小端序CPU，则按改变之后的字节序保存。

❖ 运行结果：endian_conv.c

```
root@my_linux:/tcpip# gcc endian_conv.c -o conv
root@my_linux:/tcpip# ./conv
Host ordered port: 0x1234
Network ordered port: 0x3412
Host ordered address: 0x12345678
Network ordered address: 0x78563412
```

这就是在小端序CPU中运行的结果。如果在大端序CPU中运行，则变量值不会改变。大部分朋友都会得到类似的运行结果，因为Intel和AMD系列的CPU都采用小端序标准。

知识补给站 数据在传输之前都要经过转换吗？

也许有读者认为："既然数据传输采用网络字节序，那在传输前应直接把数据转换成网络字节序，接收的数据也需要转换成主机字节序再保存。"如果数据收发过程中没有自动转换机制，那当然需要程序员手动转换。这光想想就让人觉得可怕，难道真要强求程序员做这些事情吗？实际上没必要，这个过程是自动的。除了向sockaddr_in结构体变量填充数据外，其他情况无需考虑字节序问题。

3.4 网络地址的初始化与分配

前面已讨论过网络字节序，接下来介绍以bind函数为代表的结构体的应用。

将字符串信息转换为网络字节序的整数型

sockaddr_in中保存地址信息的成员为32位整数型。因此，为了分配IP地址，需要将其表示为

32位整数型数据。这对于只熟悉字符串信息的我们来说实非易事。各位可以尝试将IP地址201.211.214.36转换为4字节整数型数据。

对于IP地址的表示，我们熟悉的是点分十进制表示法（Dotted Decimal Notation），而非整数型数据表示法。幸运的是，有个函数会帮我们将字符串形式的IP地址转换成32位整数型数据。此函数在转换类型的同时进行网络字节序转换。

```
#include <arpa/inet.h>

in_addr_t  inet_addr(const  char * string);
```

➔ 成功时返回 32 位大端序整数型值，失败时返回 INADDR_NONE。

如果向该函数传递类似“211.214.107.99”的点分十进制格式的字符串，它会将其转换为32位整数型数据并返回。当然，该整数型值满足网络字节序。另外，该函数的返回值类型in_addr_t在内部声明为32位整数型。下列示例表示该函数的调用过程。

❖ inet_addr.c

```
1.  #include <stdio.h>
2.  #include <arpa/inet.h>
3.
4.  int main(int argc, char *argv[])
5.  {
6.      char *addr1="1.2.3.4";
7.      char *addr2="1.2.3.256";
8.
9.      unsigned long conv_addr=inet_addr(addr1);
10.     if(conv_addr==INADDR_NONE)
11.         printf("Error occured! \n");
12.     else
13.         printf("Network ordered integer addr: %#lx \n", conv_addr);
14.
15.     conv_addr=inet_addr(addr2);
16.     if(conv_addr==INADDR_NONE)
17.         printf("Error occureded \n");
18.     else
19.         printf("Network ordered integer addr: %#lx \n\n", conv_addr);
20.     return 0;
21. }
```

- 第7行：1个字节能表示的最大整数为255，也就是说，它是错误的IP地址。利用该错误地址验证inet_addr函数的错误检测能力。
- 第9、15行：通过运行结果验证第9行的函数正常调用，而第15行的函数调用出现异常。

❖ 运行结果：inet_addr.c

```
root@my_linux:/tcpip# gcc inet_addr.c -o addr
root@my_linux:/tcpip# ./addr
Network ordered integer addr: 0x4030201
Error occureded
```

从运行结果可以看出，inet_addr函数不仅可以把IP地址转成32位整数型，而且可以检测无效的IP地址。另外，从输出结果可以验证确实转换为网络字节序。

inet_aton函数与inet_addr函数在功能上完全相同，也将字符串形式IP地址转换为32位网络字节序整数并返回。只不过该函数利用了in_addr结构体，且其使用频率更高。

```
#include <arpa/inet.h>

int  inet_aton(const  char * string, struct in_addr * addr);
```

➔ 成功时返回 1（true），失败时返回 0（false）。

- string　含有需转换的IP地址信息的字符串地址值。
- addr　将保存转换结果的in_addr结构体变量的地址值。

实际编程中若要调用inet_addr函数，需将转换后的IP地址信息代入sockaddr_in结构体中声明的in_addr结构体变量。而inet_aton函数则不需此过程。原因在于，若传递in_addr结构体变量地址值，函数会自动把结果填入该结构体变量。通过示例了解inet_aton函数调用过程。

❖ inet_aton.c

```
1.  #include <stdio.h>
2.  #include <stdlib.h>
3.  #include <arpa/inet.h>
4.  void error_handling(char *message);
5.
6.  int main(int argc, char *argv[])
7.  {
8.      char *addr="127.232.124.79";
9.      struct sockaddr_in addr_inet;
10.
11.     if(!inet_aton(addr, &addr_inet.sin_addr))
12.         error_handling("Conversion error");
13.     else
14.         printf("Network ordered integer addr: %#x \n",
15.             addr_inet.sin_addr.s_addr);
16.     return 0;
17. }
18.
```

```
19. void error_handling(char *message)
20. {
21.     fputs(message, stderr);
22.     fputc('\n', stderr);
23.     exit(1);
24. }
```

- 第9、11行：转换后的IP地址信息需保存到sockaddr_in的in_addr型变量才有意义。因此，inet_aton函数的第二个参数要求得到in_addr型的变量地址值。这就省去了手动保存IP地址信息的过程。

❖ 运行结果：inet_aton.c

```
root@my_linux:/tcpip# gcc inet_aton.c -o aton
root@my_linux:/tcpip# ./aton
Network ordered integer addr: 0x4f7ce87f
```

上述运行结果无关紧要，更重要的是大家要熟练掌握该函数的调用方法。最后再介绍一个与inet_aton函数正好相反的函数，此函数可以把网络字节序整数型IP地址转换成我们熟悉的字符串形式。

```
#include <arpa/inet.h>

char * inet_ntoa(struct  in_addr  adr);

    → 成功时返回转换的字符串地址值，失败时返回-1。
```

该函数将通过参数传入的整数型IP地址转换为字符串格式并返回。但调用时需小心，返回值类型为char指针。返回字符串地址意味着字符串已保存到内存空间，但该函数未向程序员要求分配内存，而是在内部申请了内存并保存了字符串。也就是说，调用完该函数后，应立即将字符串信息复制到其他内存空间。因为，若再次调用inet_ntoa函数，则有可能覆盖之前保存的字符串信息。总之，再次调用inet_ntoa函数前返回的字符串地址值是有效的。若需要长期保存，则应将字符串复制到其他内存空间。下面给出该函数调用示例。

❖ inet_ntoa.c

```
1.  #include <stdio.h>
2.  #include <string.h>
3.  #include <arpa/inet.h>
4.
5.  int main(int argc, char *argv[])
6.  {
```

```
7.      struct sockaddr_in addr1, addr2;
8.      char *str_ptr;
9.      char str_arr[20];
10.
11.     addr1.sin_addr.s_addr=htonl(0x1020304);
12.     addr2.sin_addr.s_addr=htonl(0x1010101);
13.
14.     str_ptr=inet_ntoa(addr1.sin_addr);
15.     strcpy(str_arr, str_ptr);
16.     printf("Dotted-Decimal notation1: %s \n", str_ptr);
17.
18.     inet_ntoa(addr2.sin_addr);
19.     printf("Dotted-Decimal notation2: %s \n", str_ptr);
20.     printf("Dotted-Decimal notation3: %s \n", str_arr);
21.     return 0;
22. }
```

- 第14行：向inet_ntoa函数传递结构体变量addr1中的IP地址信息并调用该函数，返回字符串形式的IP地址。
- 第15行：浏览并复制第14行中返回的IP地址信息。
- 第18、19行：再次调用inet_ntoa函数。由此得出，第14行中返回的地址已覆盖了新的IP地址字符串，可通过第19行的输出结果进行验证。
- 第20行：第15行中复制了字符串，因此可以正确输出第14行中返回的IP地址字符串。

❖ 运行结果：inet_ntoa.c

```
root@my_linux:/tcpip# gcc inet_ntoa.c -o ntoa
root@my_linux:/tcpip# ./ntoa
Dotted-Decimal notation1: 1.2.3.4
Dotted-Decimal notation2: 1.1.1.1
Dotted-Decimal notation3: 1.2.3.4
```

网络地址初始化

结合前面所学的内容，现在介绍套接字创建过程中常见的网络地址信息初始化方法。

```
struct  sockaddr_in  addr;
char * serv_ip = "211.217.168.13";      //声明 IP 地址字符串
char  * serv_port = "9190";             //声明端口号字符串
memset(&addr,  0,  sizeof(addr));       //结构体变量 addr 的所有成员初始化为 0
addr.sin_family = AF_INET;                     //指定地址族
addr.sin_addr.s_addr = inet_addr(serv_ip);     //基于字符串的 IP 地址初始化
addr.sin_port = htons(atoi(serv_port));        //基于字符串的端口号初始化
```

上述代码中，memset函数将每个字节初始化为同一值：第一个参数为结构体变量addr的地址值，即初始化对象为addr；第二个参数为0，因此初始化为0；最后一个参数中传入addr的长度，因此addr的所有字节均初始化为0。这么做是为了将sockaddr_in结构体的成员sin_zero初始化为0。另外，最后一行代码调用的atoi函数把字符串类型的值转换成整数型。总之，上述代码利用字符串格式的IP地址和端口号初始化了sockaddr_in结构体变量。

另外，代码中对IP地址和端口号进行了硬编码，这并非良策，因为运行环境改变就得更改代码。因此，我们运行示例main函数时传入IP地址和端口号。

客户端地址信息初始化

上述网络地址信息初始化过程主要针对服务器端而非客户端。给套接字分配IP地址和端口号主要是为下面这件事做准备：

“请把进入IP 211.217.168.13、9190端口的数据传给我！”

反观客户端中连接请求如下：

“请连接到IP 211.217.168.13、9190端口！”

请求方法不同意味着调用的函数也不同。服务器端的准备工作通过bind函数完成，而客户端则通过connect函数完成。因此，函数调用前需准备的地址值类型也不同。服务器端声明sockaddr_in结构体变量，将其初始化为赋予服务器端IP和套接字的端口号，然后调用bind函数；而客户端则声明sockaddr_in结构体，并初始化为要与之连接的服务器端套接字的IP和端口号，然后调用connect函数。

INADDR_ANY

每次创建服务器端套接字都要输入IP地址会有些繁琐，此时可如下初始化地址信息。

```
struct  sockaddr_in  addr;
char  *  serv_port = “9190”;
memset(&addr,  0,  sizeof(addr));
addr.sin_family = AF_INET;
addr.sin_addr.s_addr = htonl(INADDR_ANY);
addr.sin_port = htons(atoi(serv_port));
```

与之前方式最大的区别在于，利用常数INADDR_ANY分配服务器端的IP地址。若采用这种方式，则可自动获取运行服务器端的计算机IP地址，不必亲自输入。而且，若同一计算机中已分配多个IP地址（多宿主（Multi-homed）计算机，一般路由器属于这一类），则只要端口号一致，就可以从不同IP地址接收数据。因此，服务器端中优先考虑这种方式。而客户端中除非带有一部分服务器端功能，否则不会采用。

知识补给站 创建服务器端套接字时需要IP地址的原因

初始化服务器端套接字时应分配所属计算机的IP地址，因为初始化时使用的IP地址非常明确，那为何还要进行IP初始化呢？如前所述，同一计算机中可以分配多个IP地址，实际IP地址的个数与计算机中安装的NIC的数量相等。即使是服务器端套接字，也需要决定应接收哪个IP传来的（哪个NIC传来的）数据。因此，服务器端套接字初始化过程中要求IP地址信息。另外，若只有1个NIC，则直接使用INADDR_ANY。

第 1 章的 hello_server.c、hello_client.c 运行过程

第1章中执行以下命令以运行相当于服务器端的hello_server.c。

```
./hserver 9190
```

通过代码可知，向main函数传递的9190为端口号。通过此端口创建服务器端套接字并运行程序，但未传递IP地址，因为可以通过INADDR_ANY指定IP地址。相信各位现在再去读代码会感觉简单很多。

执行下列命令以运行相当于客户端的hello_client.c。与服务器端运行方式相比，最大的区别是传递了IP地址信息。

```
./hclient 127.0.0.1  9190
```

127.0.0.1是回送地址（loopback address），指的是计算机自身IP地址。在第1章的示例中，服务器端和客户端在同一计算机中运行，因此，连接目标服务器端的地址为127.0.0.1。当然，若用实际IP地址代替此地址也能正常运转。如果服务器端和客户端分别在2台计算机中运行，则可以输入服务器端IP地址。

向套接字分配网络地址

既然已讨论了sockaddr_in结构体的初始化方法，接下来就把初始化的地址信息分配给套接字。bind函数负责这项操作。

```
#include <sys/socket.h>

int bind(int sockfd,  struct sockaddr * myaddr,  socklen_t addrlen);

    ➔ 成功时返回 0，失败时返回-1。
```

- sockfd 要分配地址信息（IP地址和端口号）的套接字文件描述符。
- myaddr 存有地址信息的结构体变量地址值。
- addrlen 第二个结构体变量的长度。

如果此函数调用成功，则将第二个参数指定的地址信息分配给第一个参数中的相应套接字。下面给出服务器端常见套接字初始化过程。

```
int serv_sock;
struct sockaddr_in serv_addr;
char * serv_port = "9190";

/* 创建服务器端套接字（监听套接字） */
serv_sock = socket(PF_INET, SOCK_STREAM, 0);

/* 地址信息初始化 */
memset(&serv_addr, 0, sizeof(serv_addr));
serv_addr.sin_family = AF_INET;
serv_addr.sin_addr.s_addr = htonl(INADDR_ANY);
serv_addr.sin_port = htons(atoi(serv_port));

/* 分配地址信息 */
bind(serv_sock, (struct sockaddr * )&serv_addr, sizeof(serv_addr));
......
```

服务器端代码结构默认如上，当然还有未显示的异常处理代码。

3.5 基于 Windows 的实现

Windows中同样存在sockaddr_in结构体及各种变换函数，而且名称、使用方法及含义都相同。也就无需针对Windows平台进行太多修改或改用其他函数。接下来将前面几个程序改成Windows版本。

函数 htons、htonl 在 Windows 中的使用

首先给出Windows平台下调用htons函数和htonl函数的示例。这两个函数的用法与Linux平台下的使用并无区别，故省略。

❖ endian_conv_win.c

```
1.  #include <stdio.h>
2.  #include <winsock2.h>
```

```
3.  void ErrorHandling(char* message);
4.
5.  int main(int argc, char *argv[])
6.  {
7.      WSADATA wsaData;
8.      unsigned short host_port=0x1234;
9.      unsigned short net_port;
10.     unsigned long host_addr=0x12345678;
11.     unsigned long net_addr;
12.
13.     if(WSAStartup(MAKEWORD(2, 2), &wsaData)!=0)
14.         ErrorHandling("WSAStartup() error!");
15.
16.     net_port=htons(host_port);
17.     net_addr=htonl(host_addr);
18.
19.     printf("Host ordered port: %#x \n", host_port);
20.     printf("Network ordered port: %#x \n", net_port);
21.     printf("Host ordered address: %#lx \n", host_addr);
22.     printf("Network ordered address: %#lx \n", net_addr);
23.     WSACleanup();
24.     return 0;
25. }
26.
27. void ErrorHandling(char* message)
28. {
29.     fputs(message, stderr);
30.     fputc('\n', stderr);
31.     exit(1);
32. }
```

❖ 运行结果：endian_conv_win.c

```
Host ordered port: 0x1234
Network ordered port: 0x3412
Host ordered address: 0x12345678
Network ordered address: 0x78563412
```

该程序多了进行库初始化的WSAStartup函数调用和winsock2.h头文件的#include语句，其他部分没有区别。

函数 inet_addr、inet_ntoa 在 Windows 中的使用

下列示例给出了inet_addr函数和inet_ntoa函数的调用过程。前面分别给出了Linux中这两个函数的调用示例，而在Windows中则通过1个示例介绍。另外，Windows中不存在inet_aton函数，故省略。

❖ inet_adrconv_win.c

```
1.  #include <stdio.h>
2.  #include <string.h>
3.  #include <winsock2.h>
4.  void ErrorHandling(char* message);
5.
6.  int main(int argc, char *argv[])
7.  {
8.      WSADATA wsaData;
9.      if(WSAStartup(MAKEWORD(2, 2), &wsaData)!=0)
10.         ErrorHandling("WSAStartup() error!");
11.
12.     /* inet_addr函数调用示例*/
13.     {
14.         char *addr="127.212.124.78";
15.         unsigned long conv_addr=inet_addr(addr);
16.         if(conv_addr==INADDR_NONE)
17.             printf("Error occured! \n");
18.         else
19.             printf("Network ordered integer addr: %#lx \n", conv_addr);
20.     }
21.
22.     /* inet_ntoa函数调用示例*/
23.     {
24.         struct sockaddr_in addr;
25.         char *strPtr;
26.         char strArr[20];
27.
28.         addr.sin_addr.s_addr=htonl(0x1020304);
29.         strPtr=inet_ntoa(addr.sin_addr);
30.         strcpy(strArr, strPtr);
31.         printf("Dotted-Decimal notation3 %s \n", strArr);
32.     }
33.
34.     WSACleanup();
35.     return 0;
36. }
37.
38. void ErrorHandling(char* message)
39. {
40.     //与之前示例一致，故省略！
41. }
```

❖ 运行结果：inet_adrconv_win.c

```
Network ordered integer addr: 0x4e7cd47f
Dotted-Decimal notation3 1.2.3.4
```

上述示例在main函数体内使用中括号增加变量声明，同时区分各函数的调用过程。添加中括号可以在相应区域的初始部分声明局部变量。当然，此类局部变量跳出中括号则消失。

在 Windows 环境下向套接字分配网络地址

Windows中向套接字分配网络地址的过程与Linux中完全相同，因为bind函数的含义、参数及返回类型完全一致。

```
SOCKET servSock;
struct sockaddr_in servAddr;
char * servPort = "9190";

/* 创建服务器端套接字 */
servSock = socket(PF_INET, SOCK_STREAM, 0);

/* 地址信息初始化 */
memset(&servAddr, 0, sizeof(servAddr));
servAddr.sin_family = AF_INET;
servAddr.sin_addr.s_addr = htonl(INADDR_ANY);
servAddr.sin_port = htons(atoi(serv_port));

/* 分配地址信息 */
bind(servSock, (struct sockaddr * )&servAddr, sizeof(servAddr));
......
```

这与Linux平台下套接字初始化及地址分配过程基本一致，只不过改了一些变量名。

WSAStringToAddress & WSAAddressToString

下面介绍Winsock2中增加的2个转换函数。它们在功能上与inet_ntoa和inet_addr完全相同，但优点在于支持多种协议，在IPv4和IPv6中均可适用。当然它们也有缺点，使用inet_ntoa、inet_addr可以很容易地在Linux和Windows之间切换程序。而将要介绍的这2个函数则依赖于特定平台，会降低兼容性。因此本书不会使用它们，介绍的目的仅在于让各位了解更多函数。

先介绍WSAStringToAddress函数，它将地址信息字符串适当填入结构体变量。

```
#include <winsock2.h>

INT WSAStringToAddress(
    LPTSTR AddressString, INT AddressFamily, LPWSAPROTOCOL_INFO lpProtocolInfo,
    LPSOCKADDR lpAddress, LPINT lpAddressLength
);

    → 成功时返回 0，失败时返回 SOCKET_ERROR。
```

- AddressString　含有IP和端口号的字符串地址值。
- AddressFamily　第一个参数中地址所属的地址族信息。
- lpProtocolInfo　设置协议提供者（Provider），默认为NULL。
- lpAddress　保存地址信息的结构体变量地址值。
- lpAddressLength　第四个参数中传递的结构体长度所在的变量地址值。

上述函数中新出现的各种类型几乎都是针对默认数据类型的typedef声明。下列示例主要通过默认数据类型向该函数传递参数。

WSAAddressToString与WSAStringToAddress在功能上正好相反，它将结构体中的地址信息转换成字符串形式。

```
#include <winsock2.h>

INT WSAAddressToString(
    LPSOCKADDR lpsaAddress, DWORD dwAddressLength,
    LPWSAPROTOCOL_INFO lpProtocolInfo, LPSTR lpszAddressString,
    LPDWORD lpdwAddressStringLength
);
```

→ 成功时返回0，失败时返回SOCKET_ERROR。

- lpsaAddress　需要转换的地址信息结构体变量地址值。
- dwAddressLength　第一个参数中结构体的长度。
- lpProtocolInfo　设置协议提供者（Provider），默认为NULL。
- lpszAddressString　保存转换结果的字符串地址值。
- lpdwAddressStringLength　第四个参数中存有地址信息的字符串长度。

下面给出这两个函数的使用示例。

❖ conv_addr_win.c

```
1.  #undef UNICODE
2.  #undef _UNICODE
3.  #include <stdio.h>
4.  #include <winsock2.h>
5.
6.  int main(int argc, char *argv[])
7.  {
8.      char *strAddr="203.211.218.102:9190";
9.
10.     char strAddrBuf[50];
11.     SOCKADDR_IN servAddr;
12.     int size;
13.
```

```
14.     WSADATA wsaData;
15.     WSAStartup(MAKEWORD(2, 2), &wsaData);
16.
17.     size=sizeof(servAddr);
18.     WSAStringToAddress(
19.         strAddr, AF_INET, NULL, (SOCKADDR*)&servAddr, &size);
20.
21.     size=sizeof(strAddrBuf);
22.     WSAAddressToString(
23.         (SOCKADDR*)&servAddr, sizeof(servAddr), NULL, strAddrBuf, &size);
24.
25.     printf("Second conv result: %s \n", strAddrBuf);
26.     WSACleanup();
27.     return 0;
28. }
```

- 第1、2行：#undef用于取消之前定义的宏。根据项目环境，VC++会自主声明这2个宏，这样在第18行和第22行调用的函数中，参数就将转换成unicode形式，给出错误的运行结果。所以插入了这2句宏定义。
- 第18行：第8行给出了需转换的字符串格式的地址。第18行调用WSAStringToAddress函数转换成结构体，保存到第11行声明的变量。
- 第22行：第18行代码的逆过程，调用WSAAddressToString函数将结构体转换成字符串。

❖ 运行结果：conv_addr_win.c

```
Second conv result: 203.211.218.102:9190
```

上述示例的主要目的在于展示WSAStringToAddress函数与WSAAddressToString函数的使用方法。Linux环境下地址初始化过程中声明了sockaddr_in变量，而示例则声明了SOCKADDR_IN类型的变量。各位不必感到疑惑，实际上二者完全相同，只是为简化变量定义添加了typedef声明。

```
typedef struct sockaddr_in SOCKADDR_IN;
```

套接字地址分配相关内容讲解到此结束。

3.6 习题

(1) IP地址族IPv4和IPv6有何区别？在何种背景下诞生了IPv6？

(2) 通过IPv4网络ID、主机ID及路由器的关系说明向公司局域网中的计算机传输数据的过程。

(3) 套接字地址分为IP地址和端口号。为什么需要IP地址和端口号？或者说，通过IP可以区分哪些对象？通过端口号可以区分哪些对象？

(4) 请说明IP地址的分类方法，并据此说出下面这些IP地址的分类。

- 214.121.212.102　　　　(　　)
- 120.101.122.89　　　　(　　)
- 129.78.102.211　　　　(　　)

(5) 计算机通过路由器或交换机连接到互联网。请说出路由器和交换机的作用。

(6) 什么是知名端口？其范围是多少？知名端口中具有代表性的HTTP和FTP端口号各是多少？

(7) 向套接字分配地址的bind函数原型如下：

```
int bind(int sockfd, struct sockaddr *myaddr, socklen_t addrlen);
```

而调用时则用

```
bind(serv_sock, (struct sockaddr *) &serv_addr, sizeof(serv_addr));
```

此处serv_addr为sockaddr_in结构体变量。与函数原型不同，传入的是sockaddr_in结构体变量，请说明原因。

(8) 请解释大端序、小端序、网络字节序，并说明为何需要网络字节序。

(9) 大端序计算机希望把4字节整数型数据12传递到小端序计算机。请说出数据传输过程中发生的字节序变换过程。

(10) 怎样表示回送地址？其含义是什么？如果向回送地址传输数据将发生什么情况？

第4章

基于TCP的服务器端/客户端（1）

我们已经学习了创建套接字和向套接字分配地址，接下来正式讨论通过套接字收发数据。

之前介绍套接字时举例说明了面向连接的套接字和面向消息的套接字这2种数据传输方式，特别是重点讨论了面向连接的套接字。本章将具体讨论这种面向连接的服务器端/客户端的编写。

4.1 理解 TCP 和 UDP

根据数据传输方式的不同，基于网络协议的套接字一般分为TCP套接字和UDP套接字。因为TCP套接字是面向连接的，因此又称基于流（stream）的套接字。

TCP是Transmission Control Protocol（传输控制协议）的简写，意为“对数据传输过程的控制”。因此，学习控制方法及范围有助于正确理解TCP套接字。

TCP/IP 协议栈

讲解TCP前先介绍TCP所属的TCP/IP协议栈（Stack，层），如图4-1所示。

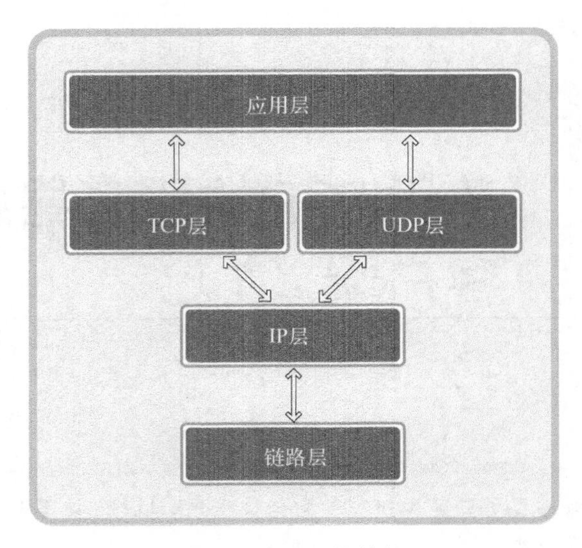

图4-1　TCP/IP协议栈

从图4-1可以看出，TCP/IP协议栈共分4层，可以理解为数据收发分成了4个层次化过程。也就是说，面对“基于互联网的有效数据传输”的命题，并非通过1个庞大协议解决问题，而是化整为零，通过层次化方案——TCP/IP协议栈解决。通过TCP套接字收发数据时需要借助这4层，如图4-2所示。

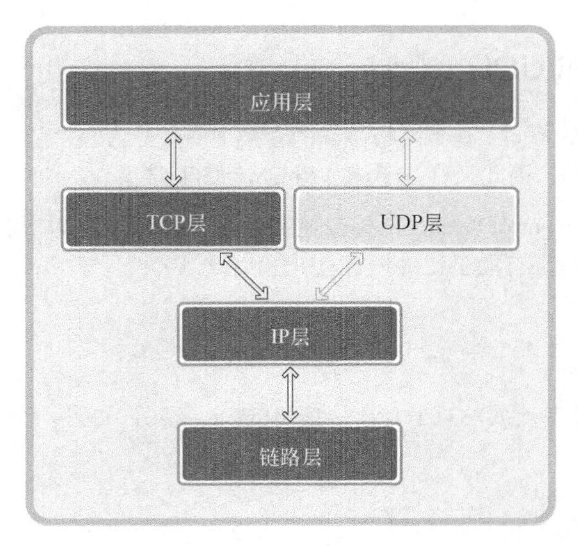

图4-2　TCP协议栈

反之，通过UDP套接字收发数据时，利用图4-3中的4层协议栈完成。

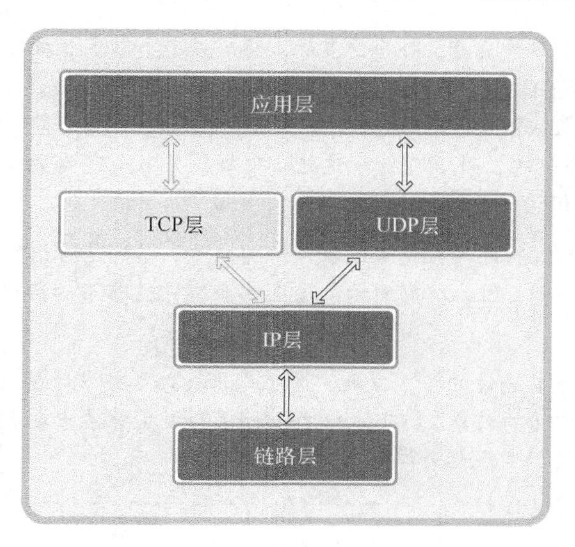

图4-3 UDP协议栈

各层可能通过操作系统等软件实现，也可能通过类似NIC的硬件设备实现。

提示

OSI 7 Layer（层）

数据通信中使用的协议栈分为 7 层，而本书分了 4 层。想了解 7 层协议栈的细节可以参考数据通信相关书籍。对程序员来说，掌握 4 层协议栈就足够了。

TCP/IP 协议的诞生背景

“通过因特网完成有效数据传输”这个课题让许多专家聚集到了一起，这些人是硬件、系统、路由算法等各领域的顶级专家。为何需要这么多领域的专家呢？

我们之前只关注套接字创建及应用，却忽略了计算机网络问题并非仅凭软件就能解决。编写软件前需要构建硬件系统，在此基础上需要通过软件实现各种算法。所以才需要众多领域的专家进行讨论，以形成各种规定。因此，把这个大问题划分成若干小问题再逐个攻破，将大幅提高效率。

把“通过因特网完成有效数据传输”问题按照不同领域划分成小问题后，出现多种协议，它们通过层级结构建立了紧密联系。

知识补给站 开放式系统（Open System）

把协议分成多个层次具有哪些优点？协议设计更容易？当然这也足以成为优点之一。但还有更重要的原因就是，为了通过标准化操作设计开放式系统。

标准本身就在于对外公开，引导更多的人遵守规范。以多个标准为依据设计的系统称为开放式系统，我们现在学习的TCP/IP协议栈也属于其中之一。接下来了解一下开放式系统具有哪些优点。路由器用来完成IP层交互任务。某公司原来使用A公司的路由器，现要将其替换成B公司的，是否可行？这并非难事，并不一定要换成同一公司的同一型号路由器，因为所有生产商都会按照IP层标准制造。

再举个例子。各位的计算机是否装有网络接口卡，也就是所谓的网卡？尚未安装也无妨，其实很容易买到，因为所有网卡制造商都会遵守链路层的协议标准。这就是开放式系统的优点。

标准的存在意味着高速的技术发展，这也是开放式系统设计最大的原因所在。实际上，软件工程中的“面向对象”（Object Oriented）的诞生背景中也有标准化的影子。也就是说，标准对于技术发展起着举足轻重的作用。

链路层

接下来逐层了解TCP/IP协议栈，先讲解链路层。链路层是物理链接领域标准化的结果，也是最基本的领域，专门定义LAN、WAN、MAN等网络标准。若两台主机通过网络进行数据交换，则需要图4-4所示的物理连接，链路层就负责这些标准。

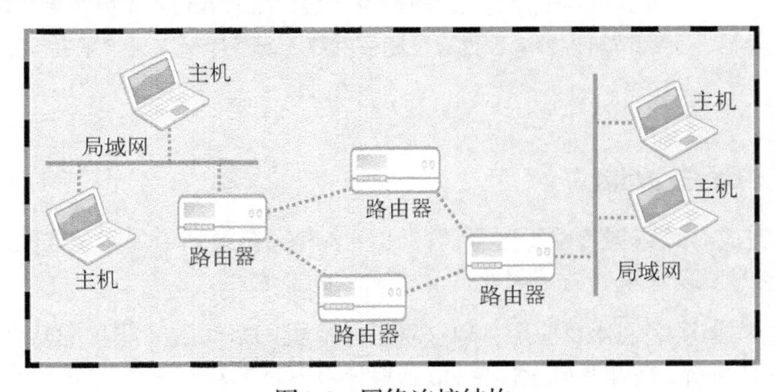

图4-4　网络连接结构

IP层

准备好物理连接后就要传输数据。为了在复杂的网络中传输数据，首先需要考虑路径的选择。向目标传输数据需要经过哪条路径？解决此问题就是IP层，该层使用的协议就是IP。

IP本身是面向消息的、不可靠的协议。每次传输数据时会帮我们选择路径，但并不一致。如果传输中发生路径错误，则选择其他路径；但如果发生数据丢失或错误，则无法解决。换言之，

IP协议无法应对数据错误。

TCP/UDP 层

IP层解决数据传输中的路径选择问题，只需照此路径传输数据即可。TCP和UDP层以IP层提供的路径信息为基础完成实际的数据传输，故该层又称传输层（Transport）。UDP比TCP简单，我们将在后续章节展开讨论，现只解释TCP。TCP可以保证可靠的数据传输，但它发送数据时以IP层为基础（这也是协议栈结构层次化的原因）。那该如何理解二者关系呢？

IP层只关注1个数据包（数据传输的基本单位）的传输过程。因此，即使传输多个数据包，每个数据包也是由IP层实际传输的，也就是说传输顺序及传输本身是不可靠的。若只利用IP层传输数据，则有可能导致后传输的数据包B比先传输的数据包A提早到达。另外，传输的数据包A、B、C中有可能只收到A和C，甚至收到的C可能已损毁。反之，若添加TCP协议则按照如下对话方式进行数据交换。

- 主机A："正确收到第二个数据包！"
- 主机B："恩，知道了。"

- 主机A："正确收到第三个数据包！"
- 主机B："可我已发送第四个数据包了啊！哦，您没收到第四个数据包吧？我给您重传！"

这就是TCP的作用。如果数据交换过程中可以确认对方已收到数据，并重传丢失的数据，那么即便IP层不保证数据传输，这类通信也是可靠的，如图4-5所示。

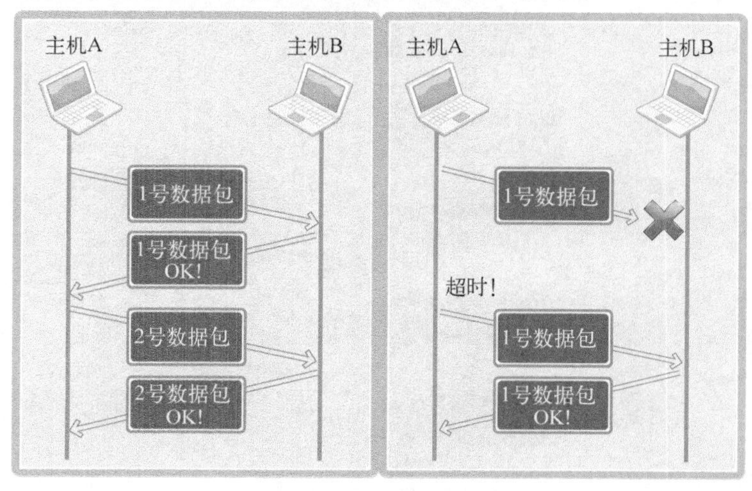

图4-5 传输控制协议

图4-5简单描述了TCP的功能。总之，TCP和UDP存在于IP层之上，决定主机之间的数据传输方式，TCP协议确认后向不可靠的IP协议赋予可靠性。

应用层

上述内容是套接字通信过程中自动处理的。选择数据传输路径、数据确认过程都被隐藏到套接字内部。而与其说是“隐藏”，倒不如“使程序员从这些细节中解放出来”的表达更为准确。程序员编程时无需考虑这些过程，但这并不意味着不用掌握这些知识。只有掌握了这些理论，才能编写出符合需求的网络程序。

总之，向各位提供的工具就是套接字，大家只需利用套接字编出程序即可。编写软件的过程中，需要根据程序特点决定服务器端和客户端之间的数据传输规则（规定），这便是应用层协议。网络编程的大部分内容就是设计并实现应用层协议。

4.2　实现基于TCP的服务器端/客户端

本节实现完整的TCP服务器端，在此过程中各位将理解套接字使用方法及数据传输方法。

TCP服务器端的默认函数调用顺序

图4-6给出了TCP服务器端默认的函数调用顺序，绝大部分TCP服务器端都按照该顺序调用。

图4-6　TCP服务器端函数调用顺序

调用socket函数创建套接字，声明并初始化地址信息结构体变量，调用bind函数向套接字分配地址。这2个阶段之前都已讨论过，下面讲解之后的几个过程。

进入等待连接请求状态

我们已调用bind函数给套接字分配了地址，接下来就要通过调用listen函数进入等待连接请求状态。只有调用了listen函数，客户端才能进入可发出连接请求的状态。换言之，这时客户端才能调用connect函数（若提前调用将发生错误）。

```
#include <sys/socket.h>

int listen(int sock, int backlog);

    → 成功时返回 0，失败时返回-1。
```

- sock　希望进入等待连接请求状态的套接字文件描述符，传递的描述符套接字参数成为服务器端套接字（监听套接字）。
- backlog　连接请求等待队列（Queue）的长度，若为5，则队列长度为5，表示最多使5个连接请求进入队列。

先解释一下等待连接请求状态的含义和连接请求等待队列。“服务器端处于等待连接请求状态”是指，客户端请求连接时，受理连接前一直使请求处于等待状态。图4-7给出了这个过程。

图4-7　等待连接请求状态

由图4-7可知作为listen函数的第一个参数传递的文件描述符套接字的用途。客户端连接请求本身也是从网络中接收到的一种数据，而要想接收就需要套接字。此任务就由服务器端套接字完成。服务器端套接字是接收连接请求的一名门卫或一扇门。

客户端如果向服务器端询问：“请问我是否可以发起连接？”服务器端套接字就会亲切应答：“您好！当然可以，但系统正忙，请到等候室排号等待，准备好后会立即受理您的连接。”同时将连接请求请到等候室。调用listen函数即可生成这种门卫（服务器端套接字），listen函数的第二个参数决定了等候室的大小。等候室称为连接请求等待队列，准备好服务器端套接字和连接请求等待队列后，这种可接收连接请求的状态称为等待连接请求状态。

listen函数的第二个参数值与服务器端的特性有关，像频繁接收请求的Web服务器端至少应为15。另外，连接请求队列的大小始终根据实验结果而定。

受理客户端连接请求

调用listen函数后，若有新的连接请求，则应按序受理。受理请求意味着进入可接受数据的状态。也许各位已经猜到进入这种状态所需部件——当然是套接字！大家可能认为可以使用服务器端套接字，但服务器端套接字是做门卫的。如果在与客户端的数据交换中使用门卫，那谁来守门呢？因此需要另外一个套接字，但没必要亲自创建。下面这个函数将自动创建套接字，并连接到发起请求的客户端。

```
#include <sys/socket.h>

int accept(int sock, struct sockaddr * addr, socklen_t * addrlen);
```

➔ 成功时返回创建的套接字文件描述符，失败时返回-1。

- sock　服务器套接字的文件描述符。
- addr　保存发起连接请求的客户端地址信息的变量地址值，调用函数后向传递来的地址变量参数填充客户端地址信息。
- addrlen　第二个参数addr结构体的长度，但是存有长度的变量地址。函数调用完成后，该变量即被填入客户端地址长度。

accept函数受理连接请求等待队列中待处理的客户端连接请求。函数调用成功时，accept函数内部将产生用于数据I/O的套接字，并返回其文件描述符。需要强调的是，套接字是自动创建的，并自动与发起连接请求的客户端建立连接。图4-8展示了accept函数调用过程。

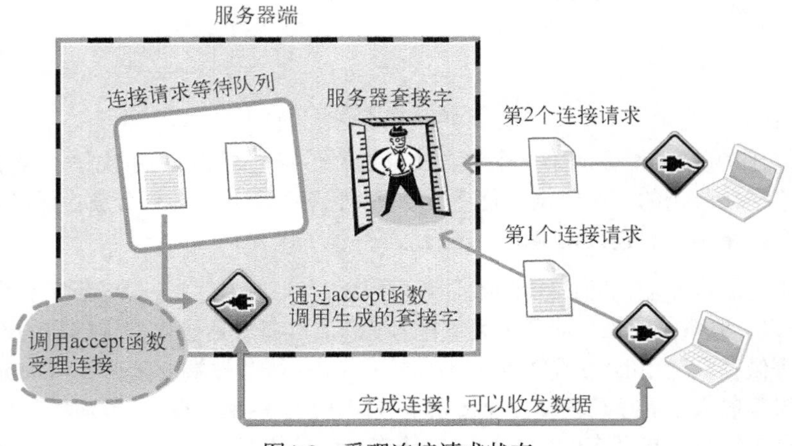

图4-8　受理连接请求状态

图4-8展示了“从等待队列中取出1个连接请求，创建套接字并完成连接请求”的过程。服务器端单独创建的套接字与客户端建立连接后进行数据交换。

回顾 Hello world 服务器端

前面结束了服务器端实现方法的所有讲解，下面分析之前未理解透的Hello world服务器端。第1章已给出其源代码，此处重列是为了便于讲解。

❖ hello_server.c

```
1.  /* 头文件及函数声明关系
2.  请参考第1章的源代码hello_server.c */
3.
4.  int main(int argc, char *argv[])
5.  {
6.      int serv_sock;
7.      int clnt_sock;
8.
9.      struct sockaddr_in serv_addr;
10.     struct sockaddr_in clnt_addr;
11.     socklen_t clnt_addr_size;
12.
13.     char message[]="Hello World!";
14.
15.     if(argc!=2)
16.     {
17.         printf("Usage : %s <port>\n", argv[0]);
18.         exit(1);
19.     }
20.
21.     serv_sock=socket(PF_INET, SOCK_STREAM, 0);
22.     if(serv_sock == -1)
23.         error_handling("socket() error");
24.
25.     memset(&serv_addr, 0, sizeof(serv_addr));
26.     serv_addr.sin_family=AF_INET;
27.     serv_addr.sin_addr.s_addr=htonl(INADDR_ANY);
28.     serv_addr.sin_port=htons(atoi(argv[1]));
29.
30.     if(bind(serv_sock, (struct sockaddr*) &serv_addr, sizeof(serv_addr))==-1)
31.         error_handling("bind() error");
32.
33.     if(listen(serv_sock, 5)==-1)
34.         error_handling("listen() error");
35.
36.     clnt_addr_size=sizeof(clnt_addr);
37.     clnt_sock=accept(serv_sock, (struct sockaddr*)&clnt_addr,&clnt_addr_size);
38.     if(clnt_sock==-1)
39.         error_handling("accept() error");
40.
```

```
41.     write(clnt_sock, message, sizeof(message));
42.     close(clnt_sock);
43.     close(serv_sock);
44.     return 0;
45. }
46.
47. void error_handling(char *message)
48. {
49.     fputs(message, stderr);
50.     fputc('\n', stderr);
51.     exit(1);
52. }
```

- 第21行：服务器端实现过程中先要创建套接字。第21行创建套接字，但此时的套接字尚非真正的服务器端套接字。
- 第25~31行：为了完成套接字地址分配，初始化结构体变量并调用bind函数。
- 第33行：调用listen函数进入等待连接请求状态。连接请求等待队列的长度设置为5。此时的套接字才是服务器端套接字。
- 第37行：调用accept函数从队头取1个连接请求与客户端建立连接，并返回创建的套接字文件描述符。另外，调用accept函数时若等待队列为空，则accept函数不会返回，直到队列中出现新的客户端连接。
- 第41、42行：调用write函数向客户端传输数据，调用close函数关闭连接。

我们按照服务器端实现顺序把看起来很复杂的第1章代码进行了重新整理。可以看出，服务器端的基本实现过程实际上非常简单。

TCP 客户端的默认函数调用顺序

接下来讲解客户端的实现顺序。如前所述，这要比服务器端简单许多。因为创建套接字和请求连接就是客户端的全部内容，如图4-9所示。

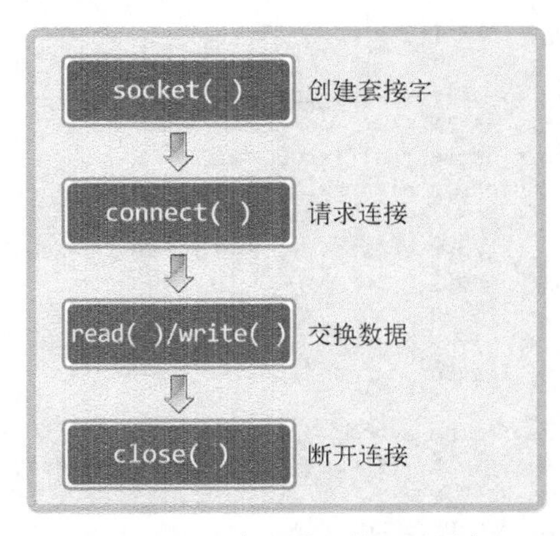

图4-9 TCP客户端函数调用顺序

与服务器端相比，区别就在于"请求连接"，它是创建客户端套接字后向服务器端发起的连接请求。服务器端调用listen函数后创建连接请求等待队列，之后客户端即可请求连接。那如何发起连接请求呢？通过调用如下函数完成。

```
#include <sys/socket.h>

int connect(int sock, struct sockaddr * servaddr, socklen_t addrlen);

    ➔ 成功时返回 0，失败时返回-1。
```

- sock 客户端套接字文件描述符。
- servaddr 保存目标服务器端地址信息的变量地址值。
- addrlen 以字节为单位传递已传递给第二个结构体参数servaddr的地址变量长度。

客户端调用connect函数后，发生以下情况之一才会返回（完成函数调用）。

- 服务器端接收连接请求。
- 发生断网等异常情况而中断连接请求。

需要注意，所谓的"接收连接"并不意味着服务器端调用accept函数，其实是服务器端把连接请求信息记录到等待队列。因此connect函数返回后并不立即进行数据交换。

知识补给站 客户端套接字地址信息在哪？

实现服务器端必经过程之一就是给套接字分配IP和端口号。但客户端实现过程中并未出现套接字地址分配，而是创建套接字后立即调用connect函数。难道客户端套接字无需分配IP和端口？当然不是！网络数据交换必须分配IP和端口。既然如此，那客户端套接字何时、何地、如何分配地址呢？

- 何时？ 调用connect函数时。
- 何地？ 操作系统，更准确地说是在内核中。
- 如何？ IP用计算机（主机）的IP，端口随机。

客户端的IP地址和端口在调用connect函数时自动分配，无需调用标记的bind函数进行分配。

回顾 Hello world 客户端

与前面回顾Hello world服务器端一样，再来分析一下Hello world客户端。

❖ hello_client.c

```
1.  /* 头文件及函数声明关系
2.  请参考第1章的源代码hello_client.c */
3.
4.  int main(int argc, char * argv[])
5.  {
6.      int sock;
7.      struct sockaddr_in serv_addr;
8.      char message[30];
9.      int str_len;
10.
11.     if(argc!=3)
12.     {
13.         printf("Usage : %s <IP> <port>\n", argv[0]);
14.         exit(1);
15.     }
16.
17.     sock=socket(PF_INET, SOCK_STREAM, 0);
18.     if(sock == -1)
19.         error_handling("socket() error");
20.
21.     memset(&serv_addr, 0, sizeof(serv_addr));
22.     serv_addr.sin_family=AF_INET;
23.     serv_addr.sin_addr.s_addr=inet_addr(argv[1]);
24.     serv_addr.sin_port=htons(atoi(argv[2]));
25.
26.     if(connect(sock, (struct sockaddr*)&serv_addr, sizeof(serv_addr))==-1)
27.         error_handling("connect() error!");
28.
29.     str_len=read(sock, message, sizeof(message)-1);
30.     if(str_len==-1)
31.         error_handling("read() error!");
32.
33.     printf("Message from server : %s \n", message);
34.     close(sock);
35.     return 0;
36. }
37.
38. void error_handling(char *message)
39. {
40.     fputs(message, stderr);
41.     fputc('\n', stderr);
42.     exit(1);
43. }
```

- 第17行：创建准备连接服务器端的套接字，此时创建的是TCP套接字。
- 第21~24行：结构体变量serv_addr中初始化IP和端口信息。初始化值为目标服务器端套接字的IP和端口信息。
- 第26行：调用connect函数向服务器端发送连接请求。
- 第29行：完成连接后，接收服务器端传输的数据。
- 第34行：接收数据后调用close函数关闭套接字，结束与服务器端的连接。

各位应该完全理解了TCP服务器端和客户端的源代码。若还有不明白的部分，请多加复习。

基于 TCP 的服务器端/客户端函数调用关系

前面讲解了TCP服务器端/客户端的实现顺序，实际上二者并非相互独立，各位应该可以勾勒出它们之间的交互过程，如图4-10所示。之前都详细讨论过，大家就当作复习吧。

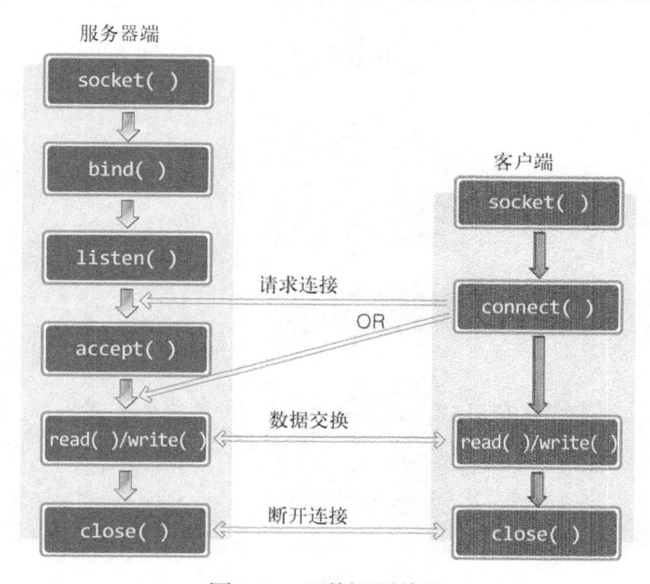

图4-10　函数调用关系

图4-10的总体流程整理如下：服务器端创建套接字后连续调用bind、listen函数进入等待状态，客户端通过调用connect函数发起连接请求。需要注意的是，客户端只能等到服务器端调用listen函数后才能调connect函数。同时要清楚，客户端调用connect函数前，服务器端有可能率先调用accept函数。当然，此时服务器端在调用accept函数时进入阻塞（blocking）状态，直到客户端调connect函数为止。

4.3　实现迭代服务器端/客户端

本节编写回声（echo）服务器端/客户端。顾名思义，服务器端将客户端传输的字符串数据原封不动地传回客户端，就像回声一样。在此之前，需要先解释一下迭代服务器端。

实现迭代服务器端

之前讨论的Hello world服务器端处理完1个客户端连接请求即退出，连接请求等待队列实际没有太大意义。但这并非我们想象的服务器端。设置好等待队列的大小后，应向所有客户端提供服务。如果想继续受理后续的客户端连接请求，应怎样扩展代码？最简单的办法就是插入循环语句反复调用accept函数，如图4-11所示。

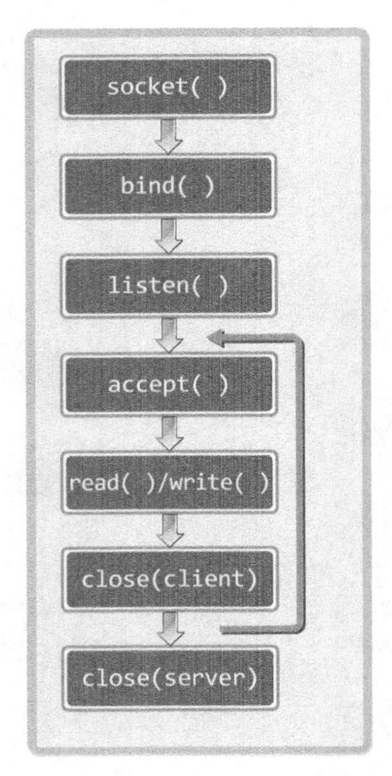

图4-11　迭代服务器端的函数调用顺序

从图4-11可以看出，调用accept函数后，紧接着调用I/O相关的read、write函数，然后调用close函数。这并非针对服务器端套接字，而是针对accept函数调用时创建的套接字。

调用close函数就意味着结束了针对某一客户端的服务。此时如果还想服务于其他客户端，就要重新调用accept函数。

> “这算什么呀？又不是银行窗口，好歹也是个服务器端，难道同一时刻只能服务于一个客户端吗？”

是的！同一时刻确实只能服务于一个客户端。将来学完进程和线程后，就可以编写同时服务多个客户端的服务器端了。目前只能做到这一步，虽然很遗憾，但请各位不要心急。

迭代回声服务器端/客户端

前面讲的就是迭代服务器端。即使服务器端以迭代方式运转，客户端代码亦无太大区别。接下来创建迭代回声服务器端及与其配套的回声客户端。首先整理一下程序的基本运行方式。

- 服务器端在同一时刻只与一个客户端相连，并提供回声服务。
- 服务器端依次向5个客户端提供服务并退出。
- 客户端接收用户输入的字符串并发送到服务器端。
- 服务器端将接收的字符串数据传回客户端，即“回声”。
- 服务器端与客户端之间的字符串回声一直执行到客户端输入Q为止。

首先介绍满足以上要求的回声服务器端代码。希望各位注意观察accept函数的循环调用过程。

❖ echo_server.c

```
1.  #include <stdio.h>
2.  #include <stdlib.h>
3.  #include <string.h>
4.  #include <unistd.h>
5.  #include <arpa/inet.h>
6.  #include <sys/socket.h>
7.  
8.  #define BUF_SIZE 1024
9.  void error_handling(char *message);
10. 
11. int main(int argc, char *argv[])
12. {
13.     int serv_sock, clnt_sock;
14.     char message[BUF_SIZE];
15.     int str_len, i;
16. 
17.     struct sockaddr_in serv_adr, clnt_adr;
18.     socklen_t clnt_adr_sz;
19. 
20.     if(argc!=2) {
21.         printf("Usage : %s <port>\n", argv[0]);
22.         exit(1);
23.     }
24. 
25.     serv_sock=socket(PF_INET, SOCK_STREAM, 0);
26.     if(serv_sock==-1)
27.         error_handling("socket() error");
28. 
29.     memset(&serv_adr, 0, sizeof(serv_adr));
30.     serv_adr.sin_family=AF_INET;
31.     serv_adr.sin_addr.s_addr=htonl(INADDR_ANY);
32.     serv_adr.sin_port=htons(atoi(argv[1]));
33. 
34.     if(bind(serv_sock, (struct sockaddr*)&serv_adr, sizeof(serv_adr))==-1)
35.         error_handling("bind() error");
36. 
37.     if(listen(serv_sock, 5)==-1)
38.         error_handling("listen() error");
39. 
40.     clnt_adr_sz=sizeof(clnt_adr);
41. 
```

```
42.     for(i=0; i<5; i++)
43.     {
44.         clnt_sock=accept(serv_sock, (struct sockaddr*)&clnt_adr, &clnt_adr_sz);
45.         if(clnt_sock==-1)
46.             error_handling("accept() error");
47.         else
48.             printf("Connected client %d \n", i+1);
49.
50.         while((str_len=read(clnt_sock, message, BUF_SIZE))!=0)
51.             write(clnt_sock, message, str_len);
52.
53.         close(clnt_sock);
54.     }
55.     close(serv_sock);
56.     return 0;
57. }
58.
59. void error_handling(char *message)
60. {
61.     fputs(message, stderr);
62.     fputc('\n', stderr);
63.     exit(1);
64. }
```

- 第42~54行：为处理5个客户端连接而添加的循环语句。共调用5次accept函数，依次向5个客户端提供服务。
- 第50、51行：实际完成回声服务的代码，原封不动地传输读取的字符串。
- 第53行：针对套接字调用close函数，向连接的相应套接字发送EOF。换言之，客户端套接字若调用close函数，则第50行的循环条件变成假（false），因此执行第53行的代码。
- 第55行：向5个客户端提供服务后关闭服务器端套接字并终止程序。

❖ 运行结果：echo_server.c

```
root@my_linux:/tcpip# gcc echo_server.c -o eserver
root@my_linux:/tcpip# ./eserver 9190
Connected client 1
Connected client 2
Connected client 3
```

从运行结果可以看出，示例运行过程中输出了与客户端的连接信息。该程序目前与第3个客户端相连接。接下来给出回声客户端代码。

❖ echo_client.c

```
1.  #include <stdio.h>
2.  #include <stdlib.h>
3.  #include <string.h>
```

```
4.  #include <unistd.h>
5.  #include <arpa/inet.h>
6.  #include <sys/socket.h>
7.
8.  #define BUF_SIZE 1024
9.  void error_handling(char *message);
10.
11. int main(int argc, char *argv[])
12. {
13.     int sock;
14.     char message[BUF_SIZE];
15.     int str_len;
16.     struct sockaddr_in serv_adr;
17.
18.     if(argc!=3) {
19.         printf("Usage : %s <IP> <port>\n", argv[0]);
20.         exit(1);
21.     }
22.
23.     sock=socket(PF_INET, SOCK_STREAM, 0);
24.     if(sock==-1)
25.         error_handling("socket() error");
26.
27.     memset(&serv_adr, 0, sizeof(serv_adr));
28.     serv_adr.sin_family=AF_INET;
29.     serv_adr.sin_addr.s_addr=inet_addr(argv[1]);
30.     serv_adr.sin_port=htons(atoi(argv[2]));
31.
32.     if(connect(sock, (struct sockaddr*)&serv_adr, sizeof(serv_adr))==-1)
33.         error_handling("connect() error!");
34.     else
35.         puts("Connected...........");
36.
37.     while(1)
38.     {
39.         fputs("Input message(Q to quit): ", stdout);
40.         fgets(message, BUF_SIZE, stdin);
41.
42.         if(!strcmp(message,"q\n") || !strcmp(message,"Q\n"))
43.             break;
44.
45.         write(sock, message, strlen(message));
46.         str_len=read(sock, message, BUF_SIZE-1);
47.         message[str_len]=0;
48.         printf("Message from server: %s", message);
49.     }
50.     close(sock);
51.     return 0;
52. }
53.
54. void error_handling(char *message)
55. {
56.     fputs(message, stderr);
57.     fputc('\n', stderr);
```

```
58.     exit(1);
59. }
```

- 第32行：调用connect函数。若调用该函数引起的连接请求被注册到服务器端等待队列，则connect函数将完成正常调用。因此，即使通过第35行代码输出了连接提示字符串——如果服务器尚未调用accept函数——也不会真正建立服务关系。
- 第50行：调用close函数向相应套接字发送EOF（EOF即意味着中断连接）。

❖ 运行结果：echo_client.c

```
root@my_linux:/tcpip# gcc echo_client.c -o eclient
root@my_linux:/tcpip# ./eclient 127.0.0.1 9190
Connected...........
Input message(Q to quit): Good morning
Message from server: Good morning
Input message(Q to quit): Hi
Message from server: Hi
Input message(Q to quit): Q
root@my_linux:/tcpip#
```

我们编写的回声服务器端/客户端以字符串为单位传递数据。理解这一点后再观察echo_client.c第45行和第46行。各位若已完全掌握了之前讲过的TCP，就会意识到这2行代码不太适合做字符串单位的回声。

回声客户端存在的问题

下列是echo_client.c的第45~48行代码。

```
write(sock, message, strlen(message));
str_len = read(sock, message, BUF_SIZE - 1);
message[str_len] = 0;
printf("Message from server: %s", message);
```

以上代码有个错误假设：

“每次调用read、write函数时都会以字符串为单位执行实际的I/O操作。”

当然，每次调用write函数都会传递1个字符串，因此这种假设在某种程度上也算合理。但大家还记得第2章中“TCP不存在数据边界”的内容吗？上述客户端是基于TCP的，因此，多次调用write函数传递的字符串有可能一次性传递到服务器端。此时客户端有可能从服务器端收到多个字符串，这不是我们希望看到的结果。还需考虑服务器端的如下情况：

“字符串太长，需要分2个数据包发送！”

服务器端希望通过调用1次write函数传输数据，但如果数据太大，操作系统就有可能把数据分成多个数据包发送到客户端。另外，在此过程中，客户端有可能在尚未收到全部数据包时就调用read函数。

所有这些问题都源自TCP的数据传输特性。那该如何解决呢？答案请见第5章。

“但上述示例不是正常运转了吗？”

当然，我们的回声服务器端/客户端给出的结果是正确的。但这只是运气好罢了！只是因为收发的数据小，而且运行环境为同一台计算机或相邻的两台计算机，所以没发生错误，可实际上仍存在发生错误的可能。

4.4 基于 Windows 的实现

随着本书学习的深入，Windows和Linux的平台差异将愈加明显。但至少现在还不大，所以很容易将Linux示例移植到Windows平台。

基于 Windows 的回声服务器端

为了将Linux平台下的示例转化成Windows平台示例，需要记住以下4点。

- 通过WSAStartup、WSACleanup函数初始化并清除套接字相关库。
- 把数据类型和变量名切换为Windows风格。
- 数据传输中用recv、send函数而非read、write函数。
- 关闭套接字时用closesocket函数而非close函数。

接下来给出基于Windows的回声服务器端。只需更改如上4点，故省略。

❖ echo_server_win.c

```
1.  #include <stdio.h>
2.  #include <stdlib.h>
3.  #include <string.h>
4.  #include <winsock2.h>
5.
6.  #define BUF_SIZE 1024
7.  void ErrorHandling(char *message);
8.
9.  int main(int argc, char *argv[])
10. {
11.     WSADATA wsaData;
12.     SOCKET hServSock, hClntSock;
13.     char message[BUF_SIZE];
14.     int strLen, i;
15.
```

```
16.     SOCKADDR_IN servAdr, clntAdr;
17.     int clntAdrSize;
18.
19.     if(argc!=2) {
20.         printf("Usage : %s <port>\n", argv[0]);
21.         exit(1);
22.     }
23.
24.     if(WSAStartup(MAKEWORD(2, 2), &wsaData)!=0)
25.         ErrorHandling("WSAStartup() error!");
26.
27.     hServSock=socket(PF_INET, SOCK_STREAM, 0);
28.     if(hServSock==INVALID_SOCKET)
29.         ErrorHandling("socket() error");
30.
31.     memset(&servAdr, 0, sizeof(servAdr));
32.     servAdr.sin_family=AF_INET;
33.     servAdr.sin_addr.s_addr=htonl(INADDR_ANY);
34.     servAdr.sin_port=htons(atoi(argv[1]));
35.
36.     if(bind(hServSock, (SOCKADDR*)&servAdr, sizeof(servAdr))==SOCKET_ERROR)
37.         ErrorHandling("bind() error");
38.
39.     if(listen(hServSock, 5)==SOCKET_ERROR)
40.         ErrorHandling("listen() error");
41.
42.     clntAdrSize=sizeof(clntAdr);
43.
44.     for(i=0; i<5; i++)
45.     {
46.         hClntSock=accept(hServSock, (SOCKADDR*)&clntAdr, &clntAdrSize);
47.         if(hClntSock==-1)
48.             ErrorHandling("accept() error");
49.         else
50.             printf("Connected client %d \n", i+1);
51.
52.         while((strLen=recv(hClntSock, message, BUF_SIZE, 0))!=0)
53.             send(hClntSock, message, strLen, 0);
54.
55.         closesocket(hClntSock);
56.     }
57.     closesocket(hServSock);
58.     WSACleanup();
59.     return 0;
60. }
61.
62. void ErrorHandling(char *message)
63. {
64.     fputs(message, stderr);
65.     fputc('\n', stderr);
66.     exit(1);
67. }
```

基于 Windows 的回声客户端

回声客户端的移植过程也与服务器端类似，因此同样只给出代码。

❖ echo_client_win.c

```
1.  #include <stdio.h>
2.  #include <stdlib.h>
3.  #include <string.h>
4.  #include <winsock2.h>
5.  
6.  #define BUF_SIZE 1024
7.  void ErrorHandling(char *message);
8.  
9.  int main(int argc, char *argv[])
10. {
11.     WSADATA wsaData;
12.     SOCKET hSocket;
13.     char message[BUF_SIZE];
14.     int strLen;
15.     SOCKADDR_IN servAdr;
16. 
17.     if(argc!=3) {
18.         printf("Usage : %s <IP> <port>\n", argv[0]);
19.         exit(1);
20.     }
21. 
22.     if(WSAStartup(MAKEWORD(2, 2), &wsaData)!=0)
23.         ErrorHandling("WSAStartup() error!");
24. 
25.     hSocket=socket(PF_INET, SOCK_STREAM, 0);
26.     if(hSocket==INVALID_SOCKET)
27.         ErrorHandling("socket() error");
28. 
29.     memset(&servAdr, 0, sizeof(servAdr));
30.     servAdr.sin_family=AF_INET;
31.     servAdr.sin_addr.s_addr=inet_addr(argv[1]);
32.     servAdr.sin_port=htons(atoi(argv[2]));
33. 
34.     if(connect(hSocket, (SOCKADDR*)&servAdr, sizeof(servAdr))==SOCKET_ERROR)
35.         ErrorHandling("connect() error!");
36.     else
37.         puts("Connected...........");
38. 
39.     while(1)
40.     {
41.         fputs("Input message(Q to quit): ", stdout);
42.         fgets(message, BUF_SIZE, stdin);
43. 
44.         if(!strcmp(message,"q\n") || !strcmp(message,"Q\n"))
45.             break;
46. 
```

```
47.         send(hSocket, message, strlen(message), 0);
48.         strLen=recv(hSocket, message, BUF_SIZE-1, 0);
49.         message[strLen]=0;
50.         printf("Message from server: %s", message);
51.     }
52.     closesocket(hSocket);
53.     WSACleanup();
54.     return 0;
55. }
56.
57. void ErrorHandling(char *message)
58. {
59.     fputs(message, stderr);
60.     fputc('\n', stderr);
61.     exit(1);
62. }
```

运行结果也跟之前的回声服务器端/客户端相同，服务器端处理完第一个客户端请求，正向第二个客户端提供服务。

❖ 运行结果：echo_server_win.c

```
C:\tcpip> server 9190
Connected client 1
Connected client 2
```

下列代码第一段表示第一个客户端连接到回声服务器端，接收服务并终止连接；第二段表示正在接受回声服务器端服务的第二个客户端。

❖ 运行结果：echo_client_win.c one

```
C:\tcpip> client 127.0.0.1 9190
Connected...........
Input message(Q to quit): I really
Message from server: I really
Input message(Q to quit): Q
```

❖ 运行结果：echo_client_win.c two

```
C:\tcpip> client 127.0.0.1 9190
Connected...........
Input message(Q to quit): 我真的
Message from server: 我真的
Input message(Q to quit):
```

对回声服务器端/客户端迭代模型的讲解到此结束，希望各位理解好本章回声客户端存在的问题后再进入第5章。

4.5 习题

(1) 请说明TCP/IP的4层协议栈，并说明TCP和UDP套接字经过的层级结构差异。

(2) 请说出TCP/IP协议栈中链路层和IP层的作用，并给出二者关系。

(3) 为何需要把TCP/IP协议栈分成4层（或7层）？结合开放式系统回答。

(4) 客户端调用connect函数向服务器端发送连接请求。服务器端调用哪个函数后，客户端可以调用connect函数？

(5) 什么时候创建连接请求等待队列？它有何作用？与accept有什么关系？

(6) 客户端中为何不需要调用bind函数分配地址？如果不调用bind函数，那何时、如何向套接字分配IP地址和端口号？

(7) 把第1章的hello_server.c和hello_server_win.c改成迭代服务器端，并利用客户端测试更改是否准确。

第5章 基于TCP的服务器端/客户端（2）

第4章通过回声服务示例讲解了TCP服务器端/客户端的实现方法。但这仅是从编程角度的学习，我们尚未详细讨论TCP的工作原理。因此，本章将详细讲解TCP中必要的理论知识，还将给出第4章客户端问题的解决方案。

5.1 回声客户端的完美实现

第4章已分析过回声客户端存在的问题，此处不再赘述。如果大家不太理解，请复习第2章的TCP传输特性和第4章的内容。

回声服务器端没有问题，只有回声客户端有问题？

问题不在服务器端，而在客户端。但只看代码也许不太好理解，因为I/O中使用了相同的函数。先回顾一下回声服务器端的I/O相关代码，下面是echo_server.c的第50~51行代码。

```
while((str_len = read(clnt_sock, message, BUF_SIZE)) != 0)
    write(clnt_sock, message, str_len);
```

接着回顾回声客户端代码，下面是echo_client.c的第45~46行代码。

```
write(sock, message, strlen(message));
str_len = read(sock, message, BUF_SIZE - 1);
```

二者都在循环调用read或write函数。实际上之前的回声客户端将100%接收自己传输的数据，只不过接收数据时的单位有些问题。扩展客户端代码回顾范围，下面是echo_client.c第37行开始的代码。

```
while(1)
{
    fputs("Input message(Q to quit): ", stdout);
    fgets(message, BUF_SIZE, stdin);
    ....
    write(sock, message, strlen(message));
    str_len = read(sock, message, BUF_SIZE - 1);
    message[str_len] = 0;
    printf("Message from server: %s", message);
}
```

大家现在理解了吧？回声客户端传输的是字符串，而且是通过调用write函数一次性发送的。之后还调用一次read函数，期待着接收自己传输的字符串。这就是问题所在。

> “既然回声客户端会收到所有字符串数据，是否只需多等一会儿？过一段时间后再调用read函数是否可以一次性读取所有字符串数据？”

的确，过一段时间后即可接收，但需要等多久？要等10分钟吗？这不符合常理，理想的客户端应在收到字符串数据时立即读取并输出。

回声客户端问题解决方法

我说的回声客户端问题实际上是初级程序员经常犯的错误，其实很容易解决，因为可以提前确定接收数据的大小。若之前传输了20字节长的字符串，则在接收时循环调用read函数读取20个字节即可。既然有了解决方法，接下来给出其代码。

❖ echo_client2.c

```
1.  #include <stdio.h>
2.  #include <stdlib.h>
3.  #include <string.h>
4.  #include <unistd.h>
5.  #include <arpa/inet.h>
6.  #include <sys/socket.h>
7.  #define BUF_SIZE 1024
8.  void error_handling(char *message);
9.
10. int main(int argc, char *argv[])
11. {
12.     int sock;
13.     char message[BUF_SIZE];
14.     int str_len, recv_len, recv_cnt;
```

```
15.     struct sockaddr_in serv_adr;
16.
17.     if(argc!=3) {
18.         printf("Usage : %s <IP> <port>\n", argv[0]);
19.         exit(1);
20.     }
21.
22.     sock=socket(PF_INET, SOCK_STREAM, 0);
23.     if(sock==-1)
24.         error_handling("socket() error");
25.
26.     memset(&serv_adr, 0, sizeof(serv_adr));
27.     serv_adr.sin_family=AF_INET;
28.     serv_adr.sin_addr.s_addr=inet_addr(argv[1]);
29.     serv_adr.sin_port=htons(atoi(argv[2]));
30.
31.     if(connect(sock, (struct sockaddr*)&serv_adr, sizeof(serv_adr))==-1)
32.         error_handling("connect() error!");
33.     else
34.         puts("Connected...........");
35.
36.     while(1)
37.     {
38.         fputs("Input message(Q to quit): ", stdout);
39.         fgets(message, BUF_SIZE, stdin);
40.         if(!strcmp(message,"q\n") || !strcmp(message,"Q\n"))
41.             break;
42.
43.         str_len=write(sock, message, strlen(message));
44.
45.         recv_len=0;
46.         while(recv_len<str_len)
47.         {
48.             recv_cnt=read(sock, &message[recv_len], BUF_SIZE-1);
49.             if(recv_cnt==-1)
50.                 error_handling("read() error!");
51.             recv_len+=recv_cnt;
52.         }
53.         message[recv_len]=0;
54.         printf("Message from server: %s", message);
55.     }
56.     close(sock);
57.     return 0;
58. }
59.
60. void error_handling(char *message)
61. {
62.     fputs(message, stderr);
63.     fputc('\n', stderr);
64.     exit(1);
65. }
```

以上代码第43~53行是变更及添加的部分。之前的示例仅调用1次read函数，上述示例为了接收所有传输数据而循环调用read函数。另外，代码第46行循环可以写成如下形式，可能这种方式更容易理解。

```
while(recv_len != str_len)
{
    ....
}
```

接收的数据大小应和传输的相同，因此，recv_len中保存的值等于str_len中保存的值时，即可跳出while循环。也许各位认为这种循环写法更符合逻辑，但有可能引发无限循环。假设发生异常情况，读取数据过程中recv_len超过str_len，此时就无法退出循环。而如果while循环写成下面这种形式，则即使发生异常也不会陷入无限循环。

```
while(recv_len < str_len)
{
    ....
}
```

写循环语句时应尽量降低因异常情况而陷入无限循环的可能。以上示例可以结合第4章的echo_server.c运行。各位已经非常熟悉运行结果，故省略。

如果问题不在于回声客户端：定义应用层协议

回声客户端可以提前知道接收的数据长度，但我们应该意识到，更多情况下这不太可能。既然如此，若无法预知接收数据长度时应如何收发数据？此时需要的就是应用层协议的定义。之前的回声服务器端/客户端中定义了如下协议。

"收到Q就立即终止连接。"

同样，收发数据过程中也需要定好规则（协议）以表示数据的边界，或提前告知收发数据的大小。服务器端/客户端实现过程中逐步定义的这些规则集合就是应用层协议。可以看出，应用层协议并不是高深莫测的存在，只不过是为特定程序的实现而制定的规则。

下面编写程序以体验应用层协议的定义过程。该程序中，服务器端从客户端获得多个数字和运算符信息。服务器端收到数字后对其进行加减乘运算，然后把结果传回客户端。例如，向服务器端传递3、5、9的同时请求加法运算，则客户端收到3+5+9的运算结果；若请求做乘法运算，则客户端收到3×5×9的运算结果。而如果向服务器端传递4、3、2的同时要求做减法，则客户端将收到4-3-2的运算结果，即第一个参数成为被减数。

请各位根据以上要求编写服务器端/客户端，细节部分可以自定义。我实现的程序运行结果如下。先给出服务器端运行结果。

❖ 运行结果：op_server.c

```
root@my_linux:/tcpip# gcc op_server.c -o opserver
root@my_linux:/tcpip# ./opserver 9190
```

可以看出，服务器端的运行结果并没有特别之处。可以通过如下客户端运行结果了解程序运行原理。

❖ 运行结果：op_client.c one

```
root@my_linux:/tcpip# gcc op_client.c -o opclient
root@my_linux:/tcpip# ./opclient 127.0.0.1 9190
Connected...........
Operand count: 3
Operand 1: 12
Operand 2: 24
Operand 3: 36
Operator: +
Operation result: 72
```

从运行结果可以看出，客户端首先询问用户待算数字的个数，再输入相应个数的整数，最后以运算符的形式输入运算符号信息，并输出运算结果（+、–、*之一）。当然，实际的运算是由服务器端做的，客户端只输出运算结果。为了更准确地理解，再给出1个客户端运行结果。这次是请求2个数的减法运算。

❖ 运行结果：op_client.c two

```
root@my_linux:/tcpip# ./opclient 127.0.0.1 9190
Connected...........
Operand count: 2
Operand 1: 24
Operand 2: 12
Operator: -
Operation result: 12
```

运行结果并不一定要和我的一致，如果各位有更好的运行模型，可以之为基础编写示例。

计算器服务器端/客户端示例

各位尝试实现了吗？它在功能上没有特别之处，但若想在网络环境下实现这些功能并非易事。特别是不熟悉C语言中的数组及指针应用的人，会在实现程序功能时吃苦头。因此，我希望通过本示例补充回声服务器端/客户端实现中未涉及的部分。但如前所述，如果可能，还是希望大家自己动手实现。若成功实现（而不是看源代码理解），将有助于各位提升自信。

我编写程序前设计了如下应用层协议，但这只是为实现程序而设计的最低协议，实际的应用程序实现中需要的协议更详细、准确。

- 客户端连接到服务器端后以1字节整数形式传递待算数字个数。
- 客户端向服务器端传递的每个整数型数据占用4字节。
- 传递整数型数据后接着传递运算符。运算符信息占用1字节。
- 选择字符+、–、*之一传递。
- 服务器端以4字节整数型向客户端传回运算结果。
- 客户端得到运算结果后终止与服务器端的连接。

这种程度的协议相当于实现了一半程序，这也说明应用层协议设计在网络编程中的重要性。只要设计好协议，实现就不会成为大问题。另外，之前也讲过，调用close函数将向对方传递EOF，请各位记住这一点并加以运用。接下来给出我实现的计算器客户端代码。实际上，与服务器端相比，客户端中有更多需要学习的内容。

❖ op_client.c

```
1.  #include <"与其他示例的头声明相同，故省略。">
2.  #define BUF_SIZE 1024
3.  #define RLT_SIZE 4
4.  #define OPSZ 4
5.  void error_handling(char *message);
6.
7.  int main(int argc, char *argv[])
8.  {
9.      int sock;
10.     char opmsg[BUF_SIZE];
11.     int result, opnd_cnt, i;
12.     struct sockaddr_in serv_adr;
13.     if(argc!=3) {
14.         printf("Usage : %s <IP> <port>\n", argv[0]);
15.         exit(1);
16.     }
17.
18.     sock=socket(PF_INET, SOCK_STREAM, 0);
19.     if(sock==-1)
20.         error_handling("socket() error");
21.
22.     memset(&serv_adr, 0, sizeof(serv_adr));
23.     serv_adr.sin_family=AF_INET;
24.     serv_adr.sin_addr.s_addr=inet_addr(argv[1]);
25.     serv_adr.sin_port=htons(atoi(argv[2]));
26.
27.     if(connect(sock, (struct sockaddr*)&serv_adr, sizeof(serv_adr))==-1)
28.         error_handling("connect() error!");
```

```
29.     else
30.         puts("Connected...........");
31. 
32.     fputs("Operand count: ", stdout);
33.     scanf("%d", &opnd_cnt);
34.     opmsg[0]=(char)opnd_cnt;
35. 
36.     for(i=0; i<opnd_cnt; i++)
37.     {
38.         printf("Operand %d: ", i+1);
39.         scanf("%d", (int*)&opmsg[i*OPSZ+1]);
40.     }
41.     fgetc(stdin);
42.     fputs("Operator: ", stdout);
43.     scanf("%c", &opmsg[opnd_cnt*OPSZ+1]);
44.     write(sock, opmsg, opnd_cnt*OPSZ+2);
45.     read(sock, &result, RLT_SIZE);
46. 
47.     printf("Operation result: %d \n", result);
48.     close(sock);
49.     return 0;
50. }
51. 
52. void error_handling(char *message)
53. {
54.     //与其他示例的error_handling函数相同，故省略。
55. }
```

- 第3、4行：将待算数字的字节数和运算结果的字节数设为常数。
- 第10行：为收发数据准备的内存空间，需要数据积累到一定程度后再收发，因此通过数组创建。
- 第33、34行：从程序用户的输入中得到待算数个数后，保存至数组opmsg。强制转换成char类型，因为协议规定待算数个数应通过1字节整数型传递，因此不能超过1字节整数型能够表示的范围。该示例中用的是有符号整数型，但待算数个数不能是负数，因此使用无符号整数型更合理。
- 第36~40行：从程序用户的输入中得到待算整数，保存到数组opmsg。4字节int型数据要保存到char数组，因而转换成int指针类型。若不太理解此部分，应单独复习指针。
- 第41行：第43行中需输入字符，在此之前调用fgetc函数删掉缓冲中的字符\n。
- 第43行：最后输入运算符信息，保存到opmsg数组。
- 第44行：调用write函数一次性传输opmsg数组中的运算相关信息。可以调用1次write函数进行传输，也可以分成多次调用。前面反复强调过，这是因为TCP中不存在数据边界。
- 第45行：保存服务器端传输的运算结果。待接收的数据长度为4字节，因此调用1次read函数即可接收。

客户端实现的讲解到此结束，最后给出客户端向服务器端传输的数据结构示例，如图5-1所示。

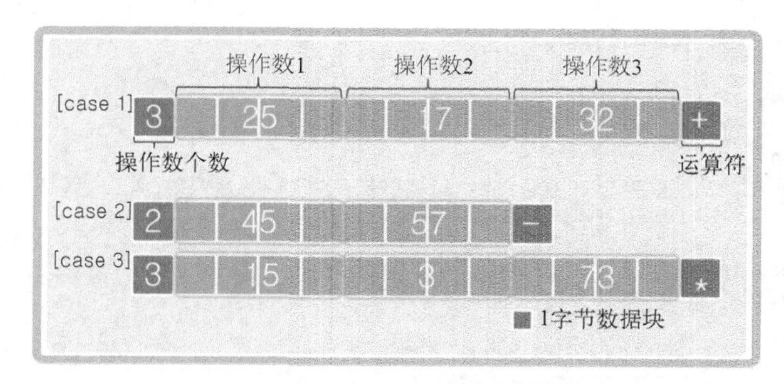

图5-1 客户端op_client.c的数据传送格式

从图5-1中可以看出，若想在同一数组中保存并传输多种数据类型，应把数组声明为char类型。而且需要额外做一些指针及数组运算。接下来给出服务器端代码。

❖ op_server.c

```
1.  #include <"与其他示例的头声明相同，故省略。">
2.  #define BUF_SIZE 1024
3.  #define OPSZ 4
4.  void error_handling(char *message);
5.  int calculate(int opnum, int opnds[], char oprator);
6.  
7.  int main(int argc, char *argv[])
8.  {
9.      int serv_sock, clnt_sock;
10.     char opinfo[BUF_SIZE];
11.     int result, opnd_cnt, i;
12.     int recv_cnt, recv_len;
13.     struct sockaddr_in serv_adr, clnt_adr;
14.     socklen_t clnt_adr_sz;
15.     if(argc!=2) {
16.         printf("Usage : %s <port>\n", argv[0]);
17.         exit(1);
18.     }
19. 
20.     serv_sock=socket(PF_INET, SOCK_STREAM, 0);
21.     if(serv_sock==-1)
22.         error_handling("socket() error");
23. 
24.     memset(&serv_adr, 0, sizeof(serv_adr));
25.     serv_adr.sin_family=AF_INET;
26.     serv_adr.sin_addr.s_addr=htonl(INADDR_ANY);
27.     serv_adr.sin_port=htons(atoi(argv[1]));
28. 
29.     if(bind(serv_sock, (struct sockaddr*)&serv_adr, sizeof(serv_adr))==-1)
30.         error_handling("bind() error");
31.     if(listen(serv_sock, 5)==-1)
32.         error_handling("listen() error");
```

```
33.     clnt_adr_sz=sizeof(clnt_adr);
34.
35.     for(i=0; i<5; i++)
36.     {
37.         opnd_cnt=0;
38.         clnt_sock=accept(serv_sock, (struct sockaddr*)&clnt_adr, &clnt_adr_sz);
39.         read(clnt_sock, &opnd_cnt, 1);
40.
41.         recv_len=0;
42.         while((opnd_cnt*OPSZ+1)>recv_len)
43.         {
44.             recv_cnt=read(clnt_sock, &opinfo[recv_len], BUF_SIZE-1);
45.             recv_len+=recv_cnt;
46.         }
47.         result=calculate(opnd_cnt, (int*)opinfo, opinfo[recv_len-1]);
48.         write(clnt_sock, (char*)&result, sizeof(result));
49.         close(clnt_sock);
50.     }
51.     close(serv_sock);
52.     return 0;
53. }
54.
55. int calculate(int opnum, int opnds[], char op)
56. {
57.     int result=opnds[0], i;
58.     switch(op)
59.     {
60.     case '+':
61.         for(i=1; i<opnum; i++) result+=opnds[i];
62.         break;
63.     case '-':
64.         for(i=1; i<opnum; i++) result-=opnds[i];
65.         break;
66.     case '*':
67.         for(i=1; i<opnum; i++) result*=opnds[i];
68.         break;
69.     }
70.     return result;
71. }
72.
73. void error_handling(char *message)
74. {
75.     //与其他示例的error_handling函数相同，故省略。
76. }
```

- 第35行：为了接收5个客户端的连接请求而编写的for语句。
- 第39行：首先接收待算数个数。
- 第42~46行：根据第39行中的待算数个数接收待算数。
- 第47行：调用calculate函数的同时传递待算数和运算符信息参数。
- 第48行：向客户端传输calculate函数返回的运算结果。

对计算器服务器端/客户端的讲解到此结束，部分读者可能略感困难，但稍加努力就能理解。

5.2 TCP 原理

我本想在此结束TCP相关介绍，但又觉得稍显仓促，所以补充讲解TCP的理论部分。本节内容将成为日后理解套接字选项（第9章）的基础，希望大家能够全部掌握。

TCP 套接字中的 I/O 缓冲

如前所述，TCP套接字的数据收发无边界。服务器端即使调用1次write函数传输40字节的数据，客户端也有可能通过4次read函数调用每次读取10字节。但此处也有一些疑问，服务器端一次性传输了40字节，而客户端居然可以缓慢地分批接收。客户端接收10字节后，剩下的30字节在何处等候呢？是不是像飞机为等待着陆而在空中盘旋一样，剩下30字节也在网络中徘徊并等待接收呢？

5

实际上，write函数调用后并非立即传输数据，read函数调用后也并非马上接收数据。更准确地说，如图5-2所示，write函数调用瞬间，数据将移至输出缓冲；read函数调用瞬间，从输入缓冲读取数据。

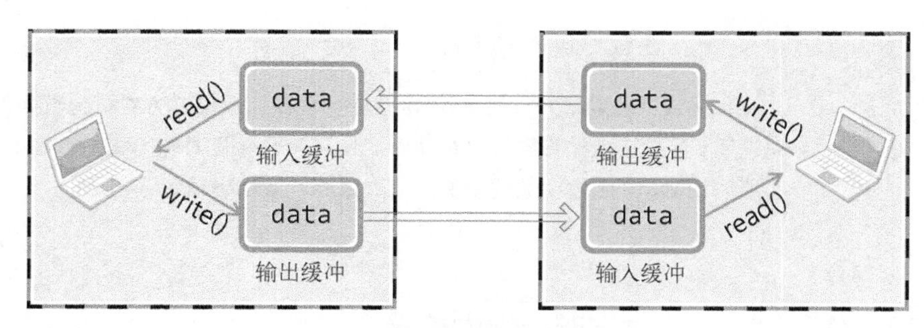

图5-2　TCP套接字的I/O缓冲

如图5-2所示，调用write函数时，数据将移到输出缓冲，在适当的时候（不管是分别传送还是一次性传送）传向对方的输入缓冲。这时对方将调用read函数从输入缓冲读取数据。这些I/O缓冲特性可整理如下。

- I/O缓冲在每个TCP套接字中单独存在。
- I/O缓冲在创建套接字时自动生成。
- 即使关闭套接字也会继续传递输出缓冲中遗留的数据。
- 关闭套接字将丢失输入缓冲中的数据。

那么，下面这种情况会引发什么事情？理解了I/O缓冲后，各位应该可以猜出其流程：

“客户端输入缓冲为50字节，而服务器端传输了100字节。”

这的确是个问题。输入缓冲只有50字节，却收到了100字节的数据。可以提出如下解决方案：

“填满输入缓冲前迅速调用read函数读取数据，这样会腾出一部分空间，问题就解决了。”

当然，这只是我的一个小玩笑，相信大家不会当真，那么马上给出结论：

“不会发生超过输入缓冲大小的数据传输。”

也就是说，根本不会发生这类问题，因为TCP会控制数据流。TCP中有滑动窗口（Sliding Window）协议，用对话方式呈现如下。

- 套接字A：“你好，最多可以向我传递50字节。”
- 套接字B：“OK!”

- 套接字A：“我腾出了20字节的空间，最多可以收70字节。”
- 套接字B：“OK!”

数据收发也是如此，因此TCP中不会因为缓冲溢出而丢失数据。

> **提　示**
>
> **从 write 函数返回的时间点**
>
> write 函数和 Windows 的 send 函数并不会在完成向对方主机的数据传输时返回，而是在数据移到输出缓冲时。但 TCP 会保证对输出缓冲数据的传输，所以说 write 函数在数据传输完成时返回。要准确理解这句话。

TCP 内部工作原理 1：与对方套接字的连接

TCP套接字从创建到消失所经过程分为如下3步。

- 与对方套接字建立连接。
- 与对方套接字进行数据交换。
- 断开与对方套接字的连接。

首先讲解与对方套接字建立连接的过程。连接过程中套接字之间的对话如下。

- [Shake 1] 套接字A：“你好，套接字B。我这儿有数据要传给你，建立连接吧。”
- [Shake 2] 套接字B：“好的，我这边已就绪。”
- [Shake 3] 套接字A：“谢谢你受理我的请求。”

TCP在实际通信过程中也会经过3次对话过程，因此，该过程又称Three-way handshaking（三次握手）。接下来给出连接过程中实际交换的信息格式，如图5-3所示。

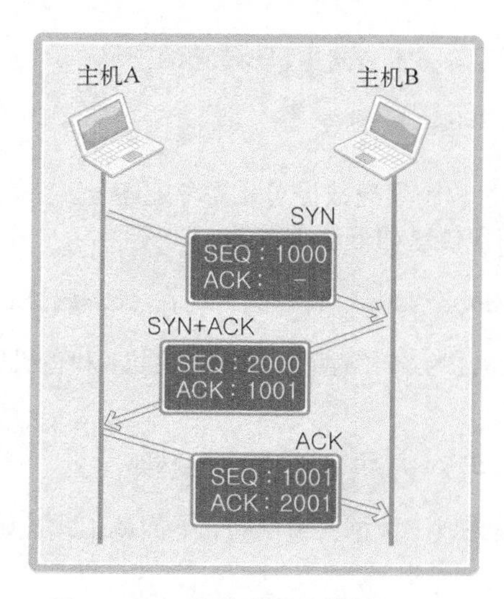

图5-3 TCP套接字的连接设置过程

5

套接字是以全双工（Full-duplex）方式工作的。也就是说，它可以双向传递数据。因此，收发数据前需要做一些准备。首先，请求连接的主机A向主机B传递如下信息：

```
[SYN] SEQ: 1000, ACK: -
```

该消息中SEQ为1000，ACK为空，而SEQ为1000的含义如下：

“现传递的数据包序号为1000，如果接收无误，请通知我向您传递1001号数据包。”

这是首次请求连接时使用的消息，又称SYN。SYN是Synchronization的简写，表示收发数据前传输的同步消息。接下来主机B向A传递如下消息：

```
[SYN+ACK] SEQ: 2000, ACK: 1001
```

此时SEQ为2000，ACK为1001，而SEQ为2000的含义如下：

“现传递的数据包序号为2000，如果接收无误，请通知我向您传递2001号数据包。”

而ACK 1001的含义如下：

“刚才传输的SEQ为1000的数据包接收无误，现在请传递SEQ为1001的数据包。”

对主机A首次传输的数据包的确认消息（ACK 1001）和为主机B传输数据做准备的同步消息（SEQ 2000）捆绑发送，因此，此种类型的消息又称SYN+ACK。

收发数据前向数据包分配序号，并向对方通报此序号，这都是为防止数据丢失所做的准备。通过向数据包分配序号并确认，可以在数据丢失时马上查看并重传丢失的数据包。因此，TCP可以保证可靠的数据传输。最后观察主机A向主机B传输的消息：

```
[ACK] SEQ: 1001, ACK: 2001
```

之前也讨论过，TCP连接过程中发送数据包时需分配序号。在之前的序号1000的基础上加1，也就是分配1001。此时该数据包传递如下消息：

“已正确收到传输的SEQ为2000的数据包，现在可以传输SEQ为2001的数据包。”

这样就传输了添加ACK 2001的ACK消息。至此，主机A和主机B确认了彼此均就绪。

TCP 内部工作原理 2：与对方主机的数据交换

通过第一步三次握手过程完成了数据交换准备，下面就正式开始收发数据，其默认方式如图5-4所示。

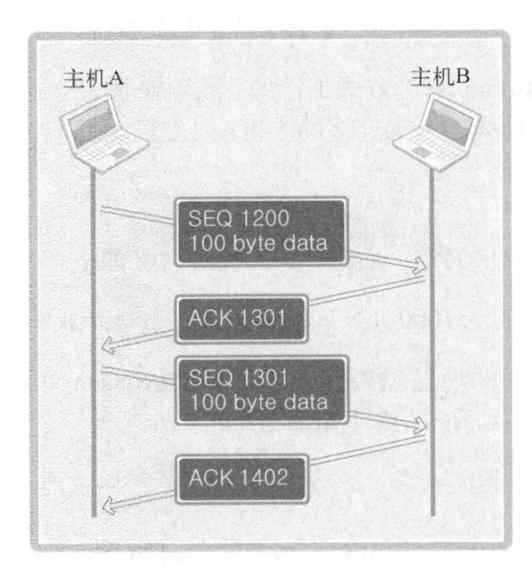

图5-4　TCP套接字的数据交换过程

图5-4给出了主机A分2次（分2个数据包）向主机B传递200字节的过程。首先，主机A通过1个数据包发送100个字节的数据，数据包的SEQ为1200。主机B为了确认这一点，向主机A发送ACK 1301消息。

此时的ACK号为1301而非1201，原因在于ACK号的增量为传输的数据字节数。假设每次ACK号不加传输的字节数，这样虽然可以确认数据包的传输，但无法明确100字节全都正确传递还是丢失了一部分，比如只传递了80字节。因此按如下公式传递ACK消息：

```
ACK 号 → SEQ 号 + 传递的字节数 + 1
```

与三次握手协议相同，最后加1是为了告知对方下次要传递的SEQ号。下面分析传输过程中数据包消失的情况，如图5-5所示。

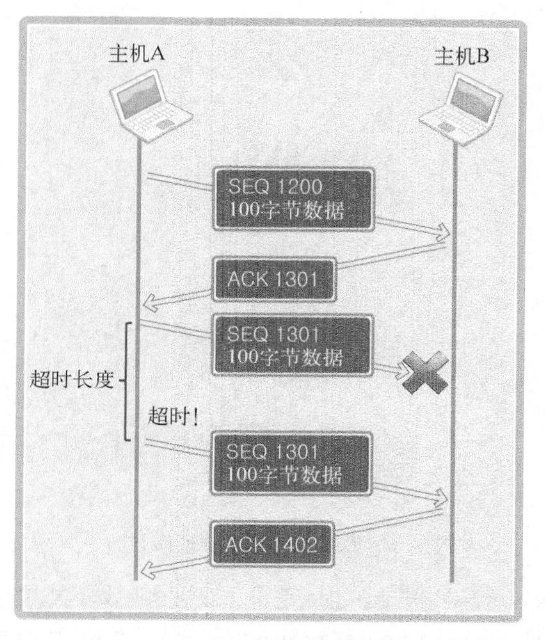

图5-5　TCP套接字数据传输中发生错误

图5-5表示通过SEQ 1301数据包向主机B传递100字节数据。但中间发生了错误，主机B未收到。经过一段时间后，主机A仍未收到对于SEQ 1301的ACK确认，因此试着重传该数据包。为了完成数据包重传，TCP套接字启动计时器以等待ACK应答。若相应计时器发生超时（Time-out!）则重传。

TCP的内部工作原理3：断开与套接字的连接

TCP套接字的结束过程也非常优雅。如果对方还有数据需要传输时直接断掉连接会出问题，所以断开连接时需要双方协商。断开连接时双方对话如下。

- 套接字A："我希望断开连接。"
- 套接字B："哦，是吗？请稍候。"

- 套接字B："我也准备就绪，可以断开连接。"
- 套接字A："好的，谢谢合作。"

先由套接字A向套接字B传递断开连接的消息，套接字B发出确认收到的消息，然后向套接字

A传递可以断开连接的消息，套接字A同样发出确认消息，如图5-6所示。

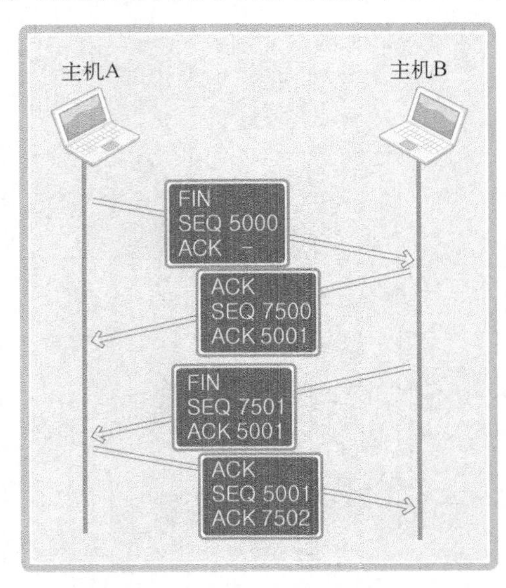

图5-6　TCP套接字断开连接过程

图5-6数据包内的FIN表示断开连接。也就是说，双方各发送1次FIN消息后断开连接。此过程经历4个阶段，因此又称四次握手（Four-way handshaking）。SEQ和ACK的含义与之前讲解的内容一致，故省略。图5-6中向主机A传递了两次ACK 5001，也许这会让各位感到困惑。其实，第二次FIN数据包中的ACK 5001只是因为接收ACK消息后未接收数据而重传的。

前面讲解了TCP协议基本内容TCP流控制（Flow Control），希望这有助于大家理解TCP数据传输特性。

5.3　基于Windows的实现

本章讲解的理论在不同操作系统下并无差别，因此在Windows平台没有需要特别说明之处。故只给出之前示例op_server.c和op_client.c的Windows版本代码，转换方式与之前讲过的方式相同。

❖ op_client_win.c

```
1.  #include <stdio.h>
2.  #include <stdlib.h>
3.  #include <string.h>
4.  #include <winsock2.h>
5.
6.  #define BUF_SIZE 1024
7.  #define RLT_SIZE 4
8.  #define OPSZ 4
```

```
9.  void ErrorHandling(char *message);
10.
11. int main(int argc, char *argv[])
12. {
13.     WSADATA wsaData;
14.     SOCKET hSocket;
15.     char opmsg[BUF_SIZE];
16.     int result, opndCnt, i;
17.     SOCKADDR_IN servAdr;
18.     if(argc!=3) {
19.         printf("Usage : %s <IP> <port>\n", argv[0]);
20.         exit(1);
21.     }
22.
23.     if(WSAStartup(MAKEWORD(2, 2), &wsaData)!=0)
24.         ErrorHandling("WSAStartup() error!");
25.
26.     hSocket=socket(PF_INET, SOCK_STREAM, 0);
27.     if(hSocket==INVALID_SOCKET)
28.         ErrorHandling("socket() error");
29.
30.     memset(&servAdr, 0, sizeof(servAdr));
31.     servAdr.sin_family=AF_INET;
32.     servAdr.sin_addr.s_addr=inet_addr(argv[1]);
33.     servAdr.sin_port=htons(atoi(argv[2]));
34.
35.     if(connect(hSocket, (SOCKADDR*)&servAdr, sizeof(servAdr))==SOCKET_ERROR)
36.         ErrorHandling("connect() error!");
37.     else
38.         puts("Connected...........");
39.
40.     fputs("Operand count: ", stdout);
41.     scanf("%d", &opndCnt);
42.     opmsg[0]=(char)opndCnt;
43.
44.     for(i=0; i<opndCnt; i++)
45.     {
46.         printf("Operand %d: ", i+1);
47.         scanf("%d", (int*)&opmsg[i*OPSZ+1]);
48.     }
49.     fgetc(stdin);
50.     fputs("Operator: ", stdout);
51.     scanf("%c", &opmsg[opndCnt*OPSZ+1]);
52.     send(hSocket, opmsg, opndCnt*OPSZ+2, 0);
53.     recv(hSocket, &result, RLT_SIZE, 0);
54.
55.     printf("Operation result: %d \n", result);
56.     closesocket(hSocket);
57.     WSACleanup();
58.     return 0;
59. }
60.
61. void ErrorHandling(char *message)
62. {
```

```
63.     fputs(message, stderr);
64.     fputc('\n', stderr);
65.     exit(1);
66. }
```

❖ op_server_win.c

```
1.  #include <stdio.h>
2.  #include <stdlib.h>
3.  #include <string.h>
4.  #include <winsock2.h>
5.
6.  #define BUF_SIZE 1024
7.  #define OPSZ 4
8.  void ErrorHandling(char *message);
9.  int calculate(int opnum, int opnds[], char oprator);
10.
11. int main(int argc, char *argv[])
12. {
13.     WSADATA wsaData;
14.     SOCKET hServSock, hClntSock;
15.     char opinfo[BUF_SIZE];
16.     int result, opndCnt, i;
17.     int recvCnt, recvLen;
18.     SOCKADDR_IN servAdr, clntAdr;
19.     int clntAdrSize;
20.     if(argc!=2) {
21.         printf("Usage : %s <port>\n", argv[0]);
22.         exit(1);
23.     }
24.
25.     if(WSAStartup(MAKEWORD(2, 2), &wsaData)!=0)
26.         ErrorHandling("WSAStartup() error!");
27.
28.     hServSock=socket(PF_INET, SOCK_STREAM, 0);
29.     if(hServSock==INVALID_SOCKET)
30.         ErrorHandling("socket() error");
31.
32.     memset(&servAdr, 0, sizeof(servAdr));
33.     servAdr.sin_family=AF_INET;
34.     servAdr.sin_addr.s_addr=htonl(INADDR_ANY);
35.     servAdr.sin_port=htons(atoi(argv[1]));
36.
37.     if(bind(hServSock, (SOCKADDR*)&servAdr, sizeof(servAdr))==SOCKET_ERROR)
38.         ErrorHandling("bind() error");
39.     if(listen(hServSock, 5)==SOCKET_ERROR)
40.         ErrorHandling("listen() error");
41.     clntAdrSize=sizeof(clntAdr);
42.
43.     for(i=0; i<5; i++)
44.     {
45.         opndCnt=0;
46.         hClntSock=accept(hServSock, (SOCKADDR*)&clntAdr, &clntAdrSize);
```

```
47.         recv(hClntSock, &opndCnt, 1, 0);
48.
49.         recvLen=0;
50.         while((opndCnt*OPSZ+1)>recvLen)
51.         {
52.             recvCnt=recv(hClntSock, &opinfo[recvLen], BUF_SIZE-1, 0);
53.             recvLen+=recvCnt;
54.         }
55.         result=calculate(opndCnt, (int*)opinfo, opinfo[recvLen-1]);
56.         send(hClntSock, (char*)&result, sizeof(result), 0);
57.         closesocket(hClntSock);
58.     }
59.     closesocket(hServSock);
60.     WSACleanup();
61.     return 0;
62. }
63.
64. int calculate(int opnum, int opnds[], char op)
65. {
66.     int result=opnds[0], i;
67.
68.     switch(op)
69.     {
70.     case '+':
71.         for(i=1; i<opnum; i++) result+=opnds[i];
72.         break;
73.     case '-':
74.         for(i=1; i<opnum; i++) result-=opnds[i];
75.         break;
76.     case '*':
77.         for(i=1; i<opnum; i++) result*=opnds[i];
78.         break;
79.     }
80.     return result;
81. }
82.
83. void ErrorHandling(char *message)
84. {
85.     fputs(message, stderr);
86.     fputc('\n', stderr);
87.     exit(1);
88. }
```

5.4 习题

(1) 请说明TCP套接字连接设置的三次握手过程。尤其是3次数据交换过程每次收发的数据内容。

(2) TCP是可靠的数据传输协议，但在通过网络通信的过程中可能丢失数据。请通过ACK和SEQ说明TCP通过何种机制保证丢失数据的可靠传输。

(3) TCP套接字中调用write和read函数时数据如何移动？结合I/O缓冲进行说明。

(4) 对方主机的输入缓冲剩余50字节空间时，若本方主机通过write函数请求传输70字节，请问TCP如何处理这种情况？

(5) 第2章示例tcp_server.c（第1章的hello_server.c）和tcp_client.c中，客户端接收服务器端传输的字符串后便退出。现更改程序，使服务器端和客户端各传递1次字符串。考虑到使用TCP协议，所以传递字符串前先以4字节整数型方式传递字符串长度。连接时服务器端和客户端数据传输格式如下。

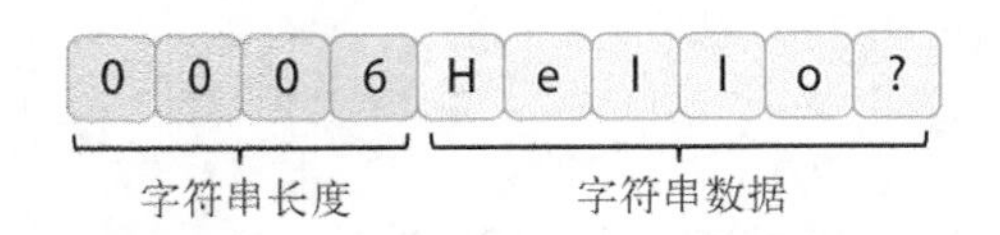

另外，不限制字符串传输顺序及种类，但须进行3次数据交换。

(6) 创建收发文件的服务器端/客户端，实现顺序如下。

- 客户端接受用户输入的传输文件名。
- 客户端请求服务器端传输该文件名所指文件。
- 如果指定文件存在，服务器端就将其发送给客户端；反之，则断开连接。

第 6 章

基于UDP的服务器端/客户端

我们通过第 4 章和第 5 章学习了 TCP 相关知识。TCP 是内容相对较多的一种协议，而本章介绍的 UDP 则篇幅较短。虽然比 TCP 内容少，但在实际操作中很有用，希望各位认真学习。

6.1 理解 UDP

我们在第4章学习TCP的过程中，还同时了解了TCP/IP协议栈。在4层TCP/IP模型中，上数第二层传输(Transport)层分为TCP和UDP这2种。数据交换过程可以分为通过TCP套接字完成的TCP方式和通过UDP套接字完成的UDP方式。

UDP 套接字的特点

下面通过信件说明UDP的工作原理，这是讲解UDP时使用的传统示例，它与UDP特性完全相符。寄信前应先在信封上填好寄信人和收信人的地址，之后贴上邮票放进邮筒即可。当然，信件的特点使我们无法确认对方是否收到。另外，邮寄过程中也可能发生信件丢失的情况。也就是说，信件是一种不可靠的传输方式。与之类似，UDP提供的同样是不可靠的数据传输服务。

“既然如此，TCP应该是更优质的协议吧？”

如果只考虑可靠性，TCP的确比UDP好。但UDP在结构上比TCP更简洁。UDP不会发送类似ACK的应答消息，也不会像SEQ那样给数据包分配序号。因此，UDP的性能有时比TCP高出很多。编程中实现UDP也比TCP简单。另外，UDP的可靠性虽比不上TCP，但也不会像想象中那么频繁地发生数据损毁。因此，在更重视性能而非可靠性的情况下，UDP是一种很好的选择。

既然如此，UDP的作用到底是什么呢？为了提供可靠的数据传输服务，TCP在不可靠的IP层进行流控制，而UDP就缺少这种流控制机制。

"UDP和TCP的差异只在于流控制机制吗？"

是的，流控制是区分UDP和TCP的最重要的标志。但若从TCP中除去流控制，所剩内容也屈指可数。也就是说，TCP的生命在于流控制。第5章讲过的"与对方套接字连接及断开连接过程"也属于流控制的一部分。

提示

虽然电话比信件要快，但是……

我把 TCP 比喻为电话，把 UDP 比喻为信件。但这只是形容协议工作方式，并没有包含数据交换速率。请不要误认为"电话的速度比信件快，因此 TCP 的数据收发速率也比 UDP 快"。实际上正好相反。TCP 的速度无法超过 UDP，但在收发某些类型的数据时有可能接近 UDP。例如，每次交换的数据量越大，TCP 的传输速率就越接近 UDP 的传输速率。

UDP 内部工作原理

与TCP不同，UDP不会进行流控制。接下来具体讨论UDP的作用，如图6-1所示。

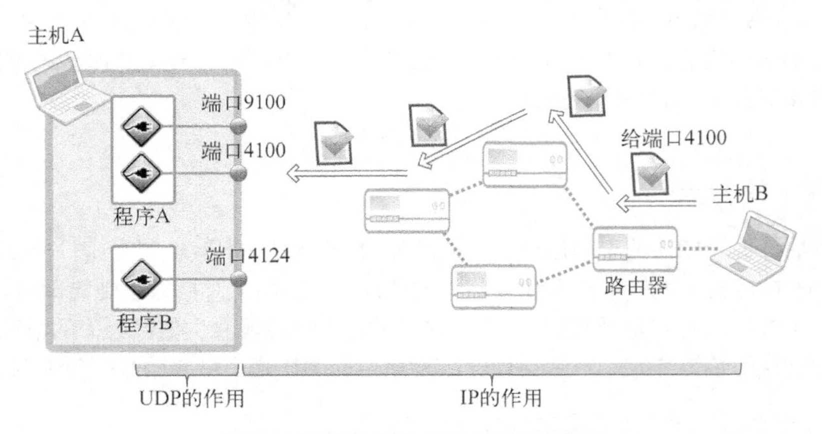

图6-1　数据包传输中UDP和IP的作用

从图6-1中可以看出，IP的作用就是让离开主机B的UDP数据包准确传递到主机A。但把UDP包最终交给主机A的某一UDP套接字的过程则是由UDP完成的。UDP最重要的作用就是根据端口号将传到主机的数据包交付给最终的UDP套接字。

UDP 的高效使用

虽然貌似大部分网络编程都基于TCP实现，但也有一些是基于UDP实现的。接下来考虑何时使用UDP更有效。讲解前希望各位明白，UDP也具有一定的可靠性。网络传输特性导致信息丢失频发，可若要传递压缩文件（发送1万个数据包时，只要丢失1个就会产生问题），则必须使用TCP，因为压缩文件只要丢失一部分就很难解压。但通过网络实时传输视频或音频时的情况有所不同。对于多媒体数据而言，丢失一部分也没有太大问题，这只会引起短暂的画面抖动，或出现细微的杂音。但因为需要提供实时服务，速度就成为非常重要的因素。因此，第5章的流控制就显得有些多余，此时需要考虑使用UDP。但UDP并非每次都快于TCP，TCP比UDP慢的原因通常有以下两点。

- 收发数据前后进行的连接设置及清除过程。
- 收发数据过程中为保证可靠性而添加的流控制

如果收发的数据量小但需要频繁连接时，UDP比TCP更高效。有机会的话，希望各位深入学习TCP/IP协议的内部构造。C语言程序员懂得计算机结构和操作系统知识就能写出更好的程序，同样，网络程序员若能深入理解TCP/IP协议则可大幅提高自身实力。

6.2　实现基于 UDP 的服务器端/客户端

接下来通过之前介绍的UDP理论实现真正的程序。对于UDP而言，只要能理解之前的内容，实现并非难事。

UDP 中的服务器端和客户端没有连接

UDP服务器端/客户端不像TCP那样在连接状态下交换数据，因此与TCP不同，无需经过连接过程。也就是说，不必调用TCP连接过程中调用的listen函数和accept函数。UDP中只有创建套接字的过程和数据交换过程。

UDP 服务器端和客户端均只需 1 个套接字

TCP中，套接字之间应该是一对一的关系。若要向10个客户端提供服务，则除了守门的服务器套接字外，还需要10个服务器端套接字。但在UDP中，不管是服务器端还是客户端都只需要1个套接字。之前解释UDP原理时举了信件的例子，收发信件时使用的邮筒可以比喻为UDP套接字。只要附近有1个邮筒，就可以通过它向任意地址寄出信件。同样，只需1个UDP套接字就可以向任意主机传输数据，如图6-2所示。

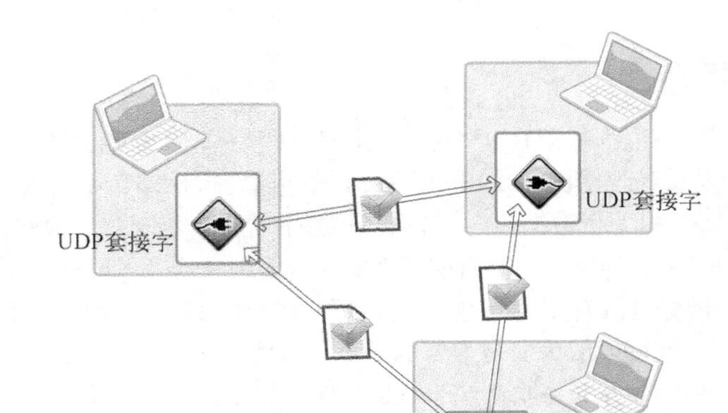

图6-2　UDP套接字通信模型

图6-2展示了1个UDP套接字与2个不同主机交换数据的过程。也就是说，只需1个UDP套接字就能和多台主机通信。

基于 UDP 的数据 I/O 函数

创建好TCP套接字后，传输数据时无需再添加地址信息。因为TCP套接字将保持与对方套接字的连接。换言之，TCP套接字知道目标地址信息。但UDP套接字不会保持连接状态（UDP套接字只有简单的邮筒功能），因此每次传输数据都要添加目标地址信息。这相当于寄信前在信件中填写地址。接下来介绍填写地址并传输数据时调用的UDP相关函数。

```
#include <sys/socket.h>

ssize_t sendto(int sock, void *buff, size_t nbytes, int flags,
                                    struct sockaddr *to, socklen_t addrlen);
```

→ 成功时返回传输的字节数，失败时返回-1。

- sock　用于传输数据的UDP套接字文件描述符。
- buff　保存待传输数据的缓冲地址值。
- nbytes　待传输的数据长度，以字节为单位。
- flags　可选项参数，若没有则传递0。
- to　存有目标地址信息的sockaddr结构体变量的地址值。
- addrlen　传递给参数to的地址值结构体变量长度。

上述函数与之前的TCP输出函数最大的区别在于，此函数需要向它传递目标地址信息。接下来介绍接收UDP数据的函数。UDP数据的发送端并不固定，因此该函数定义为可接收发送端信息的形式，也就是将同时返回UDP数据包中的发送端信息。

```
#include <sys/socket.h>

ssize_t recvfrom(int sock, void *buff, size_t nbytes, int flags,
                              struct sockaddr * from, socklen_t *addrlen);
```

➔ 成功时返回接收的字节数，失败时返回-1。

- sock 用于接收数据的UDP套接字文件描述符。
- buff 保存接收数据的缓冲地址值。
- nbytes 可接收的最大字节数，故无法超过参数buff所指的缓冲大小。
- flags 可选项参数，若没有则传入0。
- from 存有发送端地址信息的sockaddr结构体变量的地址值。
- addrlen 保存参数from的结构体变量长度的变量地址值。

编写UDP程序时最核心的部分就在于上述两个函数，这也说明二者在UDP数据传输中的地位。

基于UDP的回声服务器端/客户端

下面结合之前的内容实现回声服务器。需要注意的是，UDP不同于TCP，不存在请求连接和受理过程，因此在某种意义上无法明确区分服务器端和客户端。只是因其提供服务而称为服务器端，希望各位不要误解。

❖ uecho_server.c

```
1.  #include <stdio.h>
2.  #include <stdlib.h>
3.  #include <string.h>
4.  #include <unistd.h>
5.  #include <arpa/inet.h>
6.  #include <sys/socket.h>
7.
8.  #define BUF_SIZE 30
9.  void error_handling(char *message);
10.
11. int main(int argc, char *argv[])
12. {
13.     int serv_sock;
14.     char message[BUF_SIZE];
15.     int str_len;
16.     socklen_t clnt_adr_sz;
17.
```

```
18.     struct sockaddr_in serv_adr, clnt_adr;
19.     if(argc!=2){
20.         printf("Usage : %s <port>\n", argv[0]);
21.         exit(1);
22.     }
23.
24.     serv_sock=socket(PF_INET, SOCK_DGRAM, 0);
25.     if(serv_sock == -1)
26.         error_handling("UDP socket creation error");
27.
28.     memset(&serv_adr, 0, sizeof(serv_adr));
29.     serv_adr.sin_family=AF_INET;
30.     serv_adr.sin_addr.s_addr=htonl(INADDR_ANY);
31.     serv_adr.sin_port=htons(atoi(argv[1]));
32.
33.     if(bind(serv_sock, (struct sockaddr*)&serv_adr, sizeof(serv_adr))==-1)
34.         error_handling("bind() error");
35.
36.     while(1)
37.     {
38.         clnt_adr_sz=sizeof(clnt_adr);
39.         str_len=recvfrom(serv_sock, message, BUF_SIZE, 0,
40.                 (struct sockaddr*)&clnt_adr, &clnt_adr_sz);
41.         sendto(serv_sock, message, str_len, 0,
42.                 (struct sockaddr*)&clnt_adr, clnt_adr_sz);
43.     }
44.     close(serv_sock);
45.     return 0;
46. }
47.
48. void error_handling(char *message)
49. {
50.     fputs(message, stderr);
51.     fputc('\n', stderr);
52.     exit(1);
53. }
```

- 第24行：为了创建UDP套接字，向socket函数第二个参数传递SOCK_DGRAM。
- 第39行：利用第33行分配的地址接收数据。不限制数据传输对象。
- 第41行：通过第39行的函数调用同时获取数据传输端的地址。正是利用该地址将接收的数据逆向重传。
- 第44行：第37行的while内部从未加入break语句，因此是无限循环。也就是说，close函数不会执行，没有太大意义。

接下来介绍与上述服务器端协同工作的客户端。这部分代码与TCP客户端不同，不存在connect函数调用。

❖ uecho_client.c

```
1.  #include <"与uecho_server.c的头声明相同，故省略。">
```

```
2.  #define BUF_SIZE 30
3.  void error_handling(char *message);
4.
5.  int main(int argc, char *argv[])
6.  {
7.      int sock;
8.      char message[BUF_SIZE];
9.      int str_len;
10.     socklen_t adr_sz;
11.
12.     struct sockaddr_in serv_adr, from_adr;
13.     if(argc!=3){
14.         printf("Usage : %s <IP> <port>\n", argv[0]);
15.         exit(1);
16.     }
17.
18.     sock=socket(PF_INET, SOCK_DGRAM, 0);
19.     if(sock==-1)
20.         error_handling("socket() error");
21.
22.     memset(&serv_adr, 0, sizeof(serv_adr));
23.     serv_adr.sin_family=AF_INET;
24.     serv_adr.sin_addr.s_addr=inet_addr(argv[1]);
25.     serv_adr.sin_port=htons(atoi(argv[2]));
26.
27.     while(1)
28.     {
29.         fputs("Insert message(q to quit): ", stdout);
30.         fgets(message, sizeof(message), stdin);
31.         if(!strcmp(message,"q\n") || !strcmp(message,"Q\n"))
32.             break;
33.
34.         sendto(sock, message, strlen(message), 0,
35.             (struct sockaddr*)&serv_adr, sizeof(serv_adr));
36.         adr_sz=sizeof(from_adr);
37.         str_len=recvfrom(sock, message, BUF_SIZE, 0,
38.                 (struct sockaddr*)&from_adr, &adr_sz);
39.         message[str_len]=0;
40.         printf("Message from server: %s", message);
41.     }
42.     close(sock);
43.     return 0;
44. }
45.
46. void error_handling(char *message)
47. {
48.     fputs(message, stderr);
49.     fputc('\n', stderr);
50.     exit(1);
51. }
```

6

- 第18行：创建UDP套接字。现在只需调用数据收发函数。
- 第34、37行：第34行向服务器端传输数据，第37行接收数据。

若各位很好地理解了第4章的connect函数，那么读上述代码时应有如下疑问：

> “TCP客户端套接字在调用connect函数时自动分配IP地址和端口号，既然如此，UDP客户端何时分配IP地址和端口号？”

所有套接字都应分配IP地址和端口，问题是直接分配还是自动分配。希望大家独立思考并进行推断，稍后再讨论，先给出程序的运行结果。

❖ 运行结果：uecho_server.c

```
root@my_linux:/tcpip# gcc uecho_server.c -o userver
root@my_linux:/tcpip# ./userver 9190
```

❖ 运行结果：uecho_client.c

```
root@my_linux:/tcpip# gcc uecho_client.c -o uclient
root@my_linux:/tcpip# ./uclient 127.0.0.1 9190
Insert message(q to quit): Hi UDP Server?
Message from server: Hi UDP Server?
Insert message(q to quit): Nice to meet you!
Message from server: Nice to meet you!
Insert message(q to quit): Good bye~
Message from server: Good bye~
Insert message(q to quit): q
```

运行过程中的顺序并不重要。只需保证在调用sendto函数前，sendto函数的目标主机程序已经开始运行。

UDP客户端套接字的地址分配

前面讲解了UDP服务器端/客户端的实现方法。但如果仔细观察UDP客户端会发现，它缺少把IP和端口分配给套接字的过程。TCP客户端调用connect函数自动完成此过程，而UDP中连能承担相同功能的函数调用语句都没有。究竟在何时分配IP和端口号呢？

UDP程序中，调用sendto函数传输数据前应完成对套接字的地址分配工作，因此调用bind函数。当然，bind函数在TCP程序中出现过，但bind函数不区分TCP和UDP，也就是说，在UDP程序中同样可以调用。另外，如果调用sendto函数时发现尚未分配地址信息，则在首次调用sendto函数时给相应套接字自动分配IP和端口。而且此时分配的地址一直保留到程序结束为止，因此也可用来与其他UDP套接字进行数据交换。当然，IP用主机IP，端口号选尚未使用的任意端口号。

综上所述，调用sendto函数时自动分配IP和端口号，因此，UDP客户端中通常无需额外的地址分配过程。所以之前示例中省略了该过程，这也是普遍的实现方式。

6.3　UDP 的数据传输特性和调用 connect 函数

我们之前通过示例验证了TCP传输的数据不存在数据边界，本节将验证UDP数据传输中存在数据边界。最后讨论UDP中connect函数的调用，以此结束UDP相关讨论。

存在数据边界的 UDP 套接字

前面说过TCP数据传输中不存在边界，这表示"数据传输过程中调用I/O函数的次数不具有任何意义。"

相反，UDP是具有数据边界的协议，传输中调用I/O函数的次数非常重要。因此，输入函数的调用次数应和输出函数的调用次数完全一致，这样才能保证接收全部已发送数据。例如，调用3次输出函数发送的数据必须通过调用3次输入函数才能接收完。下面通过简单示例进行验证。

❖ bound_host1.c

```
1.  #include <"与其他程序的头声明一致，故省略。">
2.  #define BUF_SIZE 30
3.  void error_handling(char *message);
4.  
5.  int main(int argc, char *argv[])
6.  {
7.      int sock;
8.      char message[BUF_SIZE];
9.      struct sockaddr_in my_adr, your_adr;
10.     socklen_t adr_sz;
11.     int str_len, i;
12. 
13.     if(argc!=2) {
14.         printf("Usage : %s <port>\n", argv[0]);
15.         exit(1);
16.     }
17. 
18.     sock=socket(PF_INET, SOCK_DGRAM, 0);
19.     if(sock==-1)
20.         error_handling("socket() error");
21. 
22.     memset(&my_adr, 0, sizeof(my_adr));
23.     my_adr.sin_family=AF_INET;
24.     my_adr.sin_addr.s_addr=htonl(INADDR_ANY);
25.     my_adr.sin_port=htons(atoi(argv[1]));
```

```
26.
27.     if(bind(sock, (struct sockaddr*)&my_adr, sizeof(my_adr))==-1)
28.         error_handling("bind() error");
29.
30.     for(i=0; i<3; i++)
31.     {
32.         sleep(5);       // delay 5 sec.
33.         adr_sz=sizeof(your_adr);
34.         str_len=recvfrom(sock, message, BUF_SIZE, 0,
35.                 (struct sockaddr*)&your_adr, &adr_sz);
36.
37.         printf("Message %d: %s \n", i+1, message);
38.     }
39.     close(sock);
40.     return 0;
41. }
42.
43. void error_handling(char *message)
44. {
45.     //与其他示例的error_handling函数定义一致，故省略。
46. }
```

上述示例中需要各位特别留意的是第30行中的for语句。首先在第32行中调用sleep函数，使程序停顿时间等于传递来的时间（以秒为单位）参数。也就是说，第30行的for循环中每隔5秒调用1次recvfrom函数。另外还添加了验证函数调用次数的语句。稍后再讲解延迟执行程序的原因。

接下来的示例向之前的bound_host1.c传输数据，该示例共调用sendto函数3次以传输字符串数据。

❖ bound_host2.c

```
1.  #include <"与其他示例头声明一致，故省略。">
2.  #define BUF_SIZE 30
3.  void error_handling(char *message);
4.
5.  int main(int argc, char *argv[])
6.  {
7.      int sock;
8.      char msg1[]="Hi!";
9.      char msg2[]="I'm another UDP host!";
10.     char msg3[]="Nice to meet you";
11.
12.     struct sockaddr_in your_adr;
13.     socklen_t your_adr_sz;
14.     if(argc!=3){
15.         printf("Usage : %s <IP> <port>\n", argv[0]);
16.         exit(1);
17.     }
18.
19.     sock=socket(PF_INET, SOCK_DGRAM, 0);
20.     if(sock==-1)
21.         error_handling("socket() error");
```

```
22.
23.     memset(&your_adr, 0, sizeof(your_adr));
24.     your_adr.sin_family=AF_INET;
25.     your_adr.sin_addr.s_addr=inet_addr(argv[1]);
26.     your_adr.sin_port=htons(atoi(argv[2]));
27.
28.     sendto(sock, msg1, sizeof(msg1), 0,
29.         (struct sockaddr*)&your_adr, sizeof(your_adr));
30.     sendto(sock, msg2, sizeof(msg2), 0,
31.         (struct sockaddr*)&your_adr, sizeof(your_adr));
32.     sendto(sock, msg3, sizeof(msg3), 0,
33.         (struct sockaddr*)&your_adr, sizeof(your_adr));
34.     close(sock);
35.     return 0;
36. }
37.
38. void error_handling(char *message)
39. {
40.     //与其他示例的error_handling函数定义一致，故省略。
41. }
```


bound_host2.c程序3次调用sendto函数以传输数据，bound_host1.c则调用3次recvfrom函数以接收数据。recvfrom函数调用间隔为5秒，因此，调用recvfrom函数前已调用了3次sendto函数。也就是说，此时数据已经传输到bound_host1.c。如果是TCP程序，这时只需调用1次输入函数即可读入数据。UDP则不同，在这种情况下也需要调用3次recvfrom函数。可通过以下运行结果进行验证。

❖ 运行结果：bound_host1.c

```
root@my_linux:/tcpip# gcc bound_host1.c -o host1
root@my_linux:/tcpip# ./host1
Usage : ./host1 <port>
root@my_linux:/tcpip# ./host1 9190
Message 1: Hi!
Message 2: I'm another UDP host!
Message 3: Nice to meet you
root@my_linux:/home/swyoon/tcpip#
```

❖ 运行结果：bound_host2.c

```
root@my_linux:/tcpip# gcc bound_host2.c -o host2
root@my_linux:/tcpip# ./host2
Usage : ./host2 <IP> <port>
root@my_linux:/tcpip# ./host2 127.0.0.1 9190
root@my_linux:/tcpip#
```

从运行结果，特别是bound_host1.c的运行结果中可以看出，共调用了3次recvfrom函数。这就证明必须在UDP通信过程中使I/O函数调用次数保持一致。

> **提　示**
>
> UDP数据报（Datagram）
>
> UDP套接字传输的数据包又称数据报，实际上数据报也属于数据包的一种。只是与TCP包不同，其本身可以成为1个完整数据。这与UDP的数据传输特性有关，UDP中存在数据边界，1个数据包即可成为1个完整数据，因此称为数据报。

已连接（connected）UDP套接字与未连接（unconnected）UDP套接字

TCP套接字中需注册待传输数据的目标IP和端口号，而UDP中则无需注册。因此，通过sendto函数传输数据的过程大致可分为以下3个阶段。

- 第1阶段：向UDP套接字注册目标IP和端口号。
- 第2阶段：传输数据。
- 第3阶段：删除UDP套接字中注册的目标地址信息。

每次调用sendto函数时重复上述过程。每次都变更目标地址，因此可以重复利用同一UDP套接字向不同目标传输数据。这种未注册目标地址信息的套接字称为未连接套接字，反之，注册了目标地址的套接字称为连接connected套接字。显然，UDP套接字默认属于未连接套接字。但UDP套接字在下述情况下显得不太合理：

"IP为211.210.147.82的主机82号端口共准备了3个数据，调用3次sendto函数进行传输。"

此时需重复3次上述三阶段。因此，要与同一主机进行长时间通信时，将UDP套接字变成已连接套接字会提高效率。上述三个阶段中，第一个和第三个阶段占整个通信过程近1/3的时间，缩短这部分时间将大大提高整体性能。

创建已连接UDP套接字

创建已连接UDP套接字的过程格外简单，只需针对UDP套接字调用connect函数。

```
sock = socket(PF_INET, SOCK_DGRAM, 0);
memset(&adr, 0, sizeof(adr));
adr.sin_family = AF_INET;
adr.sin_addr.s_addr = . . . .
adr.sin_port = . . . .
connect(sock, (struct sockaddr *) &adr, sizeof(adr));
```

上述代码看似与TCP套接字创建过程一致，但socket函数的第二个参数分明是SOCK_DGRAM。也就是说，创建的的确是UDP套接字。当然，针对UDP套接字调用connect函数并不意味着要与对方UDP套接字连接，这只是向UDP套接字注册目标IP和端口信息。

之后就与TCP套接字一样，每次调用sendto函数时只需传输数据。因为已经指定了收发对象，所以不仅可以使用sendto、recvfrom函数，还可以使用write、read函数进行通信。

下列示例将之前的uecho_client.c程序改成基于已连接UDP套接字的程序，因此可以结合uecho_server.c程序运行。另外，为便于说明，未直接删除uecho_client.c的I/O函数，而是添加了注释。

❖ uecho_con_client.c

```
1.  #include <"与其他示例头声明一致，故省略。">
2.  #define BUF_SIZE 30
3.  void error_handling(char *message);
4.
5.  int main(int argc, char *argv[])
6.  {
7.      int sock;
8.      char message[BUF_SIZE];
9.      int str_len;
10.     socklen_t adr_sz;     //多余变量!
11.
12.     struct sockaddr_in serv_adr, from_adr;        //不再需要from_adr!
13.     if(argc!=3){
14.         printf("Usage : %s <IP> <port>\n", argv[0]);
15.         exit(1);
16.     }
17.
18.     sock=socket(PF_INET, SOCK_DGRAM, 0);
19.     if(sock==-1)
20.         error_handling("socket() error");
21.
22.     memset(&serv_adr, 0, sizeof(serv_adr));
23.     serv_adr.sin_family=AF_INET;
24.     serv_adr.sin_addr.s_addr=inet_addr(argv[1]);
25.     serv_adr.sin_port=htons(atoi(argv[2]));
26.
27.     connect(sock, (struct sockaddr*)&serv_adr, sizeof(serv_adr));
28.
29.     while(1)
30.     {
31.         fputs("Insert message(q to quit): ", stdout);
32.         fgets(message, sizeof(message), stdin);
33.         if(!strcmp(message,"q\n") || !strcmp(message,"Q\n"))
34.             break;
35.         /*
36.         sendto(sock, message, strlen(message), 0,
37.             (struct sockaddr*)&serv_adr, sizeof(serv_adr));
38.         */
39.         write(sock, message, strlen(message));
```

```
40.
41.         /*
42.         adr_sz=sizeof(from_adr);
43.         str_len=recvfrom(sock, message, BUF_SIZE, 0,
44.                 (struct sockaddr*)&from_adr, &adr_sz);
45.         */
46.         str_len=read(sock, message, sizeof(message)-1);
47.
48.         message[str_len]=0;
49.         printf("Message from server: %s", message);
50.     }
51.     close(sock);
52.     return 0;
53. }
54.
55. void error_handling(char *message)
56. {
57.     fputs(message, stderr);
58.     fputc('\n', stderr);
59.     exit(1);
60. }
```

我认为没必要给出运行结果和代码说明，故省略。另外需要注意，代码中用write、read函数代替了sendto、recvfrom函数。

6.4　基于 Windows 的实现

首先介绍Windows平台下的sendto函数和readfrom函数。实际上与Linux的函数没有太大区别，但为了让各位亲自确认这一点，这里给出其定义。

```
#include <winsock2.h>

int sendto(SOCKET s, const char* buf, int len, int flags, const struct sockaddr*
    to, int tolen);
```

→ 成功时返回传输的字节数，失败时返回 SOCKET_ERROR。

```
#include <winsock2.h>

int recvfrom(SOCKET s, char* buf, int len, int flag, struct sockaddr* from, int*
    fromlen);
```

→ 成功时返回接收的字节数，失败时返回 SOCKET_ERROR。

以上两个函数与Linux下的sendto、recvfrom函数相比，其参数个数、顺序及含义完全相同，故省略具体说明。接下来实现Windows平台下的UDP回声服务器端/客户端。其中，回声客户端是利用已连接UDP套接字实现的。

❖ uecho_server_win.c

```
1.  #include <stdio.h>
2.  #include <stdlib.h>
3.  #include <string.h>
4.  #include <winsock2.h>
5.  #define BUF_SIZE 30
6.  void ErrorHandling(char *message);
7.  
8.  int main(int argc, char *argv[])
9.  {
10.     WSADATA wsaData;
11.     SOCKET servSock;
12.     char message[BUF_SIZE];
13.     int strLen;
14.     int clntAdrSz;
15. 
16.     SOCKADDR_IN servAdr, clntAdr;
17.     if(argc!=2) {
18.         printf("Usage : %s <port>\n", argv[0]);
19.         exit(1);
20.     }
21.     if(WSAStartup(MAKEWORD(2, 2), &wsaData)!=0)
22.         ErrorHandling("WSAStartup() error!");
23. 
24.     servSock=socket(PF_INET, SOCK_DGRAM, 0);
25.     if(servSock==INVALID_SOCKET)
26.         ErrorHandling("UDP socket creation error");
27. 
28.     memset(&servAdr, 0, sizeof(servAdr));
29.     servAdr.sin_family=AF_INET;
30.     servAdr.sin_addr.s_addr=htonl(INADDR_ANY);
31.     servAdr.sin_port=htons(atoi(argv[1]));
32. 
33.     if(bind(servSock, (SOCKADDR*)&servAdr, sizeof(servAdr))==SOCKET_ERROR)
34.         ErrorHandling("bind() error");
35. 
36.     while(1)
37.     {
38.         clntAdrSz=sizeof(clntAdr);
39.         strLen=recvfrom(servSock, message, BUF_SIZE, 0,
40.                   (SOCKADDR*)&clntAdr, &clntAdrSz);
41.         sendto(servSock, message, strLen, 0,
42.             (SOCKADDR*)&clntAdr, sizeof(clntAdr));
43.     }
44.     closesocket(servSock);
45.     WSACleanup();
46.     return 0;
```

```
47. }
48.
49. void ErrorHandling(char *message)
50. {
51.     fputs(message, stderr);
52.     fputc('\n', stderr);
53.     exit(1);
54. }
```

❖ uecho_client_win.c

```
1.  #include <stdio.h>
2.  #include <stdlib.h>
3.  #include <string.h>
4.  #include <winsock2.h>
5.
6.  #define BUF_SIZE 30
7.  void ErrorHandling(char *message);
8.
9.  int main(int argc, char *argv[])
10. {
11.     WSADATA wsaData;
12.     SOCKET sock;
13.     char message[BUF_SIZE];
14.     int strLen;
15.
16.     SOCKADDR_IN servAdr;
17.     if(argc!=3) {
18.         printf("Usage : %s <IP> <port>\n", argv[0]);
19.         exit(1);
20.     }
21.     if(WSAStartup(MAKEWORD(2, 2), &wsaData)!=0)
22.         ErrorHandling("WSAStartup() error!");
23.
24.     sock=socket(PF_INET, SOCK_DGRAM, 0);
25.     if(sock==INVALID_SOCKET)
26.         ErrorHandling("socket() error");
27.
28.     memset(&servAdr, 0, sizeof(servAdr));
29.     servAdr.sin_family=AF_INET;
30.     servAdr.sin_addr.s_addr=inet_addr(argv[1]);
31.     servAdr.sin_port=htons(atoi(argv[2]));
32.     connect(sock, (SOCKADDR*)&servAdr, sizeof(servAdr));
33.
34.     while(1)
35.     {
36.         fputs("Insert message(q to quit): ", stdout);
37.         fgets(message, sizeof(message), stdin);
38.         if(!strcmp(message,"q\n") || !strcmp(message,"Q\n"))
39.             break;
40.
41.         send(sock, message, strlen(message), 0);
```

```
42.         strLen=recv(sock, message, sizeof(message)-1, 0);
43.         message[strLen]=0;
44.         printf("Message from server: %s", message);
45.     }
46.     closesocket(sock);
47.     WSACleanup();
48.     return 0;
49. }
50.
51. void ErrorHandling(char *message)
52. {
53.     fputs(message, stderr);
54.     fputc('\n', stderr);
55.     exit(1);
56. }
```

上述客户端示例利用已连接UDP套接字进行输入输出，因此用send、recv函数替换sendto、recvfrom函数。此外也如实反映了已连接UDP套接字的好处。

6.5 习题

(1) UDP为什么比TCP速度快？为什么TCP数据传输可靠而UDP数据传输不可靠？

(2) 下列不属于UDP特点的是？

a. UDP不同于TCP，不存在连接的概念，所以不像TCP那样只能进行一对一的数据传输。
b. 利用UDP传输数据时，如果有2个目标，则需要2个套接字。
c. UDP套接字中无法使用已分配给TCP的同一端口号。
d. UDP套接字和TCP套接字可以共存。若需要，可以在同一主机进行TCP和UDP数据传输。
e. 针对UDP函数也可以调用connect函数，此时UDP套接字跟TCP套接字相同，也需要经过3次握手过程。

(3) UDP数据报向对方主机的UDP套接字传递过程中，IP和UDP分别负责哪些部分？

(4) UDP一般比TCP快，但根据交换数据的特点，其差异可大可小。请说明何种情况下UDP的性能优于TCP？

(5) 客户端TCP套接字调用connect函数时自动分配IP和端口号。UDP中不调用bind函数，那何时分配IP和端口号？

(6) TCP客户端必需调用connect函数，而UDP中可以选择性调用。请问，在UDP中调用connect函数有哪些好处？

(7) 请参考本章给出的uecho_server.c和uecho_client.c，编写示例使服务器端和客户端轮流收发消息。收发的消息均要输出到控制台窗口。

第7章 优雅地断开套接字连接

本章将讨论如何优雅地断开相互连接的套接字。之前用的方法不够优雅是因为，我们是调用 close 或 closesocket 函数单方面断开连接的。

7.1 基于 TCP 的半关闭

TCP中的断开连接过程比建立连接过程更重要，因为连接过程中一般不会出现大的变数，但断开过程有可能发生预想不到的情况，因此应准确掌控。只有掌握了下面要讲解的半关闭（Half-close），才能明确断开过程。

单方面断开连接带来的问题

Linux的close函数和Windows的closesocket函数意味着完全断开连接。完全断开不仅指无法传输数据，而且也不能接收数据。因此，在某些情况下，通信一方调用close或closesocket函数断开连接就显得不太优雅，如图7-1所示。

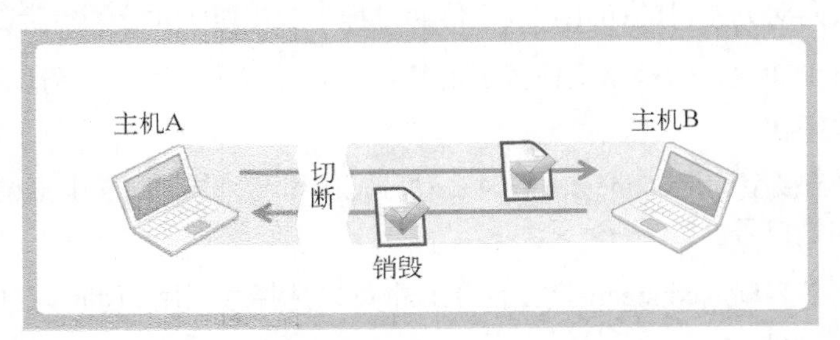

图7-1　单方面断开连接

图7-1描述的是2台主机正在进行双向通信。主机A发送完最后的数据后，调用close函数断开了连接，之后主机A无法再接收主机B传输的数据。实际上，是完全无法调用与接收数据相关的

函数。最终，由主机B传输的、主机A必须接收的数据也销毁了。

为了解决这类问题，“只关闭一部分数据交换中使用的流”（Half-close）的方法应运而生。断开一部分连接是指，可以传输数据但无法接收，或可以接收数据但无法传输。顾名思义就是只关闭流的一半。

套接字和流（Stream）

两台主机通过套接字建立连接后进入可交换数据的状态，又称“流形成的状态”。也就是把建立套接字后可交换数据的状态看作一种流。

此处的流可以比作水流。水朝着一个方向流动，同样，在套接字的流中，数据也只能向一个方向移动。因此，为了进行双向通信，需要如图7-2所示的2个流。

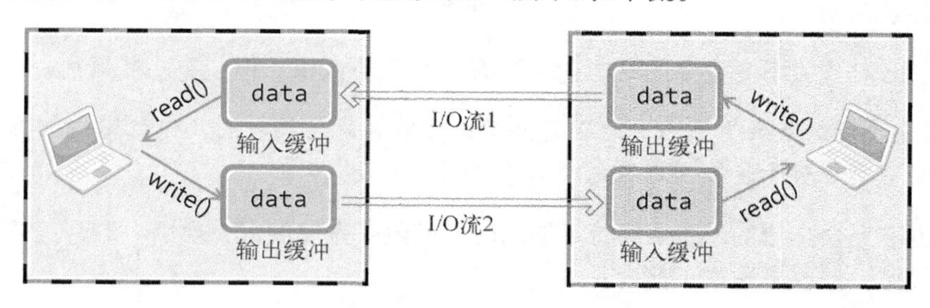

图7-2　套接字中生成的两个流

一旦两台主机间建立了套接字连接，每个主机就会拥有单独的输入流和输出流。当然，其中一个主机的输入流与另一主机的输出流相连，而输出流则与另一主机的输入流相连。另外，本章讨论的“优雅地断开连接方式”只断开其中1个流，而非同时断开两个流。Linux的close和Windows的closesocket函数将同时断开这两个流，因此与“优雅”二字还有一段距离。

针对优雅断开的shutdown函数

接下来介绍用于半关闭的函数。下面这个shutdown函数就用来关闭其中1个流。

```
#include <sys/socket.h>

int shutdown(int sock, int howto);

    ➔ 成功时返回 0，失败时返回-1。
```

- sock　　需要断开的套接字文件描述符。
- howto　　传递断开方式信息。

调用上述函数时，第二个参数决定断开连接的方式，其可能值如下所示。

- SHUT_RD：断开输入流。
- SHUT_WR：断开输出流。
- SHUT_RDWR：同时断开I/O流。

若向shutdown的第二个参数传递SHUT_RD，则断开输入流，套接字无法接收数据。即使输入缓冲收到数据也会抹去，而且无法调用输入相关函数。如果向shutdown函数的第二个参数传递SHUT_WR，则中断输出流，也就无法传输数据。但如果输出缓冲还留有未传输的数据，则将传递至目标主机。最后，若传入SHUT_RDWR，则同时中断I/O流。这相当于分2次调用shutdown，其中一次以SHUT_RD为参数，另一次以SHUT_WR为参数。

为何需要半关闭

相信各位已对“关闭套接字的一半连接”有了充分的认识，但还有一些疑惑。

> “究竟为什么需要半关闭？是否只要留出足够长的连接时间，保证完成数据交换即可？只要不急于断开连接，好像也没必要使用半关闭。”

这句话也不完全是错的。如果保持足够的时间间隔，完成数据交换后再断开连接，这时就没必要使用半关闭。但要考虑如下情况：

> “一旦客户端连接到服务器端，服务器端将约定的文件传给客户端，客户端收到后发送字符串‘Thank you’给服务器端。”

此处字符串“Thank you”的传递实际是多余的，这只是用来模拟客户端断开连接前还有数据需要传递的情况。此时程序实现的难度并不小，因为传输文件的服务器端只需连续传输文件数据即可，而客户端则无法知道需要接收数据到何时。客户端也没办法无休止地调用输入函数，因为这有可能导致程序阻塞（调用的函数未返回）。

> “是否可以让服务器端和客户端约定一个代表文件尾的字符？”

这种方式也有问题，因为这意味着文件中不能有与约定字符相同的内容。为解决该问题，服务器端应最后向客户端传递EOF表示文件传输结束。客户端通过函数返回值接收EOF，这样可以避免与文件内容冲突。剩下最后一个问题：服务器如何传递EOF？

> “断开输出流时向对方主机传输EOF。”

当然，调用close函数的同时关闭I/O流，这样也会向对方发送EOF。但此时无法再接收对方传输的数据。换言之，若调用close函数关闭流，就无法接收客户端最后发送的字符串“Thank you”。这时需要调用shutdown函数，只关闭服务器的输出流（半关闭）。这样既可以发送EOF，同时又保留了输入流，可以接收对方数据。下面结合已学内容实现收发文件的服务器端/客户端。

基于半关闭的文件传输程序

上述文件传输服务器端和客户端的数据流可整理如图7-3，稍后将根据此图编写示例。希望各位通过此例理解传递EOF的必要性和半关闭的重要性。

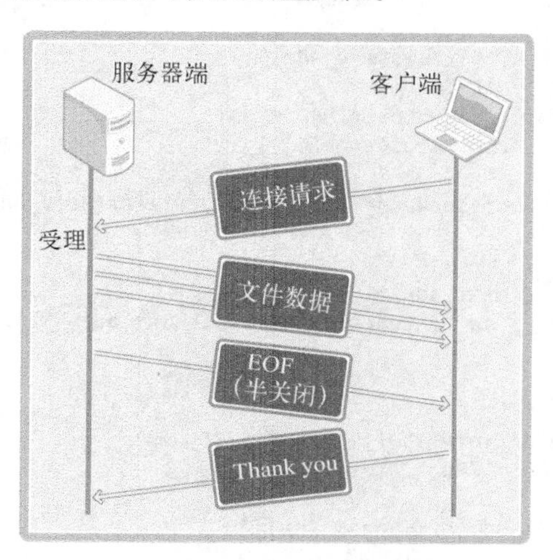

图7-3 文件传输数据流程图

首先介绍服务器端。该示例与之前示例不同，省略了大量错误处理代码，希望大家注意。这种处理只是为了便于分析代码，实际编写中不应省略。

❖ file_server.c

```
1.  #include <stdio.h>
2.  #include <stdlib.h>
3.  #include <string.h>
4.  #include <unistd.h>
5.  #include <arpa/inet.h>
6.  #include <sys/socket.h>
7.  
8.  #define BUF_SIZE 30
9.  void error_handling(char *message);
10. 
11. int main(int argc, char *argv[])
12. {
13.     int serv_sd, clnt_sd;
14.     FILE * fp;
15.     char buf[BUF_SIZE];
16.     int read_cnt;
17. 
18.     struct sockaddr_in serv_adr, clnt_adr;
19.     socklen_t clnt_adr_sz;
20. 
21.     if(argc!=2) {
```

```
22.         printf("Usage: %s <port>\n", argv[0]);
23.         exit(1);
24.     }
25.
26.     fp=fopen("file_server.c", "rb");
27.     serv_sd=socket(PF_INET, SOCK_STREAM, 0);
28.
29.     memset(&serv_adr, 0, sizeof(serv_adr));
30.     serv_adr.sin_family=AF_INET;
31.     serv_adr.sin_addr.s_addr=htonl(INADDR_ANY);
32.     serv_adr.sin_port=htons(atoi(argv[1]));
33.
34.     bind(serv_sd, (struct sockaddr*)&serv_adr, sizeof(serv_adr));
35.     listen(serv_sd, 5);
36.
37.     clnt_adr_sz=sizeof(clnt_adr);
38.     clnt_sd=accept(serv_sd, (struct sockaddr*)&clnt_adr, &clnt_adr_sz);
39.
40.     while(1)
41.     {
42.         read_cnt=fread((void*)buf, 1, BUF_SIZE, fp);
43.         if(read_cnt<BUF_SIZE)
44.         {
45.             write(clnt_sd, buf, read_cnt);
46.             break;
47.         }
48.         write(clnt_sd, buf, BUF_SIZE);
49.     }
50.
51.     shutdown(clnt_sd, SHUT_WR);
52.     read(clnt_sd, buf, BUF_SIZE);
53.     printf("Message from client: %s \n", buf);
54.
55.     fclose(fp);
56.     close(clnt_sd); close(serv_sd);
57.     return 0;
58. }
59.
60. void error_handling(char *message)
61. {
62.     fputs(message, stderr);
63.     fputc('\n', stderr);
64.     exit(1);
65. }
```

- 第26行：打开文件以向客户端传输服务器端源文件file_server.c。
- 第40~49行：为向客户端传输文件数据而编写的循环语句。此客户端是在第38行的accept函数调用中连接的。
- 第51行：发送文件后针对输出流进行半关闭。这样就向客户端传输了EOF，而客户端也知道文件传输已完成。
- 第52行：只关闭了输出流，依然可以通过输入流接收数据。

❖ file_client.c

```
1.  #include <"与file_server.c头声明一致，故省略。">
2.  #define BUF_SIZE 30
3.  void error_handling(char *message);
4.  
5.  int main(int argc, char *argv[])
6.  {
7.      int sd;
8.      FILE *fp;
9.  
10.     char buf[BUF_SIZE];
11.     int read_cnt;
12.     struct sockaddr_in serv_adr;
13.     if(argc!=3) {
14.         printf("Usage: %s <IP> <port>\n", argv[0]);
15.         exit(1);
16.     }
17. 
18.     fp=fopen("receive.dat", "wb");
19.     sd=socket(PF_INET, SOCK_STREAM, 0);
20. 
21.     memset(&serv_adr, 0, sizeof(serv_adr));
22.     serv_adr.sin_family=AF_INET;
23.     serv_adr.sin_addr.s_addr=inet_addr(argv[1]);
24.     serv_adr.sin_port=htons(atoi(argv[2]));
25. 
26.     connect(sd, (struct sockaddr*)&serv_adr, sizeof(serv_adr));
27. 
28.     while((read_cnt=read(sd, buf, BUF_SIZE ))!=0)
29.         fwrite((void*)buf, 1, read_cnt, fp);
30. 
31.     puts("Received file data");
32.     write(sd, "Thank you", 10);
33.     fclose(fp);
34.     close(sd);
35.     return 0;
36. }
37. 
38. void error_handling(char *message)
39. {
40.     fputs(message, stderr);
41.     fputc('\n', stderr);
42.     exit(1);
43. }
```

- 第18行：创建新文件以保存服务器端传输的文件数据。
- 第28、29行：接收数据并保存到第18行创建的文件，直到接收EOF为止。
- 第32行：向服务器端发送表示感谢的消息。若服务器端未关闭输入流，则可接收此消息。

下面是上述示例的运行结果。运行后查看客户端的receive.dat文件，可以验证数据正常接收。

特别需要注意的是，还可以确认服务器端已正常接收客户端最后传输的消息“Thank you”。

❖ 运行结果：file_server.c

```
root@my_linux:/tcpip# gcc file_server.c -o fserver
root@my_linux:/tcpip# ./fserver 9190
Message from client: Thank you
root@my_linux:/tcpip#
```

❖ 运行结果：file_client.c

```
root@my_linux:/tcpip# gcc file_client.c -o fclient
root@my_linux:/tcpip# ./fclient 127.0.0.1 9190
Received file data
root@my_linux:/tcpip#
```

7.2 基于 Windows 的实现

Windows平台同样通过调用shutdown函数完成半关闭，只是向其传递的参数名略有不同，需要确认。

```
#include <winsock2.h>

int shutdown(SOCKET sock, int howto);
```

➔ 成功时返回 0，失败时返回 SOCKET_ERROR。

- sock 要断开的套接字句柄。
- howto 断开方式的信息。

上述函数中第二个参数的可能值及其含义可整理如下。

- SD_RECEIVE：断开输入流。
- SD_SEND：断开输出流。
- SD_BOTH：同时断开I/O流。

虽然这些常量名不同于Linux中的名称，但其值完全相同。SD_RECEIVE、SHUT_RD都是0，SD_SEND、SHUT_WR都是1，SD_BOTH、SHUT_RDWR都是2。当然，这些并没有太多实际意义。最后，给出Windows平台下的示例。

❖ file_server_win.c

```
1.  #include <stdio.h>
2.  #include <stdlib.h>
3.  #include <string.h>
4.  #include <winsock2.h>
5.
6.  #define BUF_SIZE 30
7.  void ErrorHandling(char *message);
8.
9.  int main(int argc, char *argv[])
10. {
11.     WSADATA wsaData;
12.     SOCKET hServSock, hClntSock;
13.     FILE * fp;
14.     char buf[BUF_SIZE];
15.     int readCnt;
16.
17.     SOCKADDR_IN servAdr, clntAdr;
18.     int clntAdrSz;
19.
20.     if(argc!=2) {
21.         printf("Usage: %s <port>\n", argv[0]);
22.         exit(1);
23.     }
24.     if(WSAStartup(MAKEWORD(2, 2), &wsaData)!=0)
25.         ErrorHandling("WSAStartup() error!");
26.
27.     fp=fopen("file_server_win.c", "rb");
28.     hServSock=socket(PF_INET, SOCK_STREAM, 0);
29.
30.     memset(&servAdr, 0, sizeof(servAdr));
31.     servAdr.sin_family=AF_INET;
32.     servAdr.sin_addr.s_addr=htonl(INADDR_ANY);
33.     servAdr.sin_port=htons(atoi(argv[1]));
34.
35.     bind(hServSock, (SOCKADDR*)&servAdr, sizeof(servAdr));
36.     listen(hServSock, 5);
37.
38.     clntAdrSz=sizeof(clntAdr);
39.     hClntSock=accept(hServSock, (SOCKADDR*)&clntAdr, &clntAdrSz);
40.
41.     while(1)
42.     {
43.         readCnt=fread((void*)buf, 1, BUF_SIZE, fp);
44.         if(readCnt<BUF_SIZE)
45.         {
46.             send(hClntSock, (char*)&buf, readCnt, 0);
47.             break;
48.         }
49.         send(hClntSock, (char*)&buf, BUF_SIZE, 0);
50.     }
51.
```

```
52.     shutdown(hClntSock, SD_SEND);
53.     recv(hClntSock, (char*)buf, BUF_SIZE, 0);
54.     printf("Message from client: %s \n", buf);
55.
56.     fclose(fp);
57.     closesocket(hClntSock); closesocket(hServSock);
58.     WSACleanup();
59.     return 0;
60. }
61.
62. void ErrorHandling(char *message)
63. {
64.     fputs(message, stderr);
65.     fputc('\n', stderr);
66.     exit(1);
67. }
```

❖ file_client_win.c

```
1.  #include <stdio.h>
2.  #include <stdlib.h>
3.  #include <string.h>
4.  #include <winsock2.h>
5.
6.  #define BUF_SIZE 30
7.  void ErrorHandling(char *message);
8.
9.  int main(int argc, char *argv[])
10. {
11.     WSADATA wsaData;
12.     SOCKET hSocket;
13.     FILE *fp;
14.
15.     char buf[BUF_SIZE];
16.     int readCnt;
17.     SOCKADDR_IN servAdr;
18.
19.     if(argc!=3) {
20.         printf("Usage: %s <IP> <port>\n", argv[0]);
21.         exit(1);
22.     }
23.     if(WSAStartup(MAKEWORD(2, 2), &wsaData)!=0)
24.         ErrorHandling("WSAStartup() error!");
25.
26.     fp=fopen("receive.dat", "wb");
27.     hSocket=socket(PF_INET, SOCK_STREAM, 0);
28.
29.     memset(&servAdr, 0, sizeof(servAdr));
30.     servAdr.sin_family=AF_INET;
31.     servAdr.sin_addr.s_addr=inet_addr(argv[1]);
32.     servAdr.sin_port=htons(atoi(argv[2]));
33.
```

```
34.     connect(hSocket, (SOCKADDR*)&servAdr, sizeof(servAdr));
35. 
36.     while((readCnt=recv(hSocket, buf, BUF_SIZE, 0))!=0)
37.         fwrite((void*)buf, 1, readCnt, fp);
38. 
39.     puts("Received file data");
40.     send(hSocket, "Thank you", 10, 0);
41.     fclose(fp);
42.     closesocket(hSocket);
43.     WSACleanup();
44.     return 0;
45. }
46. 
47. void ErrorHandling(char *message)
48. {
49.     fputs(message, stderr);
50.     fputc('\n', stderr);
51.     exit(1);
52. }
```

运行结果及源代码内容与之前的file_server.c、file_client.c并无太大区别，故省略。

7.3　习题

(1) 解释TCP中“流”的概念。UDP中能否形成流？请说明原因。

(2) Linux中的close函数或Windows中的closesocket函数属于单方面断开连接的方法，有可能带来一些问题。什么是单方面断开连接？什么情形下会出现问题？

(3) 什么是半关闭？针对输出流执行半关闭的主机处于何种状态？半关闭会导致对方主机接收什么消息？

7

第 8 章

域名及网络地址

随着互联网用户的不断增加，现在 DNS（Domain Name System，域名系统）几乎无人不知。人们也经常谈论 DNS 相关的专业话题。而且，不懂 DNS 的人用不了 5 分钟就能在网上搜索并学习 DNS 知识。网络的发展促使我们每个人都成了半个网络专家。

8.1 域名系统

DNS是对IP地址和域名进行相互转换的系统，其核心是DNS服务器。

什么是域名

提供网络服务的服务器端也是通过IP地址区分的，但几乎不可能以非常难记的IP地址形式交换服务器端地址信息。因此，将容易记、易表述的域名分配并取代IP地址。

DNS 服务器

在浏览器地址栏中输入Naver网站的IP地址222.122.195.5即可浏览Naver网站主页。但我们通常输入Naver网站的域名www.naver.com访问网站。二者之间究竟有何区别?

从进入Naver网站主页这一结果上看，没有区别，但接入过程不同。域名是赋予服务器端的虚拟地址，而非实际地址。因此，需要将虚拟地址转化为实际地址。那如何将域名变为IP地址呢?DNS服务器担此重任，可以向DNS服务器请求转换地址。

"请问DNS服务器，www.naver.com的IP地址是多少？"

所有计算机中都记录着默认DNS服务器地址，就是通过这个默认DNS服务器得到相应域名的IP地址信息。在浏览器地址栏中输入域名后，浏览器通过默认DNS服务器获取该域名对应的IP地址信息，之后才真正接入该网站。

提 示

ping & nslookup

除非商业需要，否则一般不会轻易改变服务器域名，但会相对频繁地改变服务器 IP 地址。如果各位想了解某个域名对应的 IP 地址信息，可以在控制台窗口输入如下内容：

```
ping www.naver.com
```

这样即可知道某一域名对应的 IP 地址。ping 命令用来验证 IP 数据报是否到达目的地，但执行过程中会同时经过“域名到 IP 地址”的转换过程，因此可以通过此命令查看 IP 地址。另外，若各位想知道自己计算机中注册的默认 DNS 服务器地址，可以输入如下命令：

```
nslookup
```

在 Linux 系统中输入上述命令后，会提示进一步输入信息，此时可以输入 server 得到默认 DNS 服务器地址。

计算机内置的默认DNS服务器并不知道网络上所有域名的IP地址信息。若该DNS服务器无法解析，则会询问其他DNS服务器，并提供给用户，如图8-1所示。

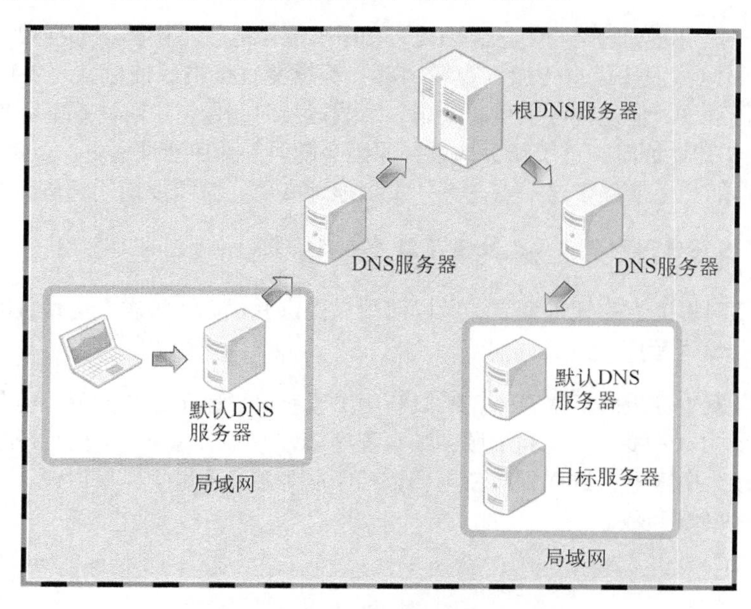

图8-1　DNS和请求获取IP地址信息

图8-1展示了默认DNS服务器无法解析主机询问的域名IP地址时的应答过程。可以看出，默认DNS服务器收到自己无法解析的请求时，向上级DNS服务器询问。通过这种方式逐级向上传递信息，到达顶级DNS服务器——根DNS服务器时，它知道该向哪个DNS服务器询问。向下级DNS传递解析请求，得到IP地址后原路返回，最后将解析的IP地址传递到发起请求的主机。DNS就是这样层次化管理的一种分布式数据库系统。

8.2　IP 地址和域名之间的转换

8.1节讲解了域名和IP地址之间的转换过程，本节介绍通过程序向DNS服务器发出解析请求的方法。

程序中有必要使用域名吗？

"所有学习都要在开始前认识到其必要性！"这是我经常挂在嘴边的一句话。从语言的基本语法到系统函数，若无法回答"这到底有何必要？"学习过程将变得枯燥无味，而且很容易遗忘。最头疼的是，学完之后很难应用。我们为什么需要将要讨论的转换函数？为了查看某一域名的IP地址吗？当然不是！下面通过示例解释原因。假设各位是运营www.SuperOrange.com域名的公司系统工程师，需要开发客户端使用公司提供的服务。该客户端需要接入如下服务器地址：

IP 211.102.204.12, PORT 2012

应向程序用户提供便利的运行方法，因此，程序不能像运行示例程序那样要求用户输入IP和端口信息。那该如何将上述信息传递到程序内部？难道要直接将地址信息写入程序代码吗？当然，这样便于运行程序，但这种方案也有问题。系统运行时，保持IP地址并不容易。特别是依赖ISP服务提供者维护IP地址时，系统相关的各种原因会随时导致IP地址变更。虽然ISP会保证维持原有IP，但程序不能完全依赖于这一点。万一发生地址变更，就需要向用户进行如下解释：

"请卸载当前使用的程序，到主页下载并重新安装v1.2。"

那么，因为随时可能发生地址变更，所以向用户提供源代码，每次变更地址时让用户改变IP和端口号，并重新编译程序，这又如何？

IP地址比域名发生变更的概率要高，所以利用IP地址编写程序并非上策。还有什么办法呢？一旦注册域名可能永久不变，因此利用域名编写程序会好一些。这样，每次运行程序时根据域名获取IP地址，再接入服务器，这样程序就不会依赖于服务器IP地址了。所以说，程序中也需要IP地址和域名之间的转换函数。

利用域名获取 IP 地址

使用以下函数可以通过传递字符串格式的域名获取IP地址。

```
#include <netdb.h>

struct hostent * gethostbyname(const char * hostname);
```

→ 成功时返回 hostent 结构体地址，失败时返回 NULL 指针。

这个函数使用方便。只要传递域名字符串，就会返回域名对应的IP地址。只是返回时，地址信息装入hostent结构体。此结构体定义如下。

```
struct hostent
{
    char * h_name;          //official name
    char ** h_aliases;      //alias list
    int h_addrtype;         //host address type
    int h_length;           //address length
    char ** h_addr_list;    //address list
}
```

从上述结构体定义中可以看出，不只返回IP信息，同时还连带着其他信息。各位不用想得太过复杂。域名转IP时只需关注h_addr_list。下面简要说明上述结构体各成员。

h_name

该变量中存有官方域名（Official domain name）。官方域名代表某一主页，但实际上，一些著名公司的域名并未用官方域名注册。

h_aliases

可以通过多个域名访问同一主页。同一IP可以绑定多个域名，因此，除官方域名外还可指定其他域名。这些信息可以通过h_aliases获得。

h_addrtype

gethostbyname函数不仅支持IPv4，还支持IPv6。因此可以通过此变量获取保存在h_addr_list的IP地址的地址族信息。若是IPv4，则此变量存有AF_INET。

h_length

保存IP地址长度。若是IPv4地址，因为是4个字节，则保存4；IPv6时，因为是16个字节，故保存16。

- h_addr_list

这是最重要的成员。通过此变量以整数形式保存域名对应的IP地址。另外，用户较多的网站有可能分配多个IP给同一域名，利用多个服务器进行负载均衡。此时同样可以通过此变量获取IP地址信息。

调用gethostbyname函数后返回的hostent结构体的变量结构如图8-2所示，该图在实际编程中非常有用，希望大家结合之前的hostent结构体定义加以理解。

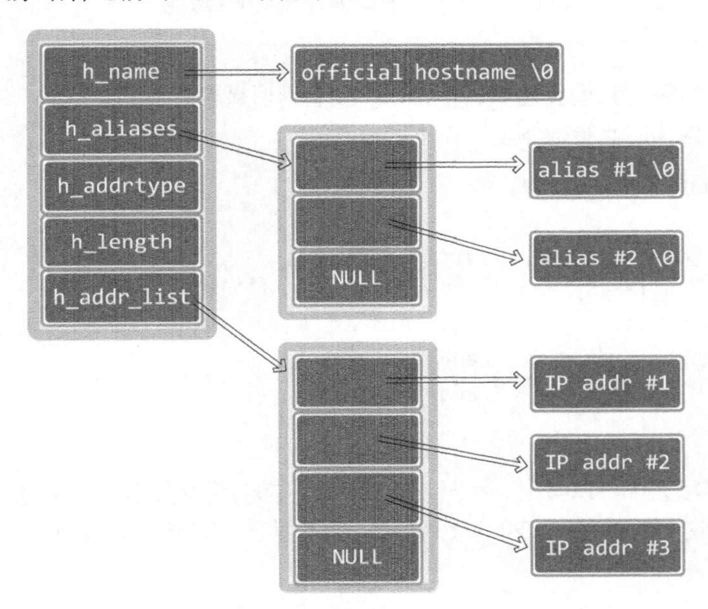

图8-2　hostent结构体变量

下列示例主要演示gethostbyname函数的应用，并说明hostent结构体变量的特性。

❖ gethostbyname.c

```
1.  #include <stdio.h>
2.  #include <stdlib.h>
3.  #include <unistd.h>
4.  #include <arpa/inet.h>
5.  #include <netdb.h>
6.  void error_handling(char *message);
7.
8.  int main(int argc, char *argv[])
9.  {
10.     int i;
```

```
11.     struct hostent *host;
12.     if(argc!=2) {
13.         printf("Usage : %s <addr>\n", argv[0]);
14.         exit(1);
15.     }
16.
17.     host=gethostbyname(argv[1]);
18.     if(!host)
19.         error_handling("gethost... error");
20.
21.     printf("Official name: %s \n", host->h_name);
22.     for(i=0; host->h_aliases[i]; i++)
23.         printf("Aliases %d: %s \n", i+1, host->h_aliases[i]);
24.     printf("Address type: %s \n",
25.         (host->h_addrtype==AF_INET)?"AF_INET":"AF_INET6");
26.     for(i=0; host->h_addr_list[i]; i++)
27.         printf("IP addr %d: %s \n", i+1,
28.             inet_ntoa(*(struct in_addr*)host->h_addr_list[i]));
29.     return 0;
30. }
31.
32. void error_handling(char *message)
33. {
34.     fputs(message, stderr);
35.     fputc('\n', stderr);
36.     exit(1);
37. }
```

- 第17行：将通过main函数传递的字符串用作参数调用gethostbyname。
- 第21行：输出官方域名。
- 第22、23行：输出除官方域名以外的域名。这样编写循环语句的原因可从图8-2中找到答案。
- 第26~28行：输出IP地址信息。但多了令人感到困惑的类型转换。关于这一点稍后将给出说明。

❖ 运行结果：gethostbyname.c

```
root@my_linux:/tcpip# gcc gethostbyname.c -o hostname
root@my_linux:/tcpip# ./hostname www.naver.com
Official name: www.g.naver.com
Aliases 1: www.naver.com
Address type: AF_INET
IP addr 1: 202.131.29.70
IP addr 2: 222.122.195.6
```

我利用Naver网站域名运行了上述示例，大家可以任选一个域名进行检验。现在讨论上述示例的第26~28行。若只看hostent结构体的定义，结构体成员h_addr_list指向字符串指针数组（由多个字符串地址构成的数组)。但字符串指针数组中的元素实际指向的是(实际保存的是)in_addr结构体变量地址值而非字符串，如图8-3所示。

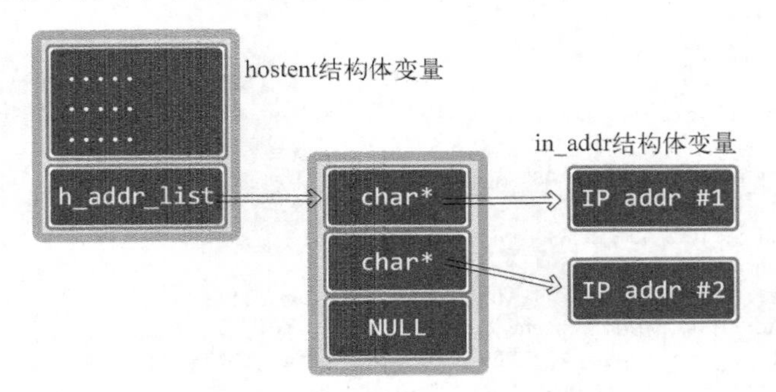

图8-3　h_addr_list结构体成员

图8-3给出了h_addr_list结构体的参照关系。正因如此，示例的第28行需要进行类型转换，并调用inet_ntoa函数。另外，in_addr结构体的声明可以参考第3章。

提 示

为什么是 char*而不是 in_addr*

hostent 结构体的成员 h_addr_list 指向的数组类型并不是 in_addr 结构体的指针数组，而是采用了 char 指针。各位也许对这一点感到困惑，但我认为大家应该能料到。hostent 结构体并非只为 IPv4 准备。h_addr_list 指向的数组中也可以保存 IPv6 地址信息。因此，考虑到通用性，声明为 char 指针类型的数组。

“声明为 void 指针类型是否更合理？”

若能想到这一点，说明对 C 语言掌握非常到位。当然如此。指针对象不明确时，更适合使用 void 指针类型。但各位目前学习的套接字相关函数都是在 void 指针标准化之前定义的，而当时无法明确指出指针类型时采用的是 char 指针。

利用 IP 地址获取域名

之前介绍的gethostbyname函数利用域名获取包括IP地址在内的域相关信息。而gethostbyaddr函数利用IP地址获取域相关信息。

```
#include <netdb.h>

struct hostent * gethostbyaddr(const char * addr, socklen_t len, int family);
```

→ 成功时返回 hostent 结构体变量地址值，失败时返回 NULL 指针。

- addr 含有IP地址信息的in_addr结构体指针。为了同时传递IPv4地址之外的其他信息，该变量的类型声明为char指针。
- len 向第一个参数传递的地址信息的字节数，IPv4时为4，IPv6时为16。
- family 传递地址族信息，IPv4时为AF_INET，IPv6时为AF_INET6。

如果已经彻底掌握gethostbyname函数，那么上述函数理解起来并不难。下面通过示例演示该函数的使用方法。

❖ gethostbyaddr.c

```
1.  #include <stdio.h>
2.  #include <stdlib.h>
3.  #include <string.h>
4.  #include <unistd.h>
5.  #include <arpa/inet.h>
6.  #include <netdb.h>
7.  void error_handling(char *message);
8.
9.  int main(int argc, char *argv[])
10. {
11.     int i;
12.     struct hostent *host;
13.     struct sockaddr_in addr;
14.     if(argc!=2) {
15.         printf("Usage : %s <IP>\n", argv[0]);
16.         exit(1);
17.     }
18.
19.     memset(&addr, 0, sizeof(addr));
20.     addr.sin_addr.s_addr=inet_addr(argv[1]);
21.     host=gethostbyaddr((char*)&addr.sin_addr, 4, AF_INET);
22.     if(!host)
23.         error_handling("gethost... error");
24.
25.     printf("Official name: %s \n", host->h_name);
26.     for(i=0; host->h_aliases[i]; i++)
27.         printf("Aliases %d: %s \n", i+1, host->h_aliases[i]);
28.     printf("Address type: %s \n",
29.         (host->h_addrtype==AF_INET)?"AF_INET":"AF_INET6");
30.     for(i=0; host->h_addr_list[i]; i++)
31.         printf("IP addr %d: %s \n", i+1,
32.             inet_ntoa(*(struct in_addr*)host->h_addr_list[i]));
```

```
33.     return 0;
34. }
35.
36. void error_handling(char *message)
37. {
38.     fputs(message, stderr);
39.     fputc('\n', stderr);
40.     exit(1);
41. }
```

除第21行的gethostbyaddr函数调用过程外，与gethostbyname.c并无区别，因为函数调用的结果是通过hostent结构体变量地址值传递的。

❖ 运行结果：gethostbyaddr.c

```
root@my_linux:/tcpip# gcc gethostbyaddr.c -o hostaddr
root@my_linux:/tcpip# ./hostaddr 74.125.19.106
Official name: nuq04s01-in-f106.google.com
Address type: AF_INET
IP addr 1: 74.125.19.106
```

我通过ping命令得到了Google的IP地址，并利用此信息运行了示例。从运行结果可以看到，记录于DNS的官方主页地址具有特殊格式。

8.3 基于 Windows 的实现

Windows平台中也有类似功能的同名函数，因此无需经过太多变更。先介绍gethostbyname函数。

```
#include <winsock2.h>

struct hostent * gethostbyname(const char * name);
```

➔ 成功时返回 hostent 结构体变量地址值，失败时返回 NULL 指针。

函数名、参数及返回类型与Linux中没有区别，故省略，继续介绍下一函数。

```
#include <winsock2.h>

struct hostent * gethostbyaddr(const char * addr, int len, int type);
```

➔ 成功时返回 hostent 结构体变量地址值，失败时返回 NULL 指针。

上述函数也与Linux中的函数完全一致，故省略，下面在示例中进行实际调用。

❖ gethostbyname_win.c

```
1.  #include <stdio.h>
2.  #include <stdlib.h>
3.  #include <winsock2.h>
4.  void ErrorHandling(char *message);
5.  
6.  int main(int argc, char *argv[])
7.  {
8.      WSADATA wsaData;
9.      int i;
10.     struct hostent *host;
11.     if(argc!=2) {
12.         printf("Usage : %s <addr>\n", argv[0]);
13.         exit(1);
14.     }
15.     if(WSAStartup(MAKEWORD(2, 2), &wsaData)!=0)
16.         ErrorHandling("WSAStartup() error!");
17. 
18.     host=gethostbyname(argv[1]);
19.     if(!host)
20.         ErrorHandling("gethost... error");
21. 
22.     printf("Official name: %s \n", host->h_name);
23.     for(i=0; host->h_aliases[i]; i++)
24.         printf("Aliases %d: %s \n", i+1, host->h_aliases[i]);
25.     printf("Address type: %s \n",
26.         (host->h_addrtype==AF_INET)?"AF_INET":"AF_INET6");
27.     for(i=0; host->h_addr_list[i]; i++)
28.         printf("IP addr %d: %s \n", i+1,
29.             inet_ntoa(*(struct in_addr*)host->h_addr_list[i]));
30.     WSACleanup();
31.     return 0;
32. }
33. 
34. void ErrorHandling(char *message)
35. {
36.     fputs(message, stderr);
37.     fputc('\n', stderr);
38.     exit(1);
39. }
```

❖ gethostbyaddr_win.c

```
1.  #include <stdio.h>
2.  #include <stdlib.h>
3.  #include <string.h>
4.  #include <winsock2.h>
5.  void ErrorHandling(char *message);
```

```
6.
7.  int main(int argc, char *argv[])
8.  {
9.      WSADATA wsaData;
10.     int i;
11.     struct hostent *host;
12.     SOCKADDR_IN addr;
13.     if(argc!=2) {
14.         printf("Usage : %s <IP>\n", argv[0]);
15.         exit(1);
16.     }
17.     if(WSAStartup(MAKEWORD(2, 2), &wsaData)!=0)
18.         ErrorHandling("WSAStartup() error!");
19.
20.     memset(&addr, 0, sizeof(addr));
21.     addr.sin_addr.s_addr=inet_addr(argv[1]);
22.     host=gethostbyaddr((char*)&addr.sin_addr, 4, AF_INET);
23.     if(!host)
24.         ErrorHandling("gethost... error");
25.
26.     printf("Official name: %s \n", host->h_name);
27.     for(i=0; host->h_aliases[i]; i++)
28.         printf("Aliases %d: %s \n", i+1, host->h_aliases[i]);
29.     printf("Address type: %s \n",
30.         (host->h_addrtype==AF_INET)?"AF_INET":"AF_INET6");
31.     for(i=0; host->h_addr_list[i]; i++)
32.         printf("IP addr %d: %s \n", i+1,
33.             inet_ntoa(*(struct in_addr*)host->h_addr_list[i]));
34.     WSACleanup();
35.     return 0;
36. }
37.
38. void ErrorHandling(char *message)
39. {
40.     fputs(message, stderr);
41.     fputc('\n', stderr);
42.     exit(1);
43. }
```

各位可能也会认为没必要给出运行结果，故省略。基于Windows的实现相关讲解到此结束。

8.4　习题

(1) 下列关于DNS的说法错误的是？

a. 因为DNS存在，故可以用域名替代IP。

b. DNS服务器实际上是路由器，因为路由器根据域名决定数据路径。

c. 所有域名信息并非集中于1台DNS服务器，但可以获取某一DNS服务器中未注册的IP地址。

d. DNS服务器根据操作系统进行区分，Windows下的DNS服务器和Linux下的DNS服务器是不同的。

(2) 阅读如下对话，并说明东秀的解决方案是否可行。这些都是大家可以在大学计算机实验室验证的内容。

- 静洙："东秀吗？我们学校网络中使用的默认DNS服务器发生了故障，无法访问我要投简历的公司主页！有没有办法解决？"
- 东秀："网络连接正常，但DNS服务器发生了故障？"
- 静洙："恩！有没有解决方法？是不是要去周围的网吧？"
- 东秀："有那必要吗？我把我们学校的DNS服务器IP地址告诉你，你改一下你的默认DNS服务器地址。"
- 静洙："这样可以吗？默认DNS服务器必须连接到本地网络吧！"
- 东秀："不是！上次我们学校DNS服务器发生故障时，网管就给了我们其他DNS服务器的IP地址呢。"
- 静洙："那是因为你们学校有多台DNS服务器！"
- 东秀："是吗？你的话好像也有道理。那你快去网吧吧！"

(3) 在浏览器地址栏输入www.orentec.co.kr，并整理出主页显示过程。假设浏览器访问的默认DNS服务器中并没有关于www.orentec.co.kr的IP地址信息。

第9章 套接字的多种可选项

套接字具有多种特性，这些特性可通过可选项更改。本章将介绍更改套接字可选项的方法，并以此为基础进一步观察套接字内部。

9.1 套接字可选项和I/O缓冲大小

我们进行套接字编程时往往只关注数据通信，而忽略了套接字具有的不同特性。但是，理解这些特性并根据实际需要进行更改也十分重要。

套接字多种可选项

我们之前写的程序都是创建好套接字后（未经特别操作）直接使用的，此时通过默认的套接字特性进行数据通信。之前的示例较为简单，无需特别操作套接字特性，但有时的确需要更改。表9-1列出了一部分套接字可选项。

表9-1 可设置套接字的多种可选项

协议层	选项名	读取	设置
SOL_SOCKET	SO_SNDBUF	O	O
	SO_RCVBUF	O	O
	SO_REUSEADDR	O	O
	SO_KEEPALIVE	O	O
	SO_BROADCAST	O	O
	SO_DONTROUTE	O	O
	SO_OOBINLINE	O	O
	SO_ERROR	O	X
	SO_TYPE	O	X
IPPROTO_IP	IP_TOS	O	O
	IP_TTL	O	O
	IP_MULTICAST_TTL	O	O
	IP_MULTICAST_LOOP	O	O
	IP_MULTICAST_IF	O	O

（续）

协议层	选项名	读取	设置
IPPROTO_TCP	TCP_KEEPALIVE	O	O
	TCP_NODELAY	O	O
	TCP_MAXSEG	O	O

从表9-1中可以看出，套接字可选项是分层的。IPPROTO_IP层可选项是IP协议相关事项，IPPROTO_TCP层可选项是TCP协议相关的事项，SOL_SOCKET层是套接字相关的通用可选项。

也许有人看到表格会产生畏惧感，但现在无需全部背下来或理解，因此不必有负担。实际能够设置的可选项数量是表9-1的好几倍，也无需一下子理解所有可选项，实际工作中逐一掌握即可。接触的可选项多了，自然会掌握大部分重要的。本书也只介绍其中一部分重要的可选项含义及更改方法。

getsockopt & setsockopt

我们几乎可以针对表9-1中的所有可选项进行读取（Get）和设置（Set）（当然，有些可选项只能进行一种操作）。可选项的读取和设置通过如下2个函数完成。

```
#include <sys/socket.h>

int getsockopt(int sock, int level, int optname, void *optval, socklen_t *optlen);

    → 成功时返回 0，失败时返回-1。
```

- sock　用于查看选项套接字文件描述符。
- level　要查看的可选项的协议层。
- optname　要查看的可选项名。
- optval　保存查看结果的缓冲地址值。
- optlen　向第四个参数optval传递的缓冲大小。调用函数后，该变量中保存通过第四个参数返回的可选项信息的字节数。

上述函数用于读取套接字可选项，并不难。接下来介绍更改可选项时调用的函数。

```
#include <sys/socket.h>

int setsockopt(int sock, int level, int optname, const void *optval, socklen_t optlen);

    → 成功时返回 0，失败时返回-1。
```

- sock　用于更改可选项的套接字文件描述符。
- level　要更改的可选项协议层。
- optname　要更改的可选项名。
- optval　保存要更改的选项信息的缓冲地址值。
- optlen　向第四个参数optval传递的可选项信息的字节数。

接下来介绍这些函数的调用方法。关于setsockopt函数的调用方法在其他示例中给出，先介绍getsockopt函数的调用方法。下列示例用协议层为SOL_SOCKET、名为SO_TYPE的可选项查看套接字类型（TCP或UDP）。

❖ sock_type.c

```
1.  #include <stdio.h>
2.  #include <stdlib.h>
3.  #include <unistd.h>
4.  #include <sys/socket.h>
5.  void error_handling(char *message);
6.  
7.  int main(int argc, char *argv[])
8.  {
9.      int tcp_sock, udp_sock;
10.     int sock_type;
11.     socklen_t optlen;
12.     int state;
13. 
14.     optlen=sizeof(sock_type);
15.     tcp_sock=socket(PF_INET, SOCK_STREAM, 0);
16.     udp_sock=socket(PF_INET, SOCK_DGRAM, 0);
17.     printf("SOCK_STREAM: %d \n", SOCK_STREAM);
18.     printf("SOCK_DGRAM: %d \n", SOCK_DGRAM);
19. 
20.     state=getsockopt(tcp_sock, SOL_SOCKET, SO_TYPE, (void*)&sock_type, &optlen);
21.     if(state)
22.         error_handling("getsockopt() error!");
23.     printf("Socket type one: %d \n", sock_type);
24. 
25.     state=getsockopt(udp_sock, SOL_SOCKET, SO_TYPE, (void*)&sock_type, &optlen);
26.     if(state)
27.         error_handling("getsockopt() error!");
28.     printf("Socket type two: %d \n", sock_type);
29.     return 0;
30. }
31. 
32. void error_handling(char *message)
33. {
34.     fputs(message, stderr);
35.     fputc('\n', stderr);
36.     exit(1);
37. }
```

- 第15、16行：分别生成TCP、UDP套接字。
- 第17、18行：输出创建TCP、UDP套接字时传入的SOCK_STREAM、SOCK_DGRAM。
- 第20、25行：获取套接字类型信息。如果是TCP套接字，将获得SOCK_STREAM常数值1；如果是UDP套接字，则获得SOCK_DGRAM的常数值2。

❖ 运行结果：sock_type.c

```
root@my_linux:/tcpip# gcc sock_type.c -o socktype
root@my_linux:/tcpip# ./socktype
SOCK_STREAM: 1
SOCK_DGRAM: 2
Socket type one: 1
Socket type two: 2
```

上述示例给出了调用getsockopt函数查看套接字信息的方法。另外，用于验证套接字类型的SO_TYPE是典型的只读可选项，这一点可以通过下面这句话解释：

“套接字类型只能在创建时决定，以后不能再更改。”

SO_SNDBUF & SO_RCVBUF

前面介绍过，创建套接字将同时生成I/O缓冲。如果各位忘了这部分内容，可以复习第5章。接下来将介绍I/O缓冲相关可选项。

SO_RCVBUF是输入缓冲大小相关可选项，SO_SNDBUF是输出缓冲大小相关可选项。用这2个可选项既可以读取当前I/O缓冲大小，也可以进行更改。通过下列示例读取创建套接字时默认的I/O缓冲大小。

❖ get_buf.c

```
1.  #include <stdio.h>
2.  #include <stdlib.h>
3.  #include <unistd.h>
4.  #include <sys/socket.h>
5.  void error_handling(char *message);
6.
7.  int main(int argc, char *argv[])
8.  {
9.      int sock;
10.     int snd_buf, rcv_buf, state;
11.     socklen_t len;
12.
13.     sock=socket(PF_INET, SOCK_STREAM, 0);
14.     len=sizeof(snd_buf);
15.     state=getsockopt(sock, SOL_SOCKET, SO_SNDBUF, (void*)&snd_buf, &len);
```

```
16.     if(state)
17.         error_handling("getsockopt() error");
18.
19.     len=sizeof(rcv_buf);
20.     state=getsockopt(sock, SOL_SOCKET, SO_RCVBUF, (void*)&rcv_buf, &len);
21.     if(state)
22.         error_handling("getsockopt() error");
23.
24.     printf("Input buffer size: %d \n", rcv_buf);
25.     printf("Output buffer size: %d \n", snd_buf);
26.     return 0;
27. }
28.
29. void error_handling(char *message)
30. {
31.     fputs(message, stderr);
32.     fputc('\n', stderr);
33.     exit(1);
34. }
```

❖ 运行结果：get_buf.c

```
root@my_linux:/tcpip# gcc get_buf.c -o getbuf
root@my_linux:/tcpip# ./getbuf
Input buffer size: 87380
Output buffer size: 16384
```

这是我系统中的运行结果，与各位的运行结果相比可能有较大差异。接下来的程序中将更改I/O缓冲大小。

❖ set_buf.c

```
1.  #include <"头声明与get_buf.c一致，故省略。">
2.  void error_handling(char *message);
3.
4.  int main(int argc, char *argv[])
5.  {
6.      int sock;
7.      int snd_buf=1024*3, rcv_buf=1024*3;
8.      int state;
9.      socklen_t len;
10.
11.     sock=socket(PF_INET, SOCK_STREAM, 0);
12.     state=setsockopt(sock, SOL_SOCKET, SO_RCVBUF, (void*)&rcv_buf, sizeof(rcv_buf));
13.     if(state)
14.         error_handling("setsockopt() error!");
15.
16.     state=setsockopt(sock, SOL_SOCKET, SO_SNDBUF, (void*)&snd_buf, sizeof(snd_buf));
17.     if(state)
18.         error_handling("setsockopt() error!");
```

```
19.
20.     len=sizeof(snd_buf);
21.     state=getsockopt(sock, SOL_SOCKET, SO_SNDBUF, (void*)&snd_buf, &len);
22.     if(state)
23.         error_handling("getsockopt() error!");
24.
25.     len=sizeof(rcv_buf);
26.     state=getsockopt(sock, SOL_SOCKET, SO_RCVBUF, (void*)&rcv_buf, &len);
27.     if(state)
28.         error_handling("getsockopt() error!");
29.
30.     printf("Input buffer size: %d \n", rcv_buf);
31.     printf("Output buffer size: %d \n", snd_buf);
32.     return 0;
33. }
34.
35. void error_handling(char *message)
36. {
37.     fputs(message, stderr);
38.     fputc('\n', stderr);
39.     exit(1);
40. }
```

- 第12、16行：I/O缓冲大小更改为3K字节。
- 第21、26行：为了验证I/O缓冲的更改，读取缓冲大小。

❖ 运行结果：set_buf.c

```
root@my_linux:/tcpip# gcc set_buf.c -o setbuf
root@my_linux:/tcpip# ./setbuf
Input buffer size: 6144
Output buffer size: 6144
```

9

输出结果跟我们预想的完全不同，但也算合理。缓冲大小的设置需谨慎处理，因此不会完全按照我们的要求进行，只是通过调用setsockopt函数向系统传递我们的要求。如果把输出缓冲设置为0并如实反映这种设置，TCP协议将如何进行？如果要实现流控制和错误发生时的重传机制，至少要有一些缓冲空间吧？上述示例虽没有100%按照我们的请求设置缓冲大小，但也大致反映出了通过setsockopt函数设置的缓冲大小。

9.2 SO_REUSEADDR

本节的可选项SO_REUSEADDR及其相关的Time-wait状态很重要，希望大家务必理解并掌握。

发生地址分配错误（Binding Error）

学习SO_REUSEADDR可选项之前，应理解好Time-wait状态。我们读完下列示例后再讨论后续内容。

❖ reuseadr_eserver.c

```
1.  #include <stdio.h>
2.  #include <stdlib.h>
3.  #include <string.h>
4.  #include <unistd.h>
5.  #include <arpa/inet.h>
6.  #include <sys/socket.h>
7.
8.  #define TRUE 1
9.  #define FALSE 0
10. void error_handling(char *message);
11.
12. int main(int argc, char *argv[])
13. {
14.     int serv_sock, clnt_sock;
15.     char message[30];
16.     int option, str_len;
17.     socklen_t optlen, clnt_adr_sz;
18.     struct sockaddr_in serv_adr, clnt_adr;
19.     if(argc!=2) {
20.         printf("Usage : %s <port>\n", argv[0]);
21.         exit(1);
22.     }
23.
24.     serv_sock=socket(PF_INET, SOCK_STREAM, 0);
25.     if(serv_sock==-1)
26.         error_handling("socket() error");
27.     /*
28.     optlen=sizeof(option);
29.     option=TRUE;
30.     setsockopt(serv_sock, SOL_SOCKET, SO_REUSEADDR, (void*)&option, optlen);
31.     */
32.
33.     memset(&serv_adr, 0, sizeof(serv_adr));
34.     serv_adr.sin_family=AF_INET;
35.     serv_adr.sin_addr.s_addr=htonl(INADDR_ANY);
36.     serv_adr.sin_port=htons(atoi(argv[1]));
37.
38.     if(bind(serv_sock, (struct sockaddr*)&serv_adr, sizeof(serv_adr)))
39.         error_handling("bind() error");
40.     if(listen(serv_sock, 5)==-1)
41.         error_handling("listen error");
42.     clnt_adr_sz=sizeof(clnt_adr);
43.     clnt_sock=accept(serv_sock, (struct sockaddr*)&clnt_adr,&clnt_adr_sz);
44.
```

```
45.     while((str_len=read(clnt_sock,message, sizeof(message)))!= 0)
46.     {
47.         write(clnt_sock, message, str_len);
48.         write(1, message, str_len);
49.     }
50.     close(clnt_sock);
51.     close(serv_sock);
51.     return 0;
52. }
53.
54. void error_handling(char *message)
55. {
56.     fputs(message, stderr);
57.     fputc('\n', stderr);
58.     exit(1);
59. }
```

此示例是之前已实现过多次的回声服务器端，可以结合第4章介绍过的回声客户端运行。下面运行该示例，第28 ~ 30行应保持注释状态。通过如下方式终止程序：

“在客户端控制台输入Q消息，或通过CTRL+C终止程序。”

也就是说，让客户端先通知服务器端终止程序。在客户端控制台输入Q消息时调用close函数（参考第4章的echo_client.c），向服务器端发送FIN消息并经过四次握手过程。当然，输入CTRL+C时也会向服务器传递FIN消息。强制终止程序时，由操作系统关闭文件及套接字，此过程相当于调用close函数，也会向服务器端传递FIN消息。

“但看不到什么特殊现象啊？”

是的，通常都是由客户端先请求断开连接，所以不会发生特别的事情。重新运行服务器端也不成问题，但按照如下方式终止程序时则不同。

“服务器端和客户端已建立连接的状态下，向服务器端控制台输入CTRL+C，即强制关闭服务器端。”

这主要模拟了服务器端向客户端发送FIN消息的情景。但如果以这种方式终止程序，那服务器端重新运行时将产生问题。如果用同一端口号重新运行服务器端，将输出“bind() error”消息，并且无法再次运行。但在这种情况下，再过大约3分钟即可重新运行服务器端。

上述2种运行方式唯一的区别就是谁先传输FIN消息，但结果却迥然不同，原因何在呢？

Time-wait 状态

相信各位已对四次握手有了很好的理解，先观察该过程，如图9-1所示。

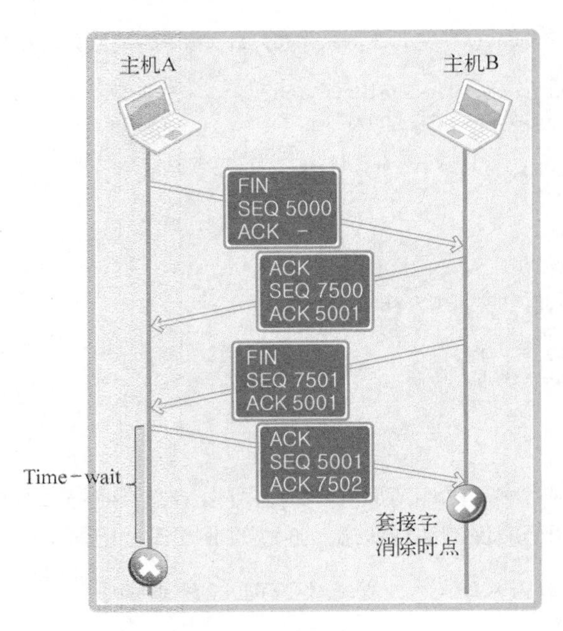

图9-1　Time-wait状态下的套接字

假设图9-1中主机A是服务器端，因为是主机A向B发送FIN消息，故可以想象成服务器端在控制台输入CTRL+C。但问题是，套接字经过四次握手过程后并非立即消除，而是要经过一段时间的Time-wait状态。当然，只有先断开连接的（先发送FIN消息的）主机才经过Time-wait状态。因此，若服务器端先断开连接，则无法立即重新运行。套接字处在Time-wait过程时，相应端口是正在使用的状态。因此，就像之前验证过的，bind函数调用过程中当然会发生错误。

提示

客户端套接字不会经过 Time-wait 过程吗?

有些人会误以为 Time-wait 过程只存在于服务器端。但实际上，不管是服务器端还是客户端，套接字都会有 Time-wait 过程。先断开连接的套接字必然会经过 Time-wait 过程。但无需考虑客户端 Time-wait 状态。因为客户端套接字的端口号是任意指定的。与服务器端不同，客户端每次运行程序时都会动态分配端口号，因此无需过多关注 Time-wait 状态。

到底为什么会有Time-wait状态呢？图9-1中假设主机A向主机B传输ACK消息（SEQ 5001、ACK 7502）后立即消除套接字。但最后这条ACK消息在传递途中丢失，未能传给主机B。这时会发生什么？主机B会认为之前自己发送的FIN消息（SEQ 7501、ACK 5001）未能抵达主机A，继而试图重传。但此时主机A已是完全终止的状态，因此主机B永远无法收到从主机A最后传来的ACK消息。相反，若主机A的套接字处在Time-wait状态，则会向主机B重传最后的ACK消息，主机B也可以正常终止。基于这些考虑，先传输FIN消息的主机应经过Time-wait过程。

地址再分配

Time-wait看似重要，但并不一定讨人喜欢。考虑一下系统发生故障从而紧急停止的情况。这时需要尽快重启服务器端以提供服务，但因处于Time-wait状态而必须等待几分钟。因此，Time-wait并非只有优点，而且有些情况下可能引发更大问题。图9-2演示了四次握手时不得不延长Time-wait过程的情况。

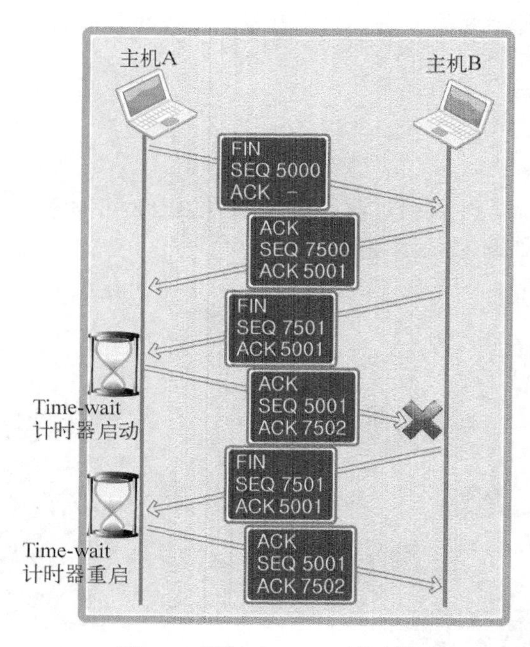

图9-2 重启Time-wait计时器

如图9-2所示，在主机A的四次握手过程中，如果最后的数据丢失，则主机B会认为主机A未能收到自己发送的FIN消息，因此重传。这时，收到FIN消息的主机A将重启Time-wait计时器。因此，如果网络状况不理想，Time-wait状态将持续。

解决方案就是在套接字的可选项中更改SO_REUSEADDR的状态。适当调整该参数，可将Time-wait状态下的套接字端口号重新分配给新的套接字。SO_REUSEADDR的默认值为0（假），这就意味着无法分配Time-wait状态下的套接字端口号。因此需要将这个值改成1（真）。具体做法已在示例reuseadr_eserver.c中给出，只需去掉下述代码的注释即可。

```
optlen=sizeof(option);
option=TRUE;
setsockopt(serv_sock, SOL_SOCKET, SO_REUSEADDR, (void*) &option, optlen);
```

各位是否去掉了注释？既然服务器端reuseadr_eserver.c已变成可随时运行的状态，希望大家在Time-wait状态下验证其能否重新运行。

9.3 TCP_NODELAY

我教Java网络编程时，经常被问及如下问题：

"什么是Nagle算法？使用该算法能够获得哪些数据通信特性？"

我被问到这个问题时感到特别高兴，因为开发人员容易忽视的一个问题就是Nagle算法，下面进行详细讲解。

Nagle 算法

为防止因数据包过多而发生网络过载，Nagle算法在1984年诞生了。它应用于TCP层，非常简单。其使用与否会导致如图9-3所示差异。

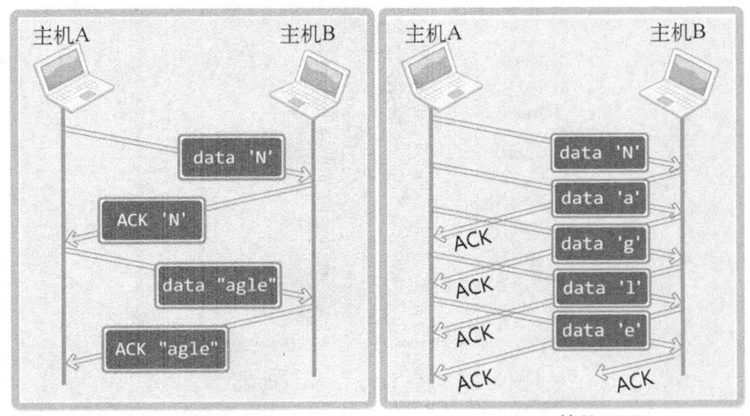

图9-3 Nagle算法

图9-3展示了通过Nagle算法发送字符串"Nagle"和未使用Nagle算法的差别。可以得到如下结论：

"只有收到前一数据的ACK消息时，Nagle算法才发送下一数据。"

TCP套接字默认使用Nagle算法交换数据，因此最大限度地进行缓冲，直到收到ACK。图9-3左侧正是这种情况。为了发送字符串"Nagle"，将其传递到输出缓冲。这时头字符"N"之前没有其他数据（没有需接收的ACK），因此立即传输。之后开始等待字符"N"的ACK消息，等待过程中，剩下的"agle"填入输出缓冲。接下来，收到字符"N"的ACK消息后，将输出缓冲的

“agle”装入一个数据包发送。也就是说，共需传递4个数据包以传输1个字符串。

接下来分析未使用Nagle算法时发送字符串“Nagle”的过程。假设字符“N”到“e”依序传到输出缓冲。此时的发送过程与ACK接收与否无关，因此数据到达输出缓冲后将立即被发送出去。从图9-3右侧可以看到，发送字符串“Nagle”时共需10个数据包。由此可知，不使用Nagle算法将对网络流量（Traffic：指网络负载或混杂程度）产生负面影响。即使只传输1个字节的数据，其头信息都有可能是几十个字节。因此，为了提高网络传输效率，必须使用Nagle算法。

提 示

图9-3是极端情况的演示

在程序中将字符串传给输出缓冲时并不是逐字传递的，故发送字符串“Nagle”的实际情况并非如图9-3所示。但如果隔一段时间再把构成字符串的字符传到输出缓冲（如果存在此类数据传递）的话，则有可能产生类似图9-3的情况。图9-3中就是隔一段时间向输出缓冲传递待发送数据的。

但Nagle算法并不是什么时候都适用。根据传输数据的特性，网络流量未受太大影响时，不使用Nagle算法要比使用它时传输速度快。最典型的是“传输大文件数据”。将文件数据传入输出缓冲不会花太多时间，因此，即便不使用Nagle算法，也会在装满输出缓冲时传输数据包。这不仅不会增加数据包的数量，反而会在无需等待ACK的前提下连续传输，因此可以大大提高传输速度。

一般情况下，不使用Nagle算法可以提高传输速度。但如果无条件放弃使用Nagle算法，就会增加过多的网络流量，反而会影响传输。因此，未准确判断数据特性时不应禁用Nagle算法。

禁用 Nagle 算法

刚才说过的“大文件数据”应禁用Nagle算法。换言之，如果有必要，就应禁用Nagle算法。

“Nagle算法使用与否在网络流量上差别不大，使用Nagle算法的传输速度更慢”

禁用方法非常简单。从下列代码也可看出，只需将套接字可选项TCP_NODELAY改为1（真）即可。

```
int opt_val=1;
setsockopt(sock, IPPROTO_TCP, TCP_NODELAY, (void *) &opt_val, sizeof(opt_val));
```

可以通过TCP_NODELAY的值查看Nagle算法的设置状态。

```
int opt_val;
socklen_t opt_len;
```

```
opt_len=sizeof(opt_val);
getsockopt(sock, IPPROTO_TCP, TCP_NODELAY, (void*) &opt_val, &opt_len);
```

如果正在使用Nagle算法，opt_val变量中会保存0；如果已禁用Nagle算法，则保存1。

9.4 基于 Windows 的实现

套接字可选项及其相关内容与操作系统无关，特别是本章的可选项，它们是TCP套接字的相关内容，因此在Windows平台与Linux平台下并无区别。接下来介绍更改和读取可选项的2个函数。

```
#include <winsock2.h>

int getsockopt(SOCKET sock, int level, int optname, char * optval, int * optlen);
```

➔ 成功时返回 0，失败时返回 SOCKET_ERROR。

- sock　要查看可选项的套接字句柄。
- level　要查看的可选项协议层。
- optname　要查看的可选项名。
- optval　保存查看结果的缓冲地址值。
- optlen　向第四个参数optval传递的缓冲大小。调用结束后，该变量中保存通过第四个参数返回的可选项字节数。

可以看到，除了optval类型变成char指针外，与Linux中的getsockopt函数相比并无太大区别（Linux中是void型指针）。将Linux中的示例移植到Windows时，应做适当的类型转换。接下来给出setsockopt函数。

```
#include <winsock2.h>

int setsockopt(SOCKET sock, int level, int optname, const char* optval, int
optlen);
```

➔ 成功时返回 0，失败时返回 SOCKET_ERROR。

- sock　要更改可选项的套接字句柄。
- level　要更改的可选项协议层。
- optname　要更改的可选项名。
- optval　保存要更改的可选项信息的缓冲地址值。
- optlen　传入第四个参数optval的可选项信息的字节数。

setsockopt函数也与Linux版的毫无二致。各位应更关注可选项的含义而非设置方法。最后，利用上述2个函数编写示例。之前在Linux中验证过套接字I/O缓冲大小，现将其改成基于Windows的实现。

❖ buf_win.c

```
1.  #include <stdio.h>
2.  #include <stdlib.h>
3.  #include <string.h>
4.  #include <winsock2.h>
5.  void ErrorHandling(char *message);
6.  void ShowSocketBufSize(SOCKET sock);
7.  
8.  int main(int argc, char *argv[])
9.  {
10.     WSADATA wsaData;
11.     SOCKET hSock;
12.     int sndBuf, rcvBuf, state;
13.     if(WSAStartup(MAKEWORD(2, 2), &wsaData) != 0)
14.         ErrorHandling("WSAStartup() error!");
15. 
16.     hSock=socket(PF_INET, SOCK_STREAM, 0);
17.     ShowSocketBufSize(hSock);
18. 
19.     sndBuf=1024*3, rcvBuf=1024*3;
20.     state=setsockopt(hSock, SOL_SOCKET, SO_SNDBUF, (char*)&sndBuf, sizeof(sndBuf));
21.     if(state==SOCKET_ERROR)
22.         ErrorHandling("setsockopt() error!");
23. 
24.     state=setsockopt(hSock, SOL_SOCKET, SO_RCVBUF, (char*)&rcvBuf, sizeof(rcvBuf));
25.     if(state==SOCKET_ERROR)
26.         ErrorHandling("setsockopt() error!");
27. 
28.     ShowSocketBufSize(hSock);
29.     closesocket(hSock);
30.     WSACleanup();
31.     return 0;
32. }
33. 
34. void ShowSocketBufSize(SOCKET sock)
35. {
36.     int sndBuf, rcvBuf, state, len;
37. 
38.     len=sizeof(sndBuf);
39.     state=getsockopt(sock, SOL_SOCKET, SO_SNDBUF, (char*)&sndBuf, &len);
40.     if(state==SOCKET_ERROR)
41.         ErrorHandling("getsockopt() error");
42. 
43.     len=sizeof(rcvBuf);
44.     state=getsockopt(sock, SOL_SOCKET, SO_RCVBUF, (char*)&rcvBuf, &len);
45.     if(state==SOCKET_ERROR)
46.         ErrorHandling("getsockopt() error");
```

9

```
47.
48.     printf("Input buffer size: %d \n", rcvBuf);
49.     printf("Output buffer size: %d \n", sndBuf);
50. }
51.
52. void ErrorHandling(char *message)
53. {
54.     fputs(message, stderr);
55.     fputc('\n', stderr);
56.     exit(1);
57. }
```

❖ 运行结果：buf_win.c

```
Input buffer size: 8192
Output buffer size: 8192
Input buffer size: 3072
Output buffer size: 3072
```

系统不同可能导致不同结果。但可以通过上述示例获取系统默认I/O缓冲大小，同时也可以得到更改之后实际使用的缓冲大小。

9.5　习题

(1) 下列关于Time-wait状态的说法错误的是？

a. Time-wait状态只在服务器端的套接字中发生。
b. 断开连接的四次握手过程中，先传输FIN消息的套接字将进入Time-wait状态。
c. Time-wait状态与断开连接的过程无关，而与请求连接过程中SYN消息的传输顺序有关。
d. Time-wait状态通常并非必要，应尽可能通过更改套接字可选项防止其发生。

(2) TCP_NODELAY可选项与Nagle算法有关，可通过它禁用Nagle算法。请问何时应考虑禁用Nagle算法？结合收发数据的特性给出说明。

第 10 章 多进程服务器端

大家已对套接字编程有了一定的理解，但要想实现真正的服务器端，只凭这些内容还不够。因此，现在开始学习构建实际网络服务所需内容。

10.1 进程概念及应用

利用之前学习到的内容，我们可以构建按序向第一个客户端到第一百个客户端提供服务的服务器端。当然，第一个客户端不会抱怨服务器端，但如果每个客户端的平均服务时间为0.5秒，则第100个客户端会对服务器端产生相当大的不满。

两种类型的服务器端

如果真正为客户端着想，应提高客户端满意度平均标准。如果有下面这种类型的服务器端，各位应该感到满意了吧。

"第一个连接请求的受理时间为0秒，第50个连接请求的受理时间为50秒，第100个连接请求的受理时间为100秒！但只要受理，服务只需1秒钟。"

如果排在前面的请求数能用一只手数清，客户端当然会对服务器端感到满意。但只要超过这个数，客户端就会开始抱怨。还不如用下面这种方式提供服务。

"所有连接请求的受理时间不超过1秒，但平均服务时间为2~3秒。"

大家无需过多考虑到底哪种服务器端好一些，只需假设收看网络视频课程，而且其顺序是第100位，就能得出结论。因此，接下来讨论如何提高客户端满意度平均标准。

并发服务器端的实现方法

即使有可能延长服务时间，也有必要改进服务器端，使其同时向所有发起请求的客户端提供服务，以提高平均满意度。而且，网络程序中数据通信时间比CPU运算时间占比更大，因此，向多个客户端提供服务是一种有效利用CPU的方式。接下来讨论同时向多个客户端提供服务的并发服务器端。下面列出的是具有代表性的并发服务器端实现模型和方法。

- 多进程服务器：通过创建多个进程提供服务。
- 多路复用服务器：通过捆绑并统一管理I/O对象提供服务。
- 多线程服务器：通过生成与客户端等量的线程提供服务。

先讲解第一种方法：多进程服务器。这种方法不适合在Windows平台下（Windows不支持）讲解，因此将重点放在Linux平台。若各位不太关心基于Linux的实现，可以直接跳到第12章。不过还是希望大家尽可能浏览一下，因为本章内容有助于理解服务器端构建方法。

理解进程（Process）

接下来了解多进程服务器实现的重点内容——进程，其定义如下：

"占用内存空间的正在运行的程序"

假如各位从网上下载了LBreakout游戏并安装到硬盘。此时的游戏并非进程，而是程序。因为游戏并未进入运行状态。下面开始运行程序。此时游戏被加载到主内存并进入运行状态，这时才可称为进程。如果同时运行多个LBreakout程序，则会生成相应数量的进程，也会占用相应进程数的内存空间。

再举个例子。假设各位需要进行文档相关操作，这时应打开文档编辑软件。如果工作的同时还想听音乐，应打开MP3播放器。另外，为了与朋友聊天，再打开MSN软件。此时共创建3个进程。从操作系统的角度看，进程是程序流的基本单位，若创建多个进程，则操作系统将同时运行。有时一个程序运行过程中也会产生多个进程。接下来要创建的多进程服务器就是其中的代表。编写服务器端前，先了解一下通过程序创建进程的方法。

提示

CPU核的个数与进程数

拥有2个运算设备的CPU称作双核（Daul）CPU，拥有4个运算器的CPU称作4核（Quad）CPU。也就是说，1个CPU中可能包含多个运算设备（核）。核的个数与可同时运行的进程数相同。相反，若进程数超过核数，进程将分时使用CPU资源。但因为CPU运转速度极快，我们会感到所有进程同时运行。当然，核数越多，这种感觉越明显。

进程 ID

讲解创建进程方法前，先简要说明进程ID。无论进程是如何创建的，所有进程都会从操作系统分配到ID。此ID称为“进程ID”，其值为大于2的整数。1要分配给操作系统启动后的（用于协助操作系统）首个进程，因此用户进程无法得到ID值1。接下来观察Linux中正在运行的进程。

❖ 运行结果：ps 命令语句

```
root@my_linux:/tcpip# ps au
USER      PID   %CPU %MEM   VSZ    RSS TTY      STAT  START   TIME  COMMAND
root      4400  0.0  0.1   1780    524 tty4     Ss+   15:57   0:00  /sbin/getty 384
root      4401  0.0  0.1   1780    524 tty5     Ss+   15:57   0:00  /sbin/getty 384
root      4408  0.0  0.1   1780    520 tty2     Ss+   15:57   0:00  /sbin/getty 384
root      4409  0.0  0.1   1780    524 tty3     Ss+   15:57   0:00  /sbin/getty 384
root      4410  0.0  0.1   1780    524 tty6     Ss+   15:57   0:00  /sbin/getty 384
root      5155  2.2  2.9  23728 15136 tty7     Rs+   15:57   0:41  /usr/X11R6/bin/
root      5320  0.0  0.1   1780    528 tty1     Ss+   15:58   0:00  /sbin/getty 384
swyoon    6926  0.2  0.5   5736   3028 pts/0    Ss    16:27   0:00  bash
root      6946  0.0  0.2   4128   1532 pts/0    S     16:28   0:00  su
root      6952  0.0  0.3   4312   1808 pts/0    R     16:28   0:00  bash
swyoon    7006  0.3  0.5   5788   3084 pts/1    Ss+   16:28   0:00  bash
root      7033  0.0  0.1   3136   1008 pts/0    R+    16:28   0:00  ps au
```

可以看出，通过ps指令可以查看当前运行的所有进程。特别需要注意的是，该命令同时列出了PID（进程ID）。另外，上述示例通过指定a和u参数列出了所有进程详细信息。

通过调用 fork 函数创建进程

创建进程的方法很多，此处只介绍用于创建多进程服务器端的fork函数。

10

```
#include <unistd.h>

pid_t fork(void);
```

➔ 成功时返回进程 ID，失败时返回-1。

fork函数将创建调用的进程副本（概念上略难）。也就是说，并非根据完全不同的程序创建进程，而是复制正在运行的、调用fork函数的进程。另外，两个进程都将执行fork函数调用后的语句（准确地说是在fork函数返回后）。但因为通过同一个进程、复制相同的内存空间，之后的程序流要根据fork函数的返回值加以区分。即利用fork函数的如下特点区分程序执行流程。

- 父进程：fork函数返回子进程ID。
- 子进程：fork函数返回0。

此处"父进程"（Parent Process）指原进程，即调用fork函数的主体，而"子进程"（Child Process）是通过父进程调用fork函数复制出的进程。接下来讲解调用fork函数后的程序运行流程，如图10-1所示。

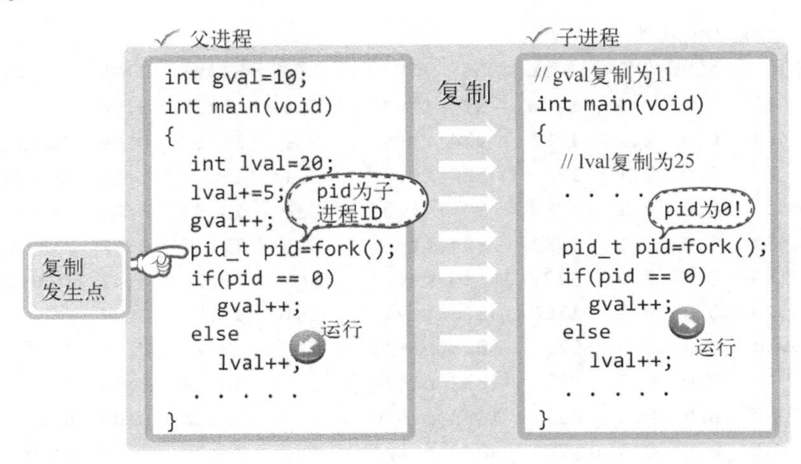

图10-1　fork函数的调用

从图10-1中可以看到，父进程调用fork函数的同时复制出子进程，并分别得到fork函数的返回值。但复制前，父进程将全局变量gval增加到11，将局部变量lval的值增加到25，因此在这种状态下完成进程复制。复制完成后根据fork函数的返回值区分父子进程。父进程将lval的值加1，但这不会影响子进程的lval值。同样，子进程将gval的值加1也不会影响到父进程的gval。因为fork函数调用后分成了完全不同的进程，只是二者共享同一代码而已。接下来给出示例验证之前的内容。

❖ fork.c

```
1.  #include <stdio.h>
2.  #include <unistd.h>
3.
4.  int gval=10;
5.  int main(int argc, char *argv[])
6.  {
7.      pid_t pid;
8.      int lval=20;
9.      gval++, lval+=5;
10.
11.     pid=fork();
12.     if(pid==0)  // if Child Process
13.         gval+=2, lval+=2;
```

```
14.     else        // if Parent Process
15.         gval-=2, lval-=2;
16.
17.     if(pid==0)
18.         printf("Child Proc: [%d, %d] \n", gval, lval);
19.     else
20.         printf("Parent Proc: [%d, %d] \n", gval, lval);
21.     return 0;
22. }
```

- 第11行：创建子进程。父进程的pid中存有子进程的ID，子进程的pid是0。
- 第12、18行：子进程执行这2行代码，因为pid为0。
- 第15、20行：父进程执行这2行代码，因为此时pid中存有子进程ID。

❖ 运行结果：fork.c

```
root@my_linux:/tcpip# gcc fork.c -o fork
root@my_linux:/tcpip# ./fork
Child Proc: [13, 27]
Parent Proc: [9, 23]
```

从运行结果可以看出，调用fork函数后，父子进程拥有完全独立的内存结构。我认为关于fork函数无需更多示例，希望各位通过该示例充分理解调用fork函数创建进程的方法。

10.2 进程和僵尸进程

文件操作中，关闭文件和打开文件同等重要。同样，进程销毁也和进程创建同等重要。如果未认真对待进程销毁，它们将变成僵尸进程困扰各位。大家可能觉得这是在开玩笑，但事实的确如此。

僵尸（Zombie）进程

大家应该听说过僵尸。恐怖电影中的僵尸可以复活，给主人公造成极大的麻烦。一两只还好对付，但它们一般都成群结队出现，给观众一种刺激和紧张感。但我们的主人公通常神通广大，即使几百只僵尸同时出现也能顺利脱险（僵尸通常行动缓慢），因为主人公知道如何对付僵尸。结局就是所有僵尸都会走向灭亡。

进程的世界同样如此。进程完成工作后（执行完main函数中的程序后）应被销毁，但有时这些进程将变成僵尸进程，占用系统中的重要资源。这种状态下的进程称作“僵尸进程”，这也是给系统带来负担的原因之一。就像电影中描述的那样，我们应该消灭这种进程。当然应掌握正确的方法，否则它会死灰复燃。

产生僵尸进程的原因

为了防止僵尸进程的产生，先解释产生僵尸进程的原因。利用如下两个示例展示调用fork函数产生子进程的终止方式。

- 传递参数并调用exit函数。
- main函数中执行return语句并返回值。

向exit函数传递的参数值和main函数的return语句返回的值都会传递给操作系统。而操作系统不会销毁子进程，直到把这些值传递给产生该子进程的父进程。处在这种状态下的进程就是僵尸进程。也就是说，将子进程变成僵尸进程的正是操作系统。既然如此，此僵尸进程何时被销毁呢？其实已经给出提示。

"应该向创建子进程的父进程传递子进程的exit参数值或return语句的返回值。"

如何向父进程传递这些值呢？操作系统不会主动把这些值传递给父进程。只有父进程主动发起请求（函数调用）时，操作系统才会传递该值。换言之，如果父进程未主动要求获得子进程的结束状态值，操作系统将一直保存，并让子进程长时间处于僵尸进程状态。也就是说，父母要负责收回自己生的孩子（也许这种描述有些不妥）。接下来的示例将创建僵尸进程。

❖ zombie.c

```
1.  #include <stdio.h>
2.  #include <unistd.h>
3.  
4.  int main(int argc, char *argv[])
5.  {
6.      pid_t pid=fork();
7.  
8.      if(pid==0)  // if Child Process
9.      {
10.         puts("Hi, I am a child process");
11.     }
12.     else
13.     {
14.         printf("Child Process ID: %d \n", pid);
15.         sleep(30);  // Sleep 30 sec.
16.     }
17. 
18.     if(pid==0)
19.         puts("End child process");
20.     else
21.         puts("End parent process");
22.     return 0;
23. }
```

代码说明

- 第14行：输出子进程ID。可以通过该值查看子进程状态（是否为僵尸进程）。
- 第15行：父进程暂停30秒。如果父进程终止，处于僵尸状态的子进程将同时销毁。因此，延缓父进程的执行以验证僵尸进程。

❖ 运行结果：zombie.c

```
root@my_linux:/tcpip# gcc zombie.c -o zombie
root@my_linux:/tcpip# ./zombie
Hi, I am a child process
End child process
Child Process ID: 10977
```

程序开始运行后，将在如上所示状态暂停。跳出这种状态前（30秒内），应验证子进程是否为僵尸进程。该验证在其他控制台窗口进行。

❖ 运行结果：僵尸进程的验证

```
root@my_linux:/tcpip# ps au
USER     PID   %CPU %MEM  VSZ   RSS  TTY    STAT  START  TIME  COMMAND
root     4409  0.0  0.1   1780   524 tty3   Ss+   15:57  0:00  /sbin/getty 384
root     4410  0.0  0.1   1780   524 tty6   Ss+   15:57  0:00  /sbin/getty 384
root     5155  2.6  4.0  30188 20856 tty7   Rs+   15:57  7:08  /usr/X11R6/bin/
. . . . . .
root     10976 0.0  0.0   1628   368 pts/0  S+    20:26  0:00  ./zombie
root     10977 0.0  0.0      0     0 pts/0  Z+    20:26  0:00  [zom] <defunct>
. . . . . .
```

可以看出，PID为10977的进程状态为僵尸进程（Z+）。另外，经过30秒的等待时间后，PID为10976的父进程和之前的僵尸子进程同时销毁。

提 示

后台处理（Background Processing）

后台处理是指将控制台窗口中的指令放到后台运行的方式。如果以如下方式运行上述示例，则程序将在后台运行（&将触发后台处理）。

```
root@my_linux:/tcpip# ./zombie &
```

如果采用这种方式运行程序，即可在同一控制台输入下列命令，无需另外打开新控制台。

```
root@my_linux:/tcpip# ps au
```

希望各位根据介绍以后台处理方式运行之前的示例。

销毁僵尸进程1：利用wait函数

如前所述，为了销毁子进程，父进程应主动请求获取子进程的返回值。接下来讨论发起请求的具体方法（幸好非常简单），共有2种，其中之一就是调用如下函数。

```
#include <sys/wait.h>

pid_t wait(int * statloc);
```

→ 成功时返回终止的子进程ID，失败时返回-1。

调用此函数时如果已有子进程终止，那么子进程终止时传递的返回值（exit函数的参数值、main函数的return返回值）将保存到该函数的参数所指内存空间。但函数参数指向的单元中还包含其他信息，因此需要通过下列宏进行分离。

- WIFEXITED 子进程正常终止时返回"真"（true）。
- WEXITSTATUS 返回子进程的返回值。

也就是说，向wait函数传递变量status的地址时，调用wait函数后应编写如下代码。

```
if(WIFEXITED(status))  //是正常终止的吗？
{
    puts("Normal termination!");
    printf("Child pass num: %d", WEXITSTATUS(status));  //那么返回值是多少？
}
```

根据上述内容编写示例，此示例中不会再让子进程变成僵尸进程。

❖ wait.c

```
1.  #include <stdio.h>
2.  #include <stdlib.h>
3.  #include <unistd.h>
4.  #include <sys/wait.h>
5.
6.  int main(int argc, char *argv[])
7.  {
8.      int status;
9.      pid_t pid=fork();
10.
11.     if(pid==0)
12.     {
13.         return 3;
14.     }
```

```
15.     else
16.     {
17.         printf("Child PID: %d \n", pid);
18.         pid=fork();
19.         if(pid==0)
20.         {
21.             exit(7);
22.         }
23.         else
24.         {
25.             printf("Child PID: %d \n", pid);
26.             wait(&status);
27.             if(WIFEXITED(status))
28.                 printf("Child send one: %d \n", WEXITSTATUS(status));
29.
30.             wait(&status);
31.             if(WIFEXITED(status))
32.                 printf("Child send two: %d \n", WEXITSTATUS(status));
33.             sleep(30);  // Sleep 30 sec.
34.         }
35.     }
36.     return 0;
37. }
```

- 第9、13行：第9行创建的子进程将在第13行通过main函数中的return语句终止。
- 第18、21行：第18行中创建的子进程将在第21行通过调用exit函数终止。
- 第26行：调用wait函数。之前终止的子进程相关信息将保存到status变量，同时相关子进程被完全销毁。
- 第27、28行：第27行中通过WIFEXITED宏验证子进程是否正常终止。如果正常退出，则调用WEXITSTATUS宏输出子进程的返回值。
- 第30~32行：因为之前创建了2个进程，所以再次调用wait函数和宏。
- 第33行：为暂停父进程终止而插入的代码。此时可以查看子进程的状态。

❖ 运行结果：wait.c

```
root@my_linux:/tcpip# gcc wait.c -o wait
root@my_linux:/tcpip# ./wait
Child PID: 12337
Child PID: 12338
Child send one: 3
Child send two: 7
```

系统中并无上述结果中的PID对应的进程，希望各位进行验证。这是因为调用了wait函数，完全销毁了该进程。另外2个子进程终止时返回的3和7传递到了父进程。

这就是通过调用wait函数消灭僵尸进程的方法。调用wait函数时，如果没有已终止的子进程，那么程序将阻塞（Blocking）直到有子进程终止，因此需谨慎调用该函数。

销毁僵尸进程 2：使用 waitpid 函数

wait函数会引起程序阻塞，还可以考虑调用waitpid函数。这是防止僵尸进程的第二种方法，也是防止阻塞的方法。

```
#include <sys/wait.h>

pid_t waitpid(pid_t pid, int * statloc, int options);
```

→ 成功时返回终止的子进程 ID（或 0），失败时返回-1。

- pid　等待终止的目标子进程的ID，若传递-1，则与wait函数相同，可以等待任意子进程终止。
- statloc　与wait函数的statloc参数具有相同含义。
- options　传递头文件sys/wait.h中声明的常量WNOHANG，即使没有终止的子进程也不会进入阻塞状态，而是返回0并退出函数。

下面介绍调用上述函数的示例。调用waitpid函数时，程序不会阻塞。各位应重点观察这点。

❖ waitpid.c

```
1.  #include <stdio.h>
2.  #include <unistd.h>
3.  #include <sys/wait.h>
4.
5.  int main(int argc, char *argv[])
6.  {
7.      int status;
8.      pid_t pid=fork();
9.
10.     if(pid==0)
11.     {
12.         sleep(15);
13.         return 24;
14.     }
15.     else
16.     {
17.         while(!waitpid(-1, &status, WNOHANG))
18.         {
19.             sleep(3);
20.             puts("sleep 3sec.");
21.         }
22.
23.         if(WIFEXITED(status))
24.             printf("Child send %d \n", WEXITSTATUS(status));
25.     }
26.     return 0;
27. }
```

- 第12行：调用sleep函数推迟子进程的执行。这会导致程序延迟15秒。
- 第17行：while循环中调用waitpid函数。向第三个参数传递WNOHANG，因此，若之前没有终止的子进程将返回0。

❖ 运行结果：waitpid.c

```
root@my_linux:/tcpip# gcc waitpid.c -o waitpid
root@my_linux:/tcpip# ./waitpid
sleep 3sec.
sleep 3sec.
sleep 3sec.
sleep 3sec.
sleep 3sec.
Child send 24
```

可以看出第20行共执行了5次。另外，这也证明waitpid函数并未阻塞。

10.3 信号处理

我们已经知道了进程创建及销毁方法，但还有一个问题没解决。

"子进程究竟何时终止？调用waitpid函数后要无休止地等待吗？"

父进程往往与子进程一样繁忙，因此不能只调用waitpid函数以等待子进程终止。接下来讨论解决方案。

向操作系统求助

子进程终止的识别主体是操作系统，因此，若操作系统能把如下信息告诉正忙于工作的父进程，将有助于构建高效的程序。

"嘿，父进程！你创建的子进程终止了！"

此时父进程将暂时放下工作，处理子进程终止相关事宜。这是不是既合理又很酷的想法呢？为了实现该想法，我们引入信号处理（Signal Handling）机制。此处的"信号"是在特定事件发生时由操作系统向进程发送的消息。另外，为了响应该消息，执行与消息相关的自定义操作的过程称为"处理"或"信号处理"。关于这两点稍后将再次说明，各位现在不用完全理解这些概念。

关于 JAVA 的题外话：保持开放思维

路途漫漫，我们稍事休息，先讨论一下JAVA。我想讨论的主题如下：

"技术上要保持开放思维。"

JAVA语言具有平台移植性，经历了长时间的发展和变化，其优势在企业级开发环境下尤为明显。理论介绍到此为止，接下来通过讨论JAVA拓宽技术视野。

JAVA在编程语言层面支持进程或线程（稍后将介绍），但C语言及C++语言并不支持。也就是说，ANSI标准并未定义支持进程或线程的函数（JAVA的方法）。但仔细想想，这也是合理的。进程或线程应该由操作系统提供支持。因此，Windows中按照Windows的方式，Linux中按照Linux的方式创建进程或线程。但JAVA为了保持平台移植性，以独立于操作系统的方式提供进程和线程的创建方法。因此，JAVA在语言层面支持进程和线程的创建。

既然如此，JAVA网络编程是否相对简单？就像大家之前学习过的，网络编程中需要一定的操作系统相关知识，因此，有些人会把网络编程当做系统编程的一部分。基于JAVA进行网络编程时，的确会摆脱特定的操作系统，所以有人会误认为JAVA网络编程相对简单。

如果在语言层面支持网络编程所需的所有机制，将延长学习时间。要通过面向对象的方法编写高性能网络程序，需要更多努力和知识。如果有机会，还是希望大家尝试JAVA网络编程，而不仅仅局限于Linux或Windows。JAVA在分布式环境中提供理想的网络编程模型，我也曾沉醉于JAVA技术。

对技术有偏见相当于限制了自己的学习范围，希望各位摒弃偏见。也许有人质疑，学习一门技术尚且困难，如何能同时学习多门技术呢？我并不是要求大家同步学习，而是希望各位以开放的思维多关注身边的技术。

提　示

写于 2003 年的文章

我于 2003 年夏写下上文，当时觉得再过几年可能需要修正其中的说法，但现在依然想用此文激励后辈，因此稍作修改后收录于本书。

信号与 signal 函数

下列进程和操作系统间的对话是帮助大家理解信号处理而编写的，其中包含了所有信号处理相关内容。

- 进程："嘿，操作系统！如果我之前创建的子进程终止，就帮我调用zombie_handler函数。"
- 操作系统："好的！如果你的子进程终止，我会帮你调用zombie_handler函数，你先把该函数要执行的语句编好！"

上述对话中进程所讲的相当于"注册信号"过程，即进程发现自己的子进程结束时，请求操作系统调用特定函数。该请求通过如下函数调用完成（因此称此函数为信号注册函数）。

```
#include <signal.h>

void (*signal(int signo, void (*func)(int)))(int);
```

➔ 为了在产生信号时调用，返回之前注册的函数指针。

上述函数的返回值类型为函数指针，因此函数声明有些繁琐。若各位不太熟悉返回值类型为函数指针的声明，希望加强学习（不懂函数指针将无法理解后续内容）。现在为了便于讲解，我将上述函数声明整理如下。

- 函数名：signal
- 参数：int signo, void (* func)(int)
- 返回类型：参数类型为int型，返回void型函数指针。

调用上述函数时，第一个参数为特殊情况信息，第二个参数为特殊情况下将要调用的函数的地址值（指针）。发生第一个参数代表的情况时，调用第二个参数所指的函数。下面给出可以在signal函数中注册的部分特殊情况和对应的常数。

- SIGALRM：已到通过调用alarm函数注册的时间。
- SIGINT：输入CTRL+C。
- SIGCHLD：子进程终止。

接下来编写调用signal函数的语句完成如下请求：

“子进程终止则调用mychild函数。”

此时mychild函数的参数应为int，返回值类型应为void。只有这样才能成为signal函数的第二个参数。另外，常数SIGCHLD定义了子进程终止的情况，应成为signal函数的第一个参数。也就是说，signal函数调用语句如下。

```
signal(SIGCHLD, mychild);
```

接下来编写signal函数的调用语句，分别完成如下2个请求。

“已到通过alarm函数注册的时间，请调用timeout函数。”
“输入CTRL+C时调用keycontrol函数。”

代表这2种情况的常数分别为SIGALRM和SIGINT，因此按如下方式调用signal函数。

```
signal(SIGALRM, timeout);
signal(SIGINT, keycontrol);
```

以上就是信号注册过程。注册好信号后，发生注册信号时（注册的情况发生时），操作系统将调用该信号对应的函数。下面通过示例验证，先介绍alarm函数。

```
#include <unistd.h>

unsigned int alarm(unsigned int seconds);

    → 返回 0 或以秒为单位的距 SIGALRM 信号发生所剩时间。
```

如果调用该函数的同时向它传递一个正整型参数，相应时间后（以秒为单位）将产生SIGALRM信号。若向该函数传递0，则之前对SIGALRM信号的预约将取消。如果通过该函数预约信号后未指定该信号对应的处理函数，则（通过调用signal函数）终止进程，不做任何处理。希望引起注意。

接下来给出信号处理相关示例，希望各位通过该示例彻底掌握之前的内容。

❖ signal.c

```
1.  #include <stdio.h>
2.  #include <unistd.h>
3.  #include <signal.h>
4.  
5.  void timeout(int sig)
6.  {
7.      if(sig==SIGALRM)
8.          puts("Time out!");
9.      alarm(2);
10. }
11. void keycontrol(int sig)
12. {
13.     if(sig==SIGINT)
14.         puts("CTRL+C pressed");
15. }
16. 
17. int main(int argc, char *argv[])
18. {
19.     int i;
20.     signal(SIGALRM, timeout);
21.     signal(SIGINT, keycontrol);
22.     alarm(2);
23. 
24.     for(i=0; i<3; i++)
25.     {
26.         puts("wait...");
27.         sleep(100);
28.     }
29.     return 0;
30. }
```

- 第5、11行：分别定义信号处理函数。这种类型的函数称为信号处理器（Handler）。
- 第9行：为了每隔2秒重复产生SIGALRM信号，在信号处理器中调用alarm函数。
- 第20、21行：注册SIGALRM、SIGINT信号及相应处理器。
- 第22行：预约2秒后发生SIGALRM信号。
- 第27行：为了查看信号产生和信号处理器的执行并提供每次100秒、共3次的等待时间，在循环中调用sleep函数。也就是说，再过300秒、约5分钟后终止程序，这是相当长的一段时间，但实际执行时只需不到10秒。关于其原因稍后再解释。

❖ 运行结果：signal.c

```
root@my_linux:/tcpip# gcc signal.c -o signal
root@my_linux:/tcpip# ./signal
wait...
Time out!
wait...
Time out!
wait...
Time out!
```

上述是没有任何输入时的运行结果。下面在运行过程中输入CTRL+C。可以看到输出“CTRL+C pressed”字符串。有一点必须说明：

> “发生信号时将唤醒由于调用sleep函数而进入阻塞状态的进程。”

调用函数的主体的确是操作系统，但进程处于睡眠状态时无法调用函数。因此，产生信号时，为了调用信号处理器，将唤醒由于调用sleep函数而进入阻塞状态的进程。而且，进程一旦被唤醒，就不会再进入睡眠状态。即使还未到sleep函数中规定的时间也是如此。所以，上述示例运行不到10秒就会结束，连续输入CTRL+C则有可能1秒都不到。

利用 sigaction 函数进行信号处理

前面所学的内容足以用来编写防止僵尸进程生成的代码。但我还想介绍sigaction函数，它类似于signal函数，而且完全可以代替后者，也更稳定。之所以稳定，是因为如下原因：

> “signal函数在UNIX系列的不同操作系统中可能存在区别，但sigaction函数完全相同。”

实际上现在很少使用signal函数编写程序，它只是为了保持对旧程序的兼容。下面介绍sigaction函数，但只讲解可替换signal函数的功能，因为全面介绍会给各位带来不必要的负担。

```
#include <signal.h>

int sigaction(int signo, const struct sigaction * act, struct sigaction *
oldact);
```

➔ 成功时返回 0，失败时返回-1。

- signo　与signal函数相同，传递信号信息。
- act　对应于第一个参数的信号处理函数（信号处理器）信息。
- oldact　通过此参数获取之前注册的信号处理函数指针，若不需要则传递0。

声明并初始化sigaction结构体变量以调用上述函数，该结构体定义如下。

```
struct sigaction
{
    void (*sa_handler)(int);
    sigset_t sa_mask;
    int sa_flags;
}
```

此结构体的sa_handler成员保存信号处理函数的指针值（地址值）。sa_mask和sa_flags的所有位均初始化为0即可。这2个成员用于指定信号相关的选项和特性，而我们的目的主要是防止产生僵尸进程，故省略。理解这些参数所需参考书将在后面给出。

下面给出示例，其中还包括了尚未讲解的使用sigaction函数所需全部内容。

❖ sigaction.c

```
1.  #include <stdio.h>
2.  #include <unistd.h>
3.  #include <signal.h>
4.  
5.  void timeout(int sig)
6.  {
7.      if(sig==SIGALRM)
8.          puts("Time out!");
9.      alarm(2);
10. }
11. 
12. int main(int argc, char *argv[])
13. {
14.     int i;
15.     struct sigaction act;
16.     act.sa_handler=timeout;
17.     sigemptyset(&act.sa_mask);
18.     act.sa_flags=0;
```

```
19.     sigaction(SIGALRM, &act, 0);
20.
21.     alarm(2);
22.
23.     for(i=0; i<3; i++)
24.     {
25.         puts("wait...");
26.         sleep(100);
27.     }
28.     return 0;
29. }
```

- 第15、16行：为了注册信号处理函数，声明sigaction结构体变量并在sa_handler成员中保存函数指针值。
- 第17行：调用sigemptyset函数将sa_mask成员的所有位初始化为0。
- 第18行：sa_flags成员同样初始化为0。
- 第19、21行：注册SIGALRM信号的处理器。调用alarm函数预约2秒后发生SIGALRM信号。

❖ 运行结果：sigaction.c

```
root@my_linux:/tcpip# gcc sigaction.c -o sigaction
root@my_linux:/tcpip# ./sigaction
wait...
Time out!
wait...
Time out!
wait...
Time out!
```

这就是信号处理相关理论，以此为基础讨论消灭僵尸进程的方法。

利用信号处理技术消灭僵尸进程

我相信各位也可以独立编写消灭僵尸进程的示例。子进程终止时将产生SIGCHLD信号，知道这一点就很容易完成。接下来利用sigaction函数编写示例。

10

❖ remove_zombie.c

```
1.  #include <stdio.h>
2.  #include <stdlib.h>
3.  #include <unistd.h>
4.  #include <signal.h>
5.  #include <sys/wait.h>
6.
7.  void read_childproc(int sig)
8.  {
```

```
9.      int status;
10.     pid_t id=waitpid(-1, &status, WNOHANG);
11.     if(WIFEXITED(status))
12.     {
13.         printf("Removed proc id: %d \n", id);
14.         printf("Child send: %d \n", WEXITSTATUS(status));
15.     }
16. }
17.
18. int main(int argc, char *argv[])
19. {
20.     pid_t pid;
21.     struct sigaction act;
22.     act.sa_handler=read_childproc;
23.     sigemptyset(&act.sa_mask);
24.     act.sa_flags=0;
25.     sigaction(SIGCHLD, &act, 0);
26.
27.     pid=fork();
28.     if(pid==0)  /*子进程执行区域*/
29.     {
30.         puts("Hi! I'm child process");
31.         sleep(10);
32.         return 12;
33.     }
34.     else    /*父进程执行区域*/
35.     {
36.         printf("Child proc id: %d \n", pid);
37.         pid=fork();
38.         if(pid==0)  /*另一子进程执行区域*/
39.         {
40.             puts("Hi! I'm child process");
41.             sleep(10);
42.             exit(24);
43.         }
44.         else
45.         {
46.             int i;
47.             printf("Child proc id: %d \n", pid);
48.             for(i=0; i<5; i++)
49.             {
50.                 puts("wait...");
51.                 sleep(5);
52.             }
53.         }
54.     }
55.     return 0;
56. }
```

- 第21~25行：注册SIGCHLD信号对应的处理器。若子进程终止，则调用第7行中定义的函数。处理函数中调用了waitpid函数，所以子进程将正常终止，不会成为僵尸进程。
- 第27、37行：父进程共创建了2个子进程。
- 第48、51行：为了等待发生SIGCHLD信号，使父进程共暂停5次，每次间隔5秒。发生信号时，父进程将被唤醒，因此实际暂停时间不到25秒。

❖ 运行结果：remove_zombie.c

```
root@my_linux:/tcpip# gcc remove_zombie.c -o zombie
root@my_linux:/tcpip# ./zombie
Hi! I'm child process
Child proc id: 9529
Hi! I'm child process
Child proc id: 9530
wait...
wait...
Removed proc id: 9530
Child send: 24
wait...
Removed proc id: 9529
Child send: 12
wait...
wait...
```

可以看出，子进程并未变成僵尸进程，而是正常终止了。接下来利用进程相关知识编写服务器端。

10.4 基于多任务的并发服务器

我们已做好了利用fork函数编写并发服务器的准备，现在可以开始编写像样的服务器端了。

基于进程的并发服务器模型

之前的回声服务器端每次只能向1个客户端提供服务。因此，我们将扩展回声服务器端，使其可以同时向多个客户端提供服务。图10-2给出了基于多进程的并发回声服务器端的实现模型。

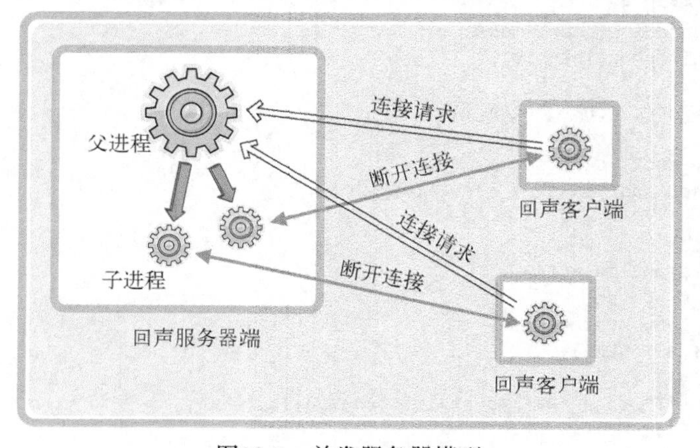

图10-2 并发服务器模型

从图10-2可以看出，每当有客户端请求服务（连接请求）时，回声服务器端都创建子进程以提供服务。请求服务的客户端若有5个，则将创建5个子进程提供服务。为了完成这些任务，需要经过如下过程，这是与之前的回声服务器端的区别所在。

- 第一阶段：回声服务器端（父进程）通过调用accept函数受理连接请求。
- 第二阶段：此时获取的套接字文件描述符创建并传递给子进程。
- 第三阶段：子进程利用传递来的文件描述符提供服务。

此处容易引起困惑的是向子进程传递套接字文件描述符的方法。但各位读完代码后会发现，这其实没什么大不了的，因为子进程会复制父进程拥有的所有资源。实际上根本不用另外经过传递文件描述符的过程。

实现并发服务器

虽然我已经给出了所有理论说明，但大家也许还没想出具体的实现方法，这就有必要理解具体代码。下面给出并发回声服务器端的实现代码。当然，程序是基于多进程实现的，可以结合第4章的回声客户端运行。

❖ echo_mpserv.c

```
1.  #include <stdio.h>
2.  #include <stdlib.h>
3.  #include <string.h>
4.  #include <unistd.h>
5.  #include <signal.h>
6.  #include <sys/wait.h>
7.  #include <arpa/inet.h>
8.  #include <sys/socket.h>
9.
10. #define BUF_SIZE 30
11. void error_handling(char *message);
12. void read_childproc(int sig);
13.
14. int main(int argc, char *argv[])
15. {
16.     int serv_sock, clnt_sock;
17.     struct sockaddr_in serv_adr, clnt_adr;
18.
19.     pid_t pid;
20.     struct sigaction act;
21.     socklen_t adr_sz;
22.     int str_len, state;
23.     char buf[BUF_SIZE];
24.     if(argc!=2) {
25.         printf("Usage : %s <port>\n", argv[0]);
26.         exit(1);
27.     }
```

```
28.
29.     act.sa_handler=read_childproc;
30.     sigemptyset(&act.sa_mask);
31.     act.sa_flags=0;
32.     state=sigaction(SIGCHLD, &act, 0);
33.     serv_sock=socket(PF_INET, SOCK_STREAM, 0);
34.     memset(&serv_adr, 0, sizeof(serv_adr));
35.     serv_adr.sin_family=AF_INET;
36.     serv_adr.sin_addr.s_addr=htonl(INADDR_ANY);
37.     serv_adr.sin_port=htons(atoi(argv[1]));
38.
39.     if(bind(serv_sock, (struct sockaddr*) &serv_adr, sizeof(serv_adr))==-1)
40.         error_handling("bind() error");
41.     if(listen(serv_sock, 5)==-1)
42.         error_handling("listen() error");
43.
44.     while(1)
45.     {
46.         adr_sz=sizeof(clnt_adr);
47.         clnt_sock=accept(serv_sock, (struct sockaddr*)&clnt_adr, &adr_sz);
48.         if(clnt_sock==-1)
49.             continue;
50.         else
51.             puts("new client connected...");
52.         pid=fork();
53.         if(pid==-1)
54.         {
55.             close(clnt_sock);
56.             continue;
57.         }
58.         if(pid==0)  /*子进程运行区域*/
59.         {
60.             close(serv_sock);
61.             while((str_len=read(clnt_sock, buf, BUF_SIZE))!=0)
62.                 write(clnt_sock, buf, str_len);
63.
64.             close(clnt_sock);
65.             puts("client disconnected...");
66.             return 0;
67.         }
68.         else
69.             close(clnt_sock);
70.     }
71.     close(serv_sock);
72.     return 0;
73. }
74.
75. void read_childproc(int sig)
76. {
77.     pid_t pid;
78.     int status;
79.     pid=waitpid(-1, &status, WNOHANG);
80.     printf("removed proc id: %d \n", pid);
81. }
```

```
82. void error_handling(char * message)
83. {
84.     fputs(message, stderr);
85.     fputc('\n', stderr);
86.     exit(1);
87. }
```

- 第29~32行：为防止产生僵尸进程而编写的代码。
- 第47、52行：第47行调用accept函数后，在第52行调用fork函数。因此，父子进程分别带有1个第47行生成的套接字（受理客户端连接请求时创建的）文件描述符。
- 第58~66行：子进程运行的区域。此部分向客户端提供回声服务。第60行关闭第33行创建的服务器套接字，这是因为服务器套接字文件描述符同样也传递到子进程。关于这一点稍后将单独讨论。
- 第69行：第47行中通过accept函数创建的套接字文件描述符已复制给子进程，因此服务器端需要销毁自己拥有的文件描述符。关于这一点稍后将单独说明。

❖ 运行结果：echo_mpserv.c

```
root@my_linux:/tcpip# gcc echo_mpserv.c -o mpserv
root@my_linux:/tcpip# ./mpserv 9190
new client connected...
new client connected...
client disconnected...
removed proc id: 7012
client disconnected...
removed proc id: 7018
```

❖ 运行结果：echo_client.c one

```
root@my_linux:/home/swyoon/tcpip# ./client 127.0.0.1 9190
Connected...........
Input message(Q to quit): Hi I'm first client
Message from server: Hi I'm first client
Input message(Q to quit): Oh my friend go away~
Message from server: Oh my friend go away~
Input message(Q to quit): Good bye
Message from server: Good bye
Input message(Q to quit): Q
```

❖ 运行结果：echo_client.c two

```
root@my_linux:/home/swyoon/tcpip# ./client 127.0.0.1 9190
Connected...........
```

```
Input message(Q to quit): Hi I'm second client
Message from server: Hi I'm second client
Input message(Q to quit): Good bye~
Message from server: Good bye~
Input message(Q to quit): Q
```

启动服务器端后，要创建多个客户端并建立连接。可以验证服务器端同时向大多数客户端提供服务，不，一定要验证这一点。

通过 fork 函数复制文件描述符

示例echo_mpserv.c中给出了通过fork函数复制文件描述符的过程。父进程将2个套接字（一个是服务器端套接字，另一个是与客户端连接的套接字）文件描述符复制给子进程。

“只复制文件描述符吗？是否也复制了套接字呢？”

文件描述符的实际复制多少有些难以理解。调用fork函数时复制父进程的所有资源，有些人可能认为也会同时复制套接字。但套接字并非进程所有——从严格意义上说，套接字属于操作系统——只是进程拥有代表相应套接字的文件描述符。也不一定非要这样理解，仅因为如下原因，复制套接字也并不合理。

“复制套接字后，同一端口将对应多个套接字。”

示例echo_mpserv.c中的fork函数调用过程如图10-3所示。调用fork函数后，2个文件描述符指向同一套接字。

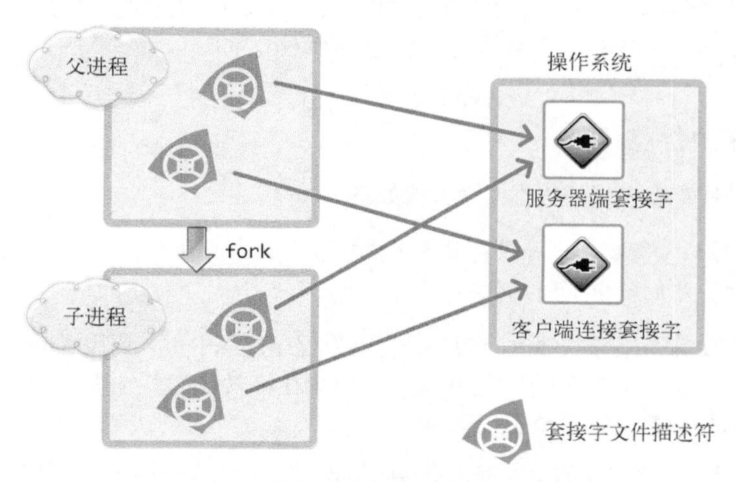

图10-3 调用fork函数并复制文件描述符

如图10-3所示，1个套接字中存在2个文件描述符时，只有2个文件描述符都终止（销毁）后，才能销毁套接字。如果维持图中的连接状态，即使子进程销毁了与客户端连接的套接字文件描述符，也无法完全销毁套接字（服务器端套接字同样如此）。因此，调用fork函数后，要将无关的套接字文件描述符关掉，如图10-4所示。

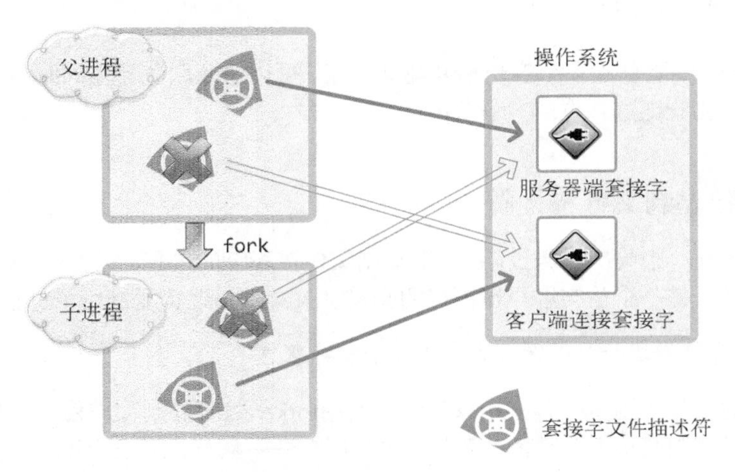

图10-4　整理复制的文件描述符

为了将文件描述符整理成图10-4的形式，示例echo_mpserv.c的第60行和第69行调用了close函数。

10.5　分割 TCP 的 I/O 程序

各位应该已经理解fork函数相关的所有有用内容。下面以此为基础，再讨论客户端中分割I/O程序（Routine）的方法。内容非常简单，大家不必有负担。

分割 I/O 程序的优点

我们已实现的回声客户端的数据回声方式如下：

“向服务器端传输数据，并等待服务器端回复。无条件等待，直到接收完服务器端的回声数据后，才能传输下一批数据。”

传输数据后需要等待服务器端返回的数据，因为程序代码中重复调用了read和write函数。只能这么写的原因之一是，程序在1个进程中运行。但现在可以创建多个进程，因此可以分割数据收发过程。默认的分割模型如图10-5所示。

从图10-5可以看出，客户端的父进程负责接收数据，额外创建的子进程负责发送数据。分割后，不同进程分别负责输入和输出，这样，无论客户端是否从服务器端接收完数据都可以进行传输。

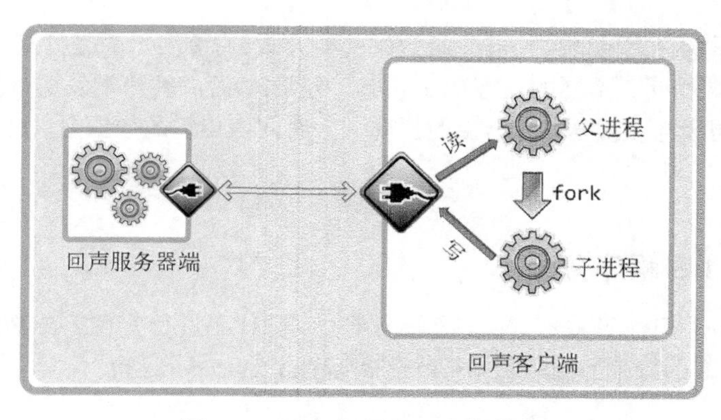

图10-5　回声客户端I/O分割模型

选择这种实现方式的原因有很多，但最重要的一点是，程序的实现更加简单。也许有人质疑：既然多产生1个进程，怎么能简化程序实现呢？其实，按照这种实现方式，父进程中只需编写接收数据的代码，子进程中只需编写发送数据的代码，所以会简化。实际上，在1个进程内同时实现数据收发逻辑需要考虑更多细节。程序越复杂，这种区别越明显，它也是公认的优点。

提　示

回声客户端不用分割 I/O 程序

实际上，回声客户端并无特殊原因进行 I/O 程序的分割，如若进行反而更复杂。本书只是为了讲解分割 I/O 的方法而选取了回声客户端，希望各位不要误解。

分割I/O程序的另一个好处是，可以提高频繁交换数据的程序性能，如图10-6所示。

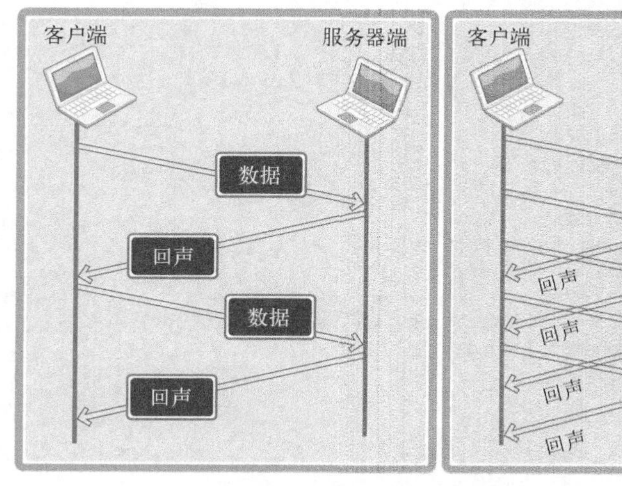

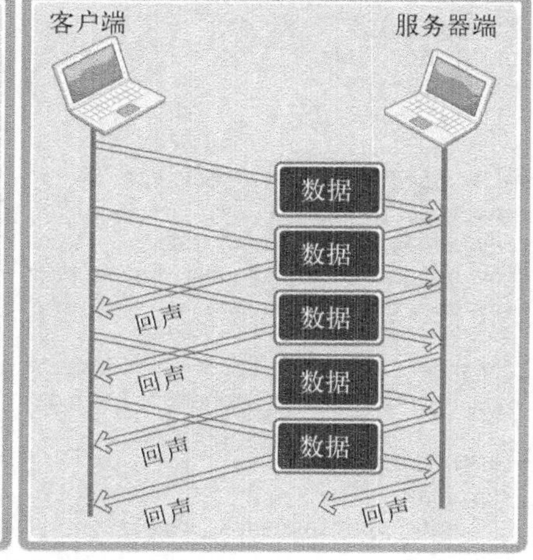

图10-6　数据交换方法比较

图10-6左侧演示的是之前的回声客户端数据交换方式，右侧演示的是分割I/O后的客户端数据传输方式。服务器端相同，不同的是客户端区域。分割I/O后的客户端发送数据时不必考虑接收数据的情况，因此可以连续发送数据，由此提高同一时间内传输的数据量。这种差异在网速较慢时尤为明显。

回声客户端的 I/O 程序分割

我们已经知道I/O程序分割的意义，接下来通过实际代码进行实现，分割的对象是回声客户端。下列回声客户端可以结合之前的回声服务器端echo_mpserv.c运行。

❖ echo_mpclient.c

```
1.  #include <stdio.h>
2.  #include <stdlib.h>
3.  #include <string.h>
4.  #include <unistd.h>
5.  #include <arpa/inet.h>
6.  #include <sys/socket.h>
7.  
8.  #define BUF_SIZE 30
9.  void error_handling(char *message);
10. void read_routine(int sock, char *buf);
11. void write_routine(int sock, char *buf);
12. 
13. int main(int argc, char *argv[])
14. {
15.     int sock;
16.     pid_t pid;
17.     char buf[BUF_SIZE];
18.     struct sockaddr_in serv_adr;
19.     if(argc!=3) {
20.         printf("Usage : %s <IP> <port>\n", argv[0]);
21.         exit(1);
22.     }
23. 
24.     sock=socket(PF_INET, SOCK_STREAM, 0);
25.     memset(&serv_adr, 0, sizeof(serv_adr));
26.     serv_adr.sin_family=AF_INET;
27.     serv_adr.sin_addr.s_addr=inet_addr(argv[1]);
28.     serv_adr.sin_port=htons(atoi(argv[2]));
29. 
30.     if(connect(sock, (struct sockaddr*)&serv_adr, sizeof(serv_adr))==-1)
31.         error_handling("connect() error!");
32. 
33.     pid=fork();
34.     if(pid==0)
35.         write_routine(sock, buf);
36.     else
37.         read_routine(sock, buf);
```

```
38.
39.     close(sock);
40.     return 0;
41. }
42.
43. void read_routine(int sock, char *buf)
44. {
45.     while(1)
46.     {
47.         int str_len=read(sock, buf, BUF_SIZE);
48.         if(str_len==0)
49.             return;
50.
51.         buf[str_len]=0;
52.         printf("Message from server: %s", buf);
53.     }
54. }
55. void write_routine(int sock, char *buf)
56. {
57.     while(1)
58.     {
59.         fgets(buf, BUF_SIZE, stdin);
60.         if(!strcmp(buf,"q\n") || !strcmp(buf,"Q\n"))
61.         {
62.             shutdown(sock, SHUT_WR);
63.             return;
64.         }
65.         write(sock, buf, strlen(buf));
66.     }
67. }
68. void error_handling(char *message)
69. {
70.     fputs(message, stderr);
71.     fputc('\n', stderr);
72.     exit(1);
73. }
```

- 第34~37行：第35行调用的write_routine函数中只有数据输出相关代码，第37行调用的read_routine函数中只有数据输入相关代码。像这样分割I/O并分别在不同函数中定义，将有利于代码实现。
- 第62行：调用shutdown函数向服务器端传递EOF。当然，执行第63行的return语句后，可以调用第39行的close函数传递EOF。但现在已通过第33行的fork函数调用复制了文件描述符，此时无法通过1次close函数调用传递EOF，因此需要通过shutdown函数调用另外传递。

运行结果跟普通回声服务器端/客户端相同，故省略。只是上述示例分割了I/O，为了简化输出过程，与之前示例不同，不会输出如下字符串：

```
"Input message(Q to quit): "
```

无论是否接收消息，每次通过键盘输入字符串时都会输出上述字符串，可能造成输出混乱。基于多任务的服务器端实现方法讲解到此结束。

10.6 习题

(1) 下列关于进程的说法错误的是？

a. 从操作系统的角度上说，进程是程序运行的单位。
b. 进程根据创建方式建立父子关系。
c. 进程可以包含其他进程，即一个进程的内存空间可以包含其他进程。
d. 子进程可以创建其他子进程，而创建出来的子进程还可以创建其子进程，但所有这些进程只与一个父进程建立父子关系。

(2) 调用fork函数将创建子进程，以下关于子进程的描述错误的是？

a. 父进程销毁时也会同时销毁子进程。
b. 子进程是复制父进程所有资源创建出的进程。
c. 父子进程共享全局变量。
d. 通过fork函数创建的子进程将执行从开始到fork函数调用为止的代码。

(3) 创建子进程时将复制父进程的所有内容，此时的复制对象也包含套接字文件描述符。编写程序验证复制的文件描述符整数值是否与原文件描述符整数值相同。

(4) 请说明进程变为僵尸进程的过程及预防措施。

(5) 如果在未注册SIGINT信号的情况下输入Ctrl+C，将由操作系统默认的事件处理器终止程序。但如果直接注册Ctrl+C信号的处理器，则程序不会终止，而是调用程序员指定的事件处理器。编写注册处理函数的程序，完成如下功能：

“输入Ctrl+C时，询问是否确定退出程序，输入Y则终止程序。”

另外，编写程序使其每隔1秒输出简单字符串，并适用于上述时间处理器注册代码。

第 11 章 进程间通信

第 10 章讲解了如何创建进程，本章将讨论创建的 2 个进程之间交换数据的方法。这与构建服务器端并无直接关系，但可能有助于构建多种类型服务器端，以及更好地理解操作系统。

11.1 进程间通信的基本概念

进程间通信（Inter Process Communication）意味着两个不同进程间可以交换数据，为了完成这一点，操作系统中应提供两个进程可以同时访问的内存空间。

对进程间通信的基本理解

理解好进程间通信并没有想象中那么难，进程A和B之间的如下谈话内容就是一种进程间通信规则。

“如果我有1个面包，变量bread的值就变为1。如果吃掉这个面包，bread的值又变回0。因此，你可以通过变量bread值判断我的状态。”

也就是说，进程A通过变量bread将自己的状态通知给了进程B，进程B通过变量bread听到了进程A的话。因此，只要有两个进程可以同时访问的内存空间，就可以通过此空间交换数据。但正如第10章所讲，进程具有完全独立的内存结构。就连通过fork函数创建的子进程也不会与父进程共享内存空间。因此，进程间通信只能通过其他特殊方法完成。

各位应该已经明白进程间通信的含义及其无法简单实现的原因，下面正式介绍进程间通信方法。

通过管道实现进程间通信

图11-1表示基于管道（PIPE）的进程间通信结构模型。

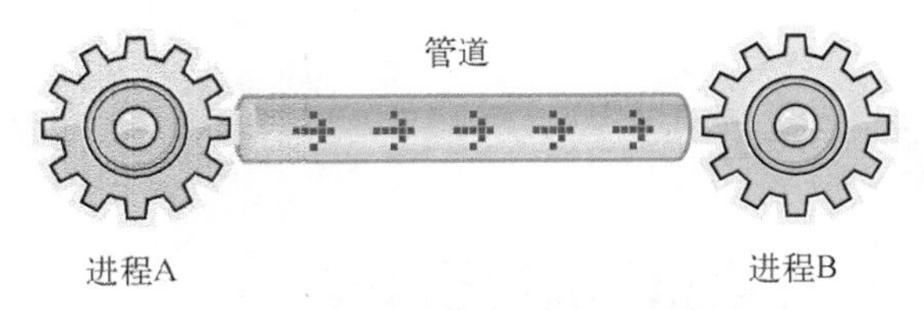

图11-1　基于管道的进程间通信模型

从图11-1中可以看到，为了完成进程间通信，需要创建管道。管道并非属于进程的资源，而是和套接字一样，属于操作系统（也就不是fork函数的复制对象）。所以，两个进程通过操作系统提供的内存空间进行通信。下面介绍创建管道的函数。

```
#include <unistd.h>

int pipe(int filedes[2]);

    → 成功时返回 0，失败时返回-1。
```

- filedes[0]　通过管道接收数据时使用的文件描述符，即管道出口。
- filedes[1]　通过管道传输数据时使用的文件描述符，即管道入口。

以2个元素的int数组地址值作为参数调用上述函数时，数组中存有两个文件描述符，它们将被用作管道的出口和入口。父进程调用该函数时将创建管道，同时获取对应于出入口的文件描述符，此时父进程可以读写同一管道（相信大家也做过这样的实验）。但父进程的目的是与子进程进行数据交换，因此需要将入口或出口中的1个文件描述符传递给子进程。如何完成传递呢？答案就是调用fork函数。通过下列示例进行演示。

❖ pipe1.c

```
1.  #include <stdio.h>
2.  #include <unistd.h>
3.  #define BUF_SIZE 30
4.  
5.  int main(int argc, char *argv[])
6.  {
7.      int fds[2];
8.      char str[]="Who are you?";
9.      char buf[BUF_SIZE];
10.     pid_t pid;
11. 
12.     pipe(fds);
13.     pid=fork();
14.     if(pid==0)
15.     {
16.         write(fds[1], str, sizeof(str));
```

```
17.     }
18.     else
19.     {
20.         read(fds[0], buf, BUF_SIZE);
21.         puts(buf);
22.     }
23.     return 0;
24. }
```

- 第12行：调用pipe函数创建管道，fds数组中保存用于I/O的文件描述符。
- 第13行：接着调用fork函数。子进程将同时拥有通过第12行函数调用获取的2个文件描述符。注意！复制的并非管道，而是用于管道I/O的文件描述符。至此，父子进程同时拥有I/O文件描述符。
- 第16、20行：子进程通过第16行代码向管道传递字符串。父进程通过第20行代码从管道接收字符串。

❖ 运行结果：pipe1.c

```
root@my_linux:/tcpip# gcc pipe1.c -o pipe1
root@my_linux:/tcpip# ./pipe1
Who are you?
```

上述示例中的通信方法及路径如图11-2所示。重点在于，父子进程都可以访问管道的I/O路径，但子进程仅用输入路径，父进程仅用输出路径。

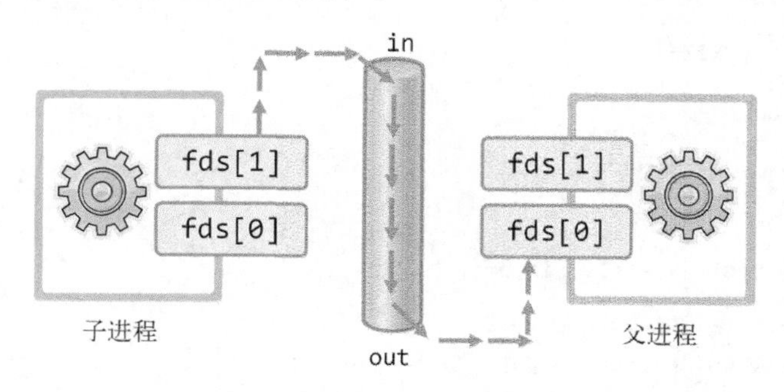

图11-2 示例pipe1.c的通信路径

以上就是管道的基本原理及通信方法。应用管道时还有一部分内容需要注意，通过双向通信示例进一步说明。

通过管道进行进程间双向通信

下面创建2个进程通过1个管道进行双向数据交换的示例，其通信方式如图11-3所示。

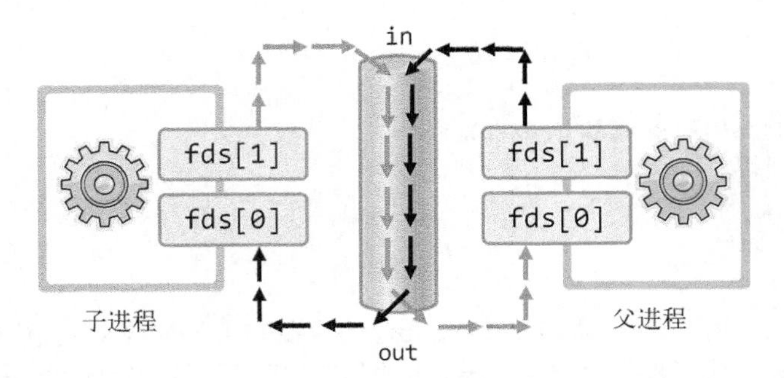

图11-3　双向通信模型1

从图11-3可看出，通过1个管道可以进行双向通信。但采用这种模型时需格外注意。先给出示例，稍后再讨论。

❖ pipe2.c

```
1.  #include <stdio.h>
2.  #include <unistd.h>
3.  #define BUF_SIZE 30
4.  
5.  int main(int argc, char *argv[])
6.  {
7.      int fds[2];
8.      char str1[]="Who are you?";
9.      char str2[]="Thank you for your message";
10.     char buf[BUF_SIZE];
11.     pid_t pid;
12. 
13.     pipe(fds);
14.     pid=fork();
15.     if(pid==0)
16.     {
17.         write(fds[1], str1, sizeof(str1));
18.         sleep(2);
19.         read(fds[0], buf, BUF_SIZE);
20.         printf("Child proc output: %s \n", buf);
21.     }
22.     else
23.     {
24.         read(fds[0], buf, BUF_SIZE);
25.         printf("Parent proc output: %s \n", buf);
26.         write(fds[1], str2, sizeof(str2));
27.         sleep(3);
28.     }
29.     return 0;
30. }
```

- 第17~20行：子进程运行区域。通过第17行传输数据，通过第19行接收数据。需要特别关注第18行的sleep函数。关于这一点稍后再讨论，希望各位自己思考其含义。
- 第24~26行：父进程的运行区域。通过第24行接收数据，这是为了接收第17行子进程传输的数据。另外，通过第26行传输数据，这些数据被第19行的子进程接收。
- 第27行：父进程先终止时会弹出命令提示符。这时子进程仍在工作，故不会产生问题。这条语句主要是为了防止子进程终止前弹出命令提示符（故可删除）。注释这条代码后再运行程序，各位就会明白我的意思。

❖ 运行结果：pipe2.c

```
root@my_linux:/tcpip# gcc pipe2.c -o pipe2
root@my_linux:/tcpip# ./pipe2
Parent proc output: Who are you?
Child proc output: Thank you for your message
```

运行结果应该和大家的预想一致。这次注释第18行代码后再运行（务必亲自动手操作）。虽然这行代码只将运行时间延迟了2秒，但已引发运行错误。产生原因是什么呢？

“向管道传递数据时，先读的进程会把数据取走。”

简言之，数据进入管道后成为无主数据。也就是通过read函数先读取数据的进程将得到数据，即使该进程将数据传到了管道。因此，注释第18行将产生问题。在第19行，子进程将读回自己在第17行向管道发送的数据。结果，父进程调用read函数后将无限期等待数据进入管道。

从上述示例中可以看到，只用1个管道进行双向通信并非易事。为了实现这一点，程序需要预测并控制运行流程，这在每种系统中都不同，可以视为不可能完成的任务。既然如此，该如何进行双向通信呢？

“创建2个管道。”

非常简单，1个管道无法完成双向通信任务，因此需要创建2个管道，各自负责不同的数据流动即可。其过程如图11-4所示。

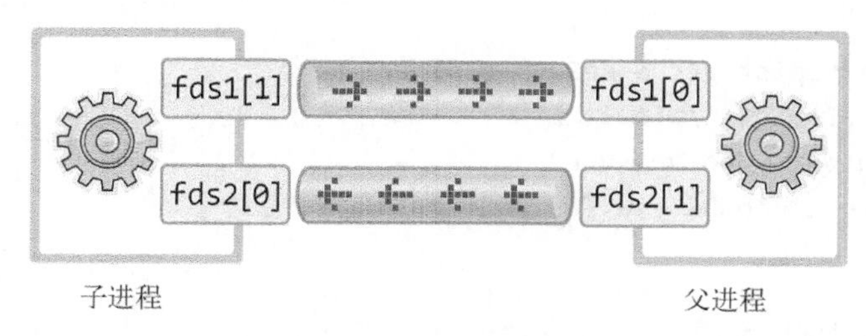

图11-4　双向通信模型2

由图11-4可知，使用2个管道可以避免程序流程的预测或控制。下面采用上述模型改进pipe2.c。

❖ pipe3.c

```
1.  #include <stdio.h>
2.  #include <unistd.h>
3.  #define BUF_SIZE 30
4.
5.  int main(int argc, char *argv[])
6.  {
7.      int fds1[2], fds2[2];
8.      char str1[]="Who are you?";
9.      char str2[]="Thank you for your message";
10.     char buf[BUF_SIZE];
11.     pid_t pid;
12.
13.     pipe(fds1), pipe(fds2);
14.     pid=fork();
15.     if(pid==0)
16.     {
17.         write(fds1[1], str1, sizeof(str1));
18.         read(fds2[0], buf, BUF_SIZE);
19.         printf("Child proc output: %s \n", buf);
20.     }
21.     else
22.     {
23.         read(fds1[0], buf, BUF_SIZE);
24.         printf("Parent proc output: %s \n", buf);
25.         write(fds2[1], str2, sizeof(str2));
26.         sleep(3);
27.     }
28.     return 0;
29. }
```

- 第13行：创建两个管道。
- 第17、23行：子进程可以通过数组fds1指向的管道向父进程传输数据。
- 第18、25行：父进程可以通过数组fds2指向的管道向子进程发送数据。
- 第26行：没有太大的意义，只是为了延迟父进程终止而插入的代码。

❖ 运行结果：pipe3.c

```
root@my_linux:/tcpip# gcc pipe3.c -o pipe3
root@my_linux:/tcpip# ./pipe3
Parent proc output: Who are you?
Child proc output: Thank you for your message
```

11.2　运用进程间通信

上一节学习了基于管道的进程间通信方法，接下来将其运用到网络代码中。如前所述，进程间通信与创建服务器端并没有直接关联，但其有助于理解操作系统。

保存消息的回声服务器端

下面扩展第10章的echo_mpserv.c，添加如下功能：

"将回声客户端传输的字符串按序保存到文件中。"

我希望将该任务委托给另外的进程。换言之，另行创建进程，从向客户端提供服务的进程读取字符串信息。当然，该过程中需要创建用于接收数据的管道。

下面给出示例。该示例可以与任意回声客户端配合运行，但我们将用第10章介绍过的echo_mpclient.c。

❖ echo_storeserv.c

```
1.  #include <"头声明与第10章的示例echo_mpserv.c一致。">
2.  #define BUF_SIZE 100
3.  void error_handling(char *message);
4.  void read_childproc(int sig);
5.
6.  int main(int argc, char *argv[])
7.  {
8.      int serv_sock, clnt_sock;
9.      struct sockaddr_in serv_adr, clnt_adr;
10.     int fds[2];
11.
12.     pid_t pid;
13.     struct sigaction act;
14.     socklen_t adr_sz;
15.     int str_len, state;
16.     char buf[BUF_SIZE];
17.     if(argc!=2) {
18.         printf("Usage : %s <port>\n", argv[0]);
19.         exit(1);
20.     }
21.
22.     act.sa_handler=read_childproc;
23.     sigemptyset(&act.sa_mask);
24.     act.sa_flags=0;
25.     state=sigaction(SIGCHLD, &act, 0);
26.
27.     serv_sock=socket(PF_INET, SOCK_STREAM, 0);
28.     memset(&serv_adr, 0, sizeof(serv_adr));
29.     serv_adr.sin_family=AF_INET;
30.     serv_adr.sin_addr.s_addr=htonl(INADDR_ANY);
31.     serv_adr.sin_port=htons(atoi(argv[1]));
32.
33.     if(bind(serv_sock, (struct sockaddr*) &serv_adr, sizeof(serv_adr))==-1)
```

```
34.         error_handling("bind() error");
35.     if(listen(serv_sock, 5)==-1)
36.         error_handling("listen() error");
37.
38.     pipe(fds);
39.     pid=fork();
40.     if(pid==0)
41.     {
42.         FILE * fp=fopen("echomsg.txt", "wt");
43.         char msgbuf[BUF_SIZE];
44.         int i, len;
45.
46.         for(i=0; i<10; i++)
47.         {
48.             len=read(fds[0], msgbuf, BUF_SIZE);
49.             fwrite((void*)msgbuf, 1, len, fp);
50.         }
51.         fclose(fp);
52.         return 0;
53.     }
54.
55.     while(1)
56.     {
57.         adr_sz=sizeof(clnt_adr);
58.         clnt_sock=accept(serv_sock, (struct sockaddr*)&clnt_adr, &adr_sz);
59.         if(clnt_sock==-1)
60.             continue;
61.         else
62.             puts("new client connected...");
63.
64.         pid=fork();
65.         if(pid==0)
66.         {
67.             close(serv_sock);
68.             while((str_len=read(clnt_sock, buf, BUF_SIZE))!=0)
69.             {
70.                 write(clnt_sock, buf, str_len);
71.                 write(fds[1], buf, str_len);
72.             }
73.
74.             close(clnt_sock);
75.             puts("client disconnected...");
76.             return 0;
77.         }
78.         else
79.             close(clnt_sock);
80.     }
81.     close(serv_sock);
82.     return 0;
83. }
84.
85. void read_childproc(int sig)
86. {
87.     //与示例echo_mpserv.c一致，故省略。
```

```
88. }
89. void error_handling(char *message)
90. {
91.     //与示例echo_mpserv.c一致，故省略。
92. }
```

- 第38、39行：第38行创建管道，第39行创建负责保存文件的进程。
- 第40~53行：第39行创建的子进程运行区域。该区域从管道出口fds[0]读取数据并保存到文件中。另外，上述服务器端并不终止运行，而是不断向客户端提供服务。因此，数据在文件中累计到一定程度即关闭文件，该过程通过第46行的循环完成。
- 第71行：第64行通过fork函数创建的所有子进程将复制第38行创建的管道的文件描述符。因此，可以通过管道入口fds[1]传递字符串信息。

❖ 运行结果：echo_storeserv.c

```
root@my_linux:/tcpip# gcc echo_storeserv.c -o serv
root@my_linux:/tcpip# ./serv 9190
new client connected...
new client connected...
removed proc id: 7177
client disconnected...
removed proc id: 7185
client disconnected...
removed proc id: 7191
```

❖ 运行结果：echo_mpclient.c one

```
root@my_linux:/tcpip# gcc echo_mpclient.c -o client
root@my_linux:/tcpip# ./client 127.0.0.1 9190
One
Message from server: One
Three
Message from server: Three
Five
Message from server: Five
Seven
Message from server: Seven
Nine
Message from server: Nine
Q
root@com:/home/swyoon/tcpip#
```

❖ 运行结果：echo_mpclient.c two

```
root@my_linux:/tcpip# ./client 127.0.0.1 9190
Two
Message from server: Two
Four
Message from server: Four
Six
Message from server: Six
Eight
Message from server: Eight
Ten
Message from server: Ten
Q
root@my_linux:/tcpip#
```

如上运行结果所示，希望各位也启动多个客户端向服务器端传输字符串。文件中累计一定数量的字符串后（共10次的fwrite函数调用完成后），可以打开echomsg.txt验证保存的字符串。

提　示

各位应该想到了重构

观察示例 echo_storeserv.c 后，各位可能认为应该针对一部分功能以函数为单位重构代码。我只是在扩展回声服务器端的过程中为了便于学习（有利于跟之前的代码进行比较）而未改变代码框架，因此大家才会看到向下展开的代码像小说一样。

如果想构建更大型的程序

前面已经讲解了并发服务器的第一种实现模型，但各位或许有如下想法：

“我想利用进程和管道编写聊天室程序，使多个客户端进行对话，应该从哪着手呢？”

若想仅用进程和管道构建具有复杂功能的服务器端，程序员需要具备熟练的编程技能和经验。因此，初学者应用该模型扩展程序并非易事，希望大家不要过于拘泥。以后要说明的另外两种模型在功能上更加强大，同时更容易实现我们的想法。

“那前面讲的内容算什么啊？是不是没用呢？”

我曾被多次问及此类问题。各位通过第10章和本章内容理解了操作系统的基本内容，同时也是学习线程必备的前期知识——进程。而且掌握了多进程代码的基本分析能力。即使各位不会亲自利用多进程构建服务器端，但这些都值得学习。可以将我的个人经验告诉所有读者朋友：

“即使开始时只想学习必要部分，最后也会需要掌握所有内容。”

11.3 习题

(1) 什么是进程间通信？分别从概念上和内存的角度进行说明。

(2) 进程间通信需要特殊的IPC机制，这是由操作系统提供的。进程间通信时为何需要操作系统的帮助？

(3) “管道”是典型的IPC技法。关于管道，请回答如下问题。

a. 管道是进程间交换数据的路径。如何创建此路径？由谁创建？
b. 为了完成进程间通信，2个进程需同时连接管道。那2个进程如何连接到同一管道？
c. 管道允许进行2个进程间的双向通信。双向通信中需要注意哪些内容？

(4) 编写示例复习IPC技法，使2个进程相互交换3次字符串。当然，这2个进程应具有父子关系，各位可指定任意字符串。

第 12 章

I/O复用

12

本章将讨论并发服务器的第二种实现方法——基于 I/O 复用（Multiplexing）的服务器端构建。虽然通过本章多学习一种服务器端实现方法非常重要，但更重要的是理解每种技术的优缺点。如果能掌握每种技术的优劣，就可以根据特定目标灵活应用不同模型，而不是仅关注功能实现。

12.1 基于 I/O 复用的服务器端

接下来讨论并发服务器实现方法的延伸。如果有读者已经跳过第10章和第11章，那就只需把本章内容当做并发服务器实现的第一种方法即可。将要讨论的内容中包含一部分与多进程服务器端的比较，跳过第10章和第11章的读者简单浏览即可。

多进程服务器端的缺点和解决方法

为了构建并发服务器，只要有客户端连接请求就会创建新进程。这的确是实际操作中采用的一种方案，但并非十全十美，因为创建进程时需要付出极大代价。这需要大量的运算和内存空间，由于每个进程都具有独立的内存空间，所以相互间的数据交换也要求采用相对复杂的方法（IPC属于相对复杂的通信方法）。各位应该也感到需要IPC时会提高编程难度。

“那有何解决方案？能否在不创建进程的同时向多个客户端提供服务？”

当然能！本节讲解的I/O复用就是这种技术。大家听到有这种方法是否感到一阵兴奋？但请不要过于依赖该模型！该方案并不适用于所有情况，应当根据目标服务器端的特点采用不同实现方法。下面先理解“复用”（Multiplexing）的意义。

理解复用

“复用”在电子及通信工程领域很常见，向这些领域的专家询问其概念时，他们会亲切地进行如下说明：

“在1个通信频道中传递多个数据（信号）的技术。”

能理解吗？不能的话就再看看“复用”的含义。

“为了提高物理设备的效率，用最少的物理要素传递最多数据时使用的技术。”

上述两种说法内容完全一致，只是描述方式有所区别。下面我根据自己的理解进行解释。图12-1中给出的是纸杯电话，相信大家上小学时也做过。

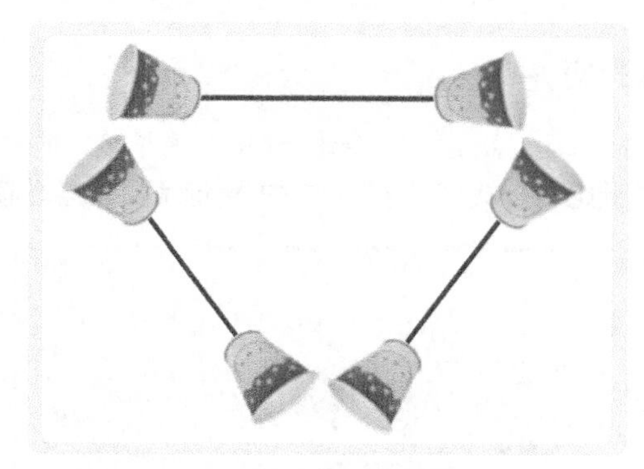

图12-1 3方对话纸杯电话系统

图12-1是远距离的3人可以同时通话的3方对话纸杯电话系统。为使3人同时对话，需准备图中所示系统。另外，为了完成3人对话，说话时需同时对着两个纸杯，接听时也需要耳朵同时对准两个纸杯。此时引入复用技术会使通话更加方便，如图12-2所示。

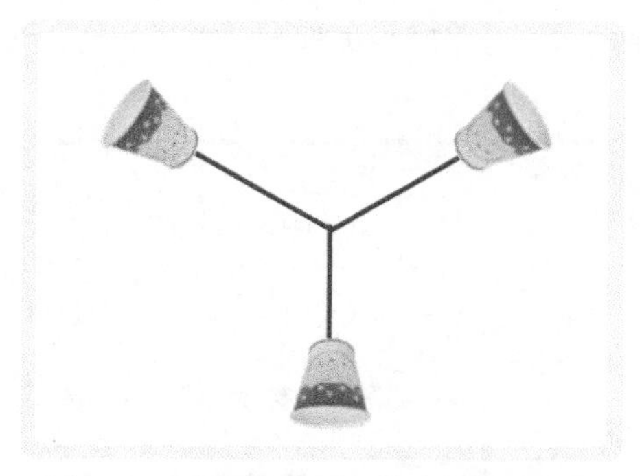

图12-2 纸杯电话系统中引入复用技术

我们上小学时做过类似系统（把线捆在中间并绷直）。构建这种系统就无需同时使用两个杯子，可以说小学就学过“复用”的概念了。接下来讨论复用技术的优点。

- 减少连线长度。
- 减少纸杯个数。

即使减少了连线和纸杯的量仍能进行3人通话，当然也有人在考虑如下这种情况：

“好像不能同时说话？”

实际上，因为是在进行对话，所以很少发生同时说话的情况。也就是说，上述系统采用的是“时（time）分复用技术”。而且，因为说话人声高（频率）不同，即使同时说话也能进行一定程度的区分（当然杂音也随之增多）。因此，也可以说系统同时采用了“频（frequency）分复用技术”。这样大家就能理解之前讲的“复用”的定义了。

复用技术在服务器端的应用

纸杯电话系统引入复用技术后，可以减少纸杯数和连线长度。同样，服务器端引入复用技术可以减少所需进程数。为便于比较，先给出第10章的多进程服务器端模型，如图12-3所示。

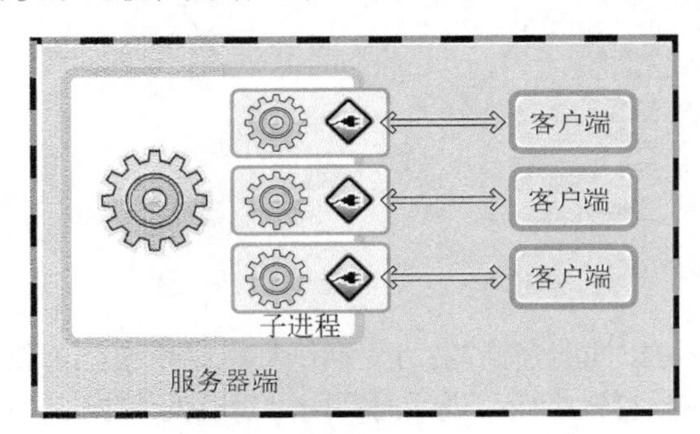

图12-3　多进程服务器端模型

图12-3的模型中引入复用技术，可以减少进程数。重要的是，无论连接多少客户端，提供服务的进程只有1个。

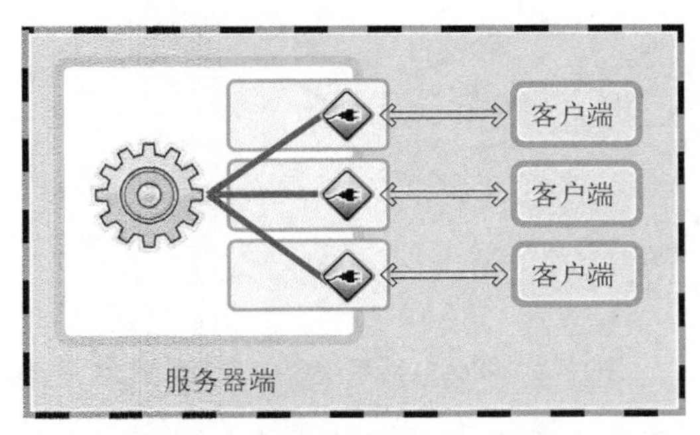

图12-4　I/O复用服务器端模型

以上就是I/O复用服务器端模型的讲解，下面考虑通过1个进程向多个客户端提供服务的方法。

知识补给站　**关于I/O复用服务器端的另一种理解**

某教室中有10名学生和1位教师，这些孩子并非等闲之辈，上课时不停地提问。学校没办法，只能给每个学生都配1位教师，也就是说教室中现有10位教师。此后，只要有新的转校生，就会增加1位教师，因为转校生也喜欢提问。这个故事中，如果把学生当作客户端，把教师当作与客户端进行数据交换的服务器端进程，则该教室的运营方式为多进程服务器端方式。

有一天，该校来了位具有超能力的教师。这位教师可以应对所有学生的提问，而且回答速度很快，不会让学生等待。因此，学校为了提高教师效率，将其他老师转移到了别的班。现在，学生提问前必须举手，教师确认举手学生的提问后再回答问题。也就是说，现在的教室以I/O复用方式运行。

虽然例子有些奇怪，但可以通过它理解I/O复用技法：教师必须确认有无举手学生，同样，I/O复用服务器端的进程需要确认举手（收到数据）的套接字，并通过举手的套接字接收数据。

12.2　理解 select 函数并实现服务器端

运用select函数是最具代表性的实现复用服务器端方法。Windows平台下也有同名函数提供相同功能，因此具有良好的移植性。

select 函数的功能和调用顺序

使用select函数时可以将多个文件描述符集中到一起统一监视，项目如下。

- 是否存在套接字接收数据？
- 无需阻塞传输数据的套接字有哪些？
- 哪些套接字发生了异常？

提示　**监视项称为“事件”（event）**

上述监视项称为“事件”。发生监视项对应情况时，称“发生了事件”。这是最常见的表达，希望各位熟悉。另外，本章不会使用术语“事件”，而与本章密切相关的第 17 章将使用该术语，希望大家理解“事件”的含义，以及“发生事件”的意义。

select函数的使用方法与一般函数区别较大，更准确地说，它很难使用。但为了实现I/O复用服务器端，我们应掌握select函数，并运用到套接字编程中。认为“select函数是I/O复用的全部内容”也并不为过。接下来介绍select函数的调用方法和顺序，如图12-5所示。

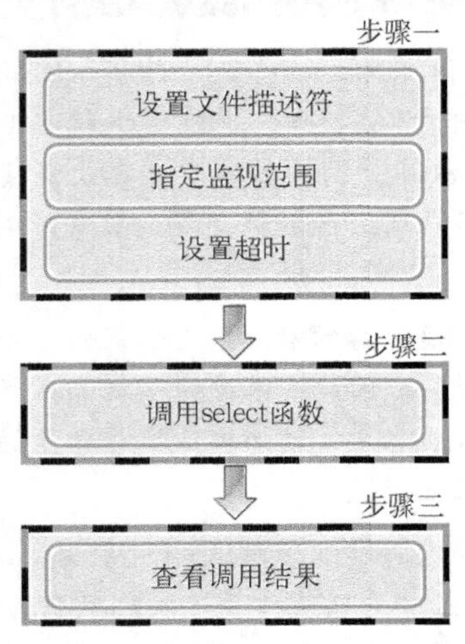

图12-5　select函数调用过程

图12-5给出了从调用select函数到获取结果所经过程。可以看到，调用select函数前需要一些准备工作，调用后还需查看结果。接下来按照上述顺序逐一讲解。

设置文件描述符

利用select函数可以同时监视多个文件描述符。当然，监视文件描述符可以视为监视套接字。此时首先需要将要监视的文件描述符集中到一起。集中时也要按照监视项（接收、传输、异常）进行区分，即按照上述3种监视项分成3类。

使用fd_set数组变量执行此项操作，如图12-6所示。该数组是存有0和1的位数组。

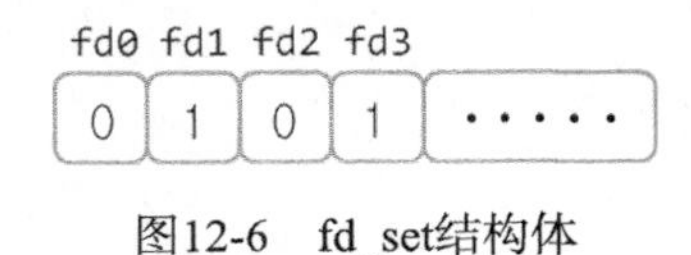

图12-6　fd_set结构体

图12-6中最左端的位表示文件描述符0（所在位置）。如果该位设置为1，则表示该文件描述符是监视对象。那么图中哪些文件描述符是监视对象呢？很明显，是文件描述符1和3。

“是否应当通过文件描述符的数字直接将值注册到fd_set变量？”

当然不是！针对fd_set变量的操作是以位为单位进行的，这也意味着直接操作该变量会比较繁琐。难道要求各位自己完成吗？实际上，在fd_set变量中注册或更改值的操作都由下列宏完成。

- FD_ZERO(fd_set * fdset)：将fd_set变量的所有位初始化为0。
- FD_SET(int fd, fd_set * fdset)：在参数fdset指向的变量中注册文件描述符fd的信息。
- FD_CLR(int fd, fd_set * fdset)：从参数fdset指向的变量中清除文件描述符fd的信息。
- FD_ISSET(int fd, fd_set * fdset)：若参数fdset指向的变量中包含文件描述符fd的信息，则返回“真”。

上述函数中，FD_ISSET用于验证select函数的调用结果。通过图12-7解释这些函数的功能，简洁易懂，无需赘述。

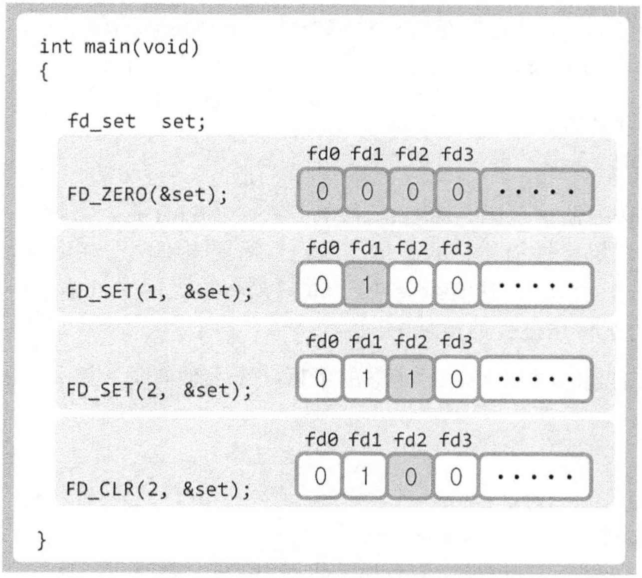

```
int main(void)
{

    fd_set  set;
                          fd0 fd1 fd2 fd3
    FD_ZERO(&set);        [0] [0] [0] [0] [.....]

                          fd0 fd1 fd2 fd3
    FD_SET(1, &set);      [0] [1] [0] [0] [.....]

                          fd0 fd1 fd2 fd3
    FD_SET(2, &set);      [0] [1] [1] [0] [.....]

                          fd0 fd1 fd2 fd3
    FD_CLR(2, &set);      [0] [1] [0] [0] [.....]

}
```

图12-7 fd_set相关函数的功能

设置检查（监视）范围及超时

下面讲解图12-5中步骤一的剩余内容，在此之前先简单介绍select函数。

```
#include <sys/select.h>
#include <sys/time.h>

int select(
int maxfd, fd_set * readset, fd_set * writeset, fd_set * exceptset, const struct
    timeval * timeout);

    → 成功时返回大于 0 的值，失败时返回-1。
```

- maxfd　监视对象文件描述符数量。
- readset　将所有关注“是否存在待读取数据”的文件描述符注册到fd_set型变量，并传递其地址值。
- writeset　将所有关注“是否可传输无阻塞数据”的文件描述符注册到fd_set型变量，并传递其地址值。
- exceptset　将所有关注“是否发生异常”的文件描述符注册到fd_set型变量，并传递其地址值。
- timeout　调用select函数后，为防止陷入无限阻塞的状态，传递超时（time-out）信息。
- 返回值　发生错误时返回-1，超时返回时返回0。因发生关注的事件返回时，返回大于0的值，该值是发生事件的文件描述符数。

如上所述，select函数用来验证3种监视项的变化情况。根据监视项声明3个fd_set型变量，分别向其注册文件描述符信息，并把变量的地址值传递到上述函数的第二到第四个参数。但在此之前（调用select函数前）需要决定下面2件事。

“文件描述符的监视（检查）范围是？”
“如何设定select函数的超时时间？”

第一，文件描述符的监视范围与select函数的第一个参数有关。实际上，select函数要求通过第一个参数传递监视对象文件描述符的数量。因此，需要得到注册在fd_set变量中的文件描述符数。但每次新建文件描述符时，其值都会增1，故只需将最大的文件描述符值加1再传递到select函数即可。加1是因为文件描述符的值从0开始。

第二，select函数的超时时间与select函数的最后一个参数有关，其中timeval结构体定义如下。

```
struct timeval
{
    long tv_sec;     //seconds
    long tv_usec;    //microseconds
}
```

本来select函数只有在监视的文件描述符发生变化时才返回。如果未发生变化，就会进入阻塞状态。指定超时时间就是为了防止这种情况的发生。通过声明上述结构体变量，将秒数填入tv_sec成员，将微秒数填入tv_usec成员，然后将结构体的地址值传递到select函数的最后一个参数。此时，即使文件描述符中未发生变化，只要过了指定时间，也可以从函数中返回。不过这种情况下，select函数返回0。因此，可以通过返回值了解返回原因。如果不想设置超时，则传递NULL参数。

调用 select 函数后查看结果

虽未给出具体示例，但图12-5中的步骤一“select函数调用前的所有准备工作”已讲解完毕，同时也介绍了select函数。而函数调用后查看结果也同样重要。我们已讨论过select函数的返回值，如果返回大于0的整数，说明相应数量的文件描述符发生变化。

提 示

文件描述符的变化

文件描述符变化是指监视的文件描述符中发生了相应的监视事件。例如，通过 select 的第二个参数传递的集合中存在需要读数据的描述符时，就意味着文件描述符发生变化。

select函数返回正整数时，怎样获知哪些文件描述符发生了变化？向select函数的第二到第四个参数传递的fd_set变量中将产生如图12-8所示变化，获知过程并不难。

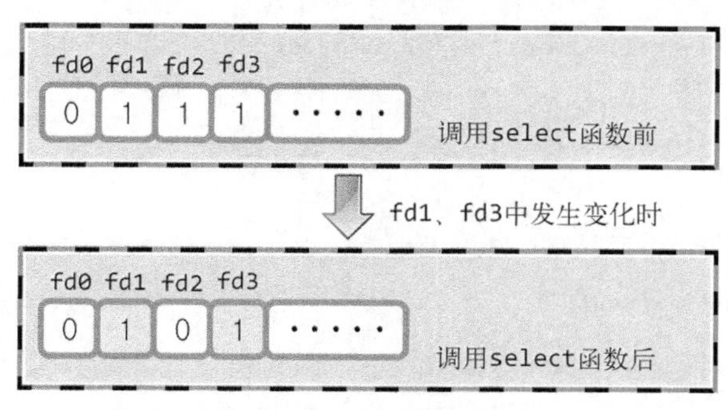

图12-8 fd_set变量的变化

由图12-8可知，select函数调用完成后，向其传递的fd_set变量中将发生变化。原来为1的所有位均变为0，但发生变化的文件描述符对应位除外。因此，可以认为值仍为1的位置上的文件描述符发生了变化。

select 函数调用示例

下面通过示例把select函数所有知识点进行整合，希望各位通过如下示例完全理解之前的内容。

❖ select.c

```
1.  #include <stdio.h>
2.  #include <unistd.h>
3.  #include <sys/time.h>
4.  #include <sys/select.h>
5.  #define BUF_SIZE 30
6.
7.  int main(int argc, char *argv[])
8.  {
9.      fd_set reads, temps;
10.     int result, str_len;
11.     char buf[BUF_SIZE];
12.     struct timeval timeout;
13.
```

```
14.     FD_ZERO(&reads);
15.     FD_SET(0, &reads); // 0 is standard input(console)
16.
17.     /*
18.     timeout.tv_sec=5;
19.     timeout.tv_usec=5000;
20.     */
21.
22.     while(1)
23.     {
24.         temps=reads;
25.         timeout.tv_sec=5;
26.         timeout.tv_usec=0;
27.         result=select(1, &temps, 0, 0, &timeout);
28.         if(result==-1)
29.         {
30.             puts("select() error!");
31.             break;
32.         }
33.         else if(result==0)
34.         {
35.             puts("Time-out!");
36.         }
37.         else
38.         {
39.             if(FD_ISSET(0, &temps))
40.             {
41.                 str_len=read(0, buf, BUF_SIZE);
42.                 buf[str_len]=0;
43.                 printf("message from console: %s", buf);
44.             }
45.         }
46.     }
47.     return 0;
48. }
```

- 第14、15行：看似复杂，实则简单。首先在第14行初始化fd_set变量，第15行将文件描述符0对应的位设置为1。换言之，需要监视标准输入的变化。
- 第24行：将准备好的fd_set变量reads的内容复制到temps变量，因为之前讲过，调用select函数后，除发生变化的文件描述符对应位外，剩下的所有位将初始化为0。因此，为了记住初始值，必须经过这种复制过程。这是使用select函数的通用方法，希望各位牢记。
- 第18、19行：请观察被注释的代码，这是为了设置select函数的超时而添加的。但不能在此时设置超时。因为调用select函数后，结构体timeval的成员tv_sec和tv_usec的值将被替换为超时前剩余时间。因此，调用select函数前，每次都需要初始化timeval结构体变量。
- 第25、26行：将初始化timeval结构体的代码插入循环后，每次调用select函数前都会初始化新值。
- 第27行：调用select函数。如果有控制台输入数据，则返回大于0的整数；如果没有输入数

> 据而引发超时，则返回0。
> - 第39~44行：select函数返回大于0的值时运行的区域。验证发生变化的文件描述符是否为标准输入。若是，则从标准输入读取数据并向控制台输出。

❖ 运行结果：select.c

```
root@my_linux:/tcpip# gcc select.c -o select
root@my_linux:/tcpip# ./select
Hi~
message from console: Hi~
Hello~
message from console: Hello~
Time-out!
Time-out!
Good bye~
message from console: Good bye~
```

运行后若无任何输入，经5秒将发生超时。若通过键盘输入字符串，则可看到相同字符串输出。

实现I/O复用服务器端

下面通过select函数实现I/O复用服务器端。之前已给出关于select函数的所有说明，各位只需通过示例掌握利用select函数实现服务器端的方法。下列示例是基于I/O复用的回声服务器端。

❖ echo_selectserv.c

```
1.  #include <stdio.h>
2.  #include <stdlib.h>
3.  #include <string.h>
4.  #include <unistd.h>
5.  #include <arpa/inet.h>
6.  #include <sys/socket.h>
7.  #include <sys/time.h>
8.  #include <sys/select.h>
9.
10. #define BUF_SIZE 100
11. void error_handling(char *buf);
12.
13. int main(int argc, char *argv[])
14. {
15.     int serv_sock, clnt_sock;
16.     struct sockaddr_in serv_adr, clnt_adr;
17.     struct timeval timeout;
18.     fd_set reads, cpy_reads;
19.
20.     socklen_t adr_sz;
```

12

```
21.     int fd_max, str_len, fd_num, i;
22.     char buf[BUF_SIZE];
23.     if(argc!=2) {
24.         printf("Usage : %s <port>\n", argv[0]);
25.         exit(1);
26.     }
27.
28.     serv_sock=socket(PF_INET, SOCK_STREAM, 0);
29.     memset(&serv_adr, 0, sizeof(serv_adr));
30.     serv_adr.sin_family=AF_INET;
31.     serv_adr.sin_addr.s_addr=htonl(INADDR_ANY);
32.     serv_adr.sin_port=htons(atoi(argv[1]));
33.
34.     if(bind(serv_sock, (struct sockaddr*) &serv_adr, sizeof(serv_adr))==-1)
35.         error_handling("bind() error");
36.     if(listen(serv_sock, 5)==-1)
37.         error_handling("listen() error");
38.
39.     FD_ZERO(&reads);
40.     FD_SET(serv_sock, &reads);
41.     fd_max=serv_sock;
42.
43.     while(1)
44.     {
45.         cpy_reads=reads;
46.         timeout.tv_sec=5;
47.         timeout.tv_usec=5000;
48.
49.         if((fd_num=select(fd_max+1, &cpy_reads, 0, 0, &timeout))==-1)
50.             break;
51.         if(fd_num==0)
52.             continue;
53.
54.         for(i=0; i<fd_max+1; i++)
55.         {
56.             if(FD_ISSET(i, &cpy_reads))
57.             {
58.                 if(i==serv_sock)    // connection request!
59.                 {
60.                     adr_sz=sizeof(clnt_adr);
61.                     clnt_sock=
62.                         accept(serv_sock, (struct sockaddr*)&clnt_adr, &adr_sz);
63.                     FD_SET(clnt_sock, &reads);
64.                     if(fd_max<clnt_sock)
65.                         fd_max=clnt_sock;
66.                     printf("connected client: %d \n", clnt_sock);
67.                 }
68.                 else    // read message!
69.                 {
70.                     str_len=read(i, buf, BUF_SIZE);
71.                     if(str_len==0)   // close request!
72.                     {
73.                         FD_CLR(i, &reads);
74.                         close(i);
```

```
75.                     printf("closed client: %d \n", i);
76.                 }
77.                 else
78.                 {
79.                     write(i, buf, str_len); // echo!
80.                 }
81.             }
82.         }
83.     }
84. }
85.     close(serv_sock);
86.     return 0;
87. }
88.
89. void error_handling(char *buf)
90. {
91.     fputs(buf, stderr);
92.     fputc('\n', stderr);
93.     exit(1);
94. }
```

- 第40行：向要传到select函数第二个参数的fd_set变量reads注册服务器端套接字。这样，接收数据情况的监视对象就包含了服务器端套接字。客户端的连接请求同样通过传输数据完成。因此，服务器端套接字中有接收的数据，就意味着有新的连接请求。
- 第49行：在while无限循环中调用select函数。select函数的第三和第四个参数为空。只需根据监视目的传递必要的参数。
- 第54、56行：select函数返回大于等于1的值时执行的循环。第56行调用FD_ISSET函数，查找发生状态变化的（有接收数据的套接字的）文件描述符。
- 第58、63行：发生状态变化时，首先验证服务器端套接字中是否有变化。如果是服务器端套接字的变化，将受理连接请求。特别需要注意的是，第63行在fd_set变量reads中注册了与客户端连接的套接字文件描述符。
- 第68行：发生变化的套接字并非服务器端套接字时，即有要接受的数据时执行else语句。但此时需要确认接收的数据是字符串还是代表断开连接的EOF。
- 第73、74行：接收的数据为EOF时需要关闭套接字，并从reads中删除相应信息。
- 第79行：接收的数据为字符串时，执行回声服务。

❖ 运行结果：echo_selectserv.c

```
root@my_linux:/tcpip# gcc echo_selectserv.c -o selserv
root@my_linux:/tcpip# ./selserv 9190
connected client: 4
connected client: 5
closed client: 4
closed client: 5
```


❖ 运行结果：echo_client.c one

```
root@my_linux:/tcpip# gcc echo_client.c -o client
root@my_linux:/tcpip# ./client 127.0.0.1 9190
Connected...........
Input message(Q to quit): Hi~
Message from server: Hi~
Input message(Q to quit): Good bye
Message from server: Good bye
Input message(Q to quit): Q
```

❖ 运行结果：echo_client.c two

```
root@my_linux:/tcpip# ./client 127.0.0.1 9190
Connected...........
Input message(Q to quit): Nice to meet you~
Message from server: Nice to meet you~
Input message(Q to quit): Bye~
Message from server: Bye~
Input message(Q to quit): Q
```

为了验证运行结果，我使用了第4章介绍的echo_client.c，其实上述回声服务器端也可与其他回声客户端配合运行。

12.3　基于 Windows 的实现

在Window平台使用select函数时需要注意一些细节，本节主要补充这部分内容。

在 Windows 平台调用 select 函数

Windows同样提供select函数，而且所有参数与Linux的select函数完全相同。只不过Windows平台select函数的第一个参数是为了保持与（包括Linux的）UNIX系列操作系统的兼容性而添加的，并没有特殊意义。

```
#include <winsock2.h>

int select(
    int nfds, fd_set *readfds, fd_set *writefds, fd_set *excepfds, const struct
timeval * timeout);
```

→ 成功时返回 0，失败时返回-1。

返回值、参数的顺序及含义与之前的Linux中的select函数完全相同，故省略。下面给出timeval结构体定义。

```
typedef struct timeval
{
    long tv_sec;     //seconds
    long tv_usec;    //microseconds
} TIMEVAL;
```

可以看到，基本结构与之前Linux中的定义相同，但Windows中使用的是typedef声明。接下来观察fd_set结构体。Windows中实现时需要注意的地方就在于此。可以看到，Windows的fd_set并非像Linux中那样采用了位数组。

```
typedef struct fd_set
{
    u_int    fd_count;
    SOCKET   fd_array[FD_SETSIZE];
} fd_set;
```

Windows的fd_set由成员fd_count和fd_array构成，fd_count用于套接字句柄数，fd_array用于保存套接字句柄。只要略加思考就能理解这样声明的原因。Linux的文件描述符从0开始递增，因此可以找出当前文件描述符数量和最后生成的文件描述符之间的关系。但Windows的套接字句柄并非从0开始，而且句柄的整数值之间并无规律可循，因此需要直接保存句柄的数组和记录句柄数的变量。幸好处理fd_set结构体的FD_XXX型的4个宏的名称、功能及使用方法与Linux完全相同（故省略），这也许是微软为了保证兼容性所做的考量。

基于 Windows 实现 I/O 复用服务器端

下面将示例echo_selectserv.c改为在Windows平台运行。如果各位掌握了之前的内容，那理解起来并不难，故省略源代码的讲解。

❖ echo_selectserv_win.c

```
1.  #include <stdio.h>
2.  #include <stdlib.h>
3.  #include <string.h>
4.  #include <winsock2.h>
5.
6.  #define BUF_SIZE 1024
7.  void ErrorHandling(char *message);
8.
9.  int main(int argc, char *argv[])
```

12

```
10. {
11.     WSADATA wsaData;
12.     SOCKET hServSock, hClntSock;
13.     SOCKADDR_IN servAdr, clntAdr;
14.     TIMEVAL timeout;
15.     fd_set reads, cpyReads;
16. 
17.     int adrSz;
18.     int strLen, fdNum, i;
19.     char buf[BUF_SIZE];
20. 
21.     if(argc!=2) {
22.         printf("Usage : %s <port>\n", argv[0]);
23.         exit(1);
24.     }
25.     if(WSAStartup(MAKEWORD(2, 2), &wsaData)!=0)
26.         ErrorHandling("WSAStartup() error!");
27. 
28.     hServSock=socket(PF_INET, SOCK_STREAM, 0);
29.     memset(&servAdr, 0, sizeof(servAdr));
30.     servAdr.sin_family=AF_INET;
31.     servAdr.sin_addr.s_addr=htonl(INADDR_ANY);
32.     servAdr.sin_port=htons(atoi(argv[1]));
33. 
34.     if(bind(hServSock, (SOCKADDR*) &servAdr, sizeof(servAdr))==SOCKET_ERROR)
35.         ErrorHandling("bind() error");
36.     if(listen(hServSock, 5)==SOCKET_ERROR)
37.         ErrorHandling("listen() error");
38. 
39.     FD_ZERO(&reads);
40.     FD_SET(hServSock, &reads);
41. 
42.     while(1)
43.     {
44.         cpyReads=reads;
45.         timeout.tv_sec=5;
46.         timeout.tv_usec=5000;
47. 
48.         if((fdNum=select(0, &cpyReads, 0, 0, &timeout))==SOCKET_ERROR)
49.             break;
50. 
51.         if(fdNum==0)
52.             continue;
53. 
54.         for(i=0; i<reads.fd_count; i++)
55.         {
56.             if(FD_ISSET(reads.fd_array[i], &cpyReads))
57.             {
58.                 if(reads.fd_array[i]==hServSock)  // connection request!
59.                 {
60.                     adrSz=sizeof(clntAdr);
61.                     hClntSock=
62.                         accept(hServSock, (SOCKADDR*)&clntAdr, &adrSz);
63.                     FD_SET(hClntSock, &reads);
```

```
64.                     printf("connected client: %d \n", hClntSock);
65.                 }
66.                 else    // read message!
67.                 {
68.                     strLen=recv(reads.fd_array[i], buf, BUF_SIZE-1, 0);
69.                     if(strLen==0)   // close request!
70.                     {
71.                         FD_CLR(reads.fd_array[i], &reads);
72.                         closesocket(cpyReads.fd_array[i]);
73.                         printf("closed client: %d \n", cpyReads.fd_array[i]);
74.                     }
75.                     else
76.                     {
77.                         send(reads.fd_array[i], buf, strLen, 0); // echo!
78.                     }
79.                 }
80.             }
81.         }
82.     }
83.     closesocket(hServSock);
84.     WSACleanup();
85.     return 0;
86. }
87.
88. void ErrorHandling(char *message)
89. {
90.     fputs(message, stderr);
91.     fputc('\n', stderr);
92.     exit(1);
93. }
```

上述代码可以结合第4章的echo_client_win.c运行（当然也可以很好地与其他客户端结合运行）。最后，我想再次强调，本章的I/O复用技术在理论和实际中都非常重要，各位应熟练掌握。关于I/O复用的说明到此结束。

12.4 习题

(1) 请解释复用技术的通用含义，并说明何为I/O复用。

(2) 多进程并发服务器的缺点有哪些？如何在I/O复用服务器端中弥补？

(3) 复用服务器端需要select函数。下列关于select函数使用方法的描述错误的是？

a. 调用select函数前需要集中I/O监视对象的文件描述符。
b. 若已通过select函数注册为监视对象，则后续调用select函数时无需重复注册。
c. 复用服务器端同一时间只能服务于1个客户端，因此，需要服务的客户端接入服务器端后只能等待。

d. 与多进程服务器端不同，基于select的复用服务器端只需要1个进程。因此，可以减少因创建进程产生的服务器端的负担。

(4) select函数的观察对象中应包含服务器端套接字（监听套接字），那么应将其包含到哪一类监听对象集合？请说明原因。

(5) select函数中使用的fd_set结构体在Windows和Linux中具有不同声明。请说明区别，同时解释存在区别的必然性。

第 13 章

多种I/O函数

13

之前的示例中，基于 Linux 的使用 read&write 函数完成数据 I/O，基于 Windows 的则使用 send & recv 函数。原因已经在第 1 章进行了充分阐述。本章的 Linux 示例也将使用 send & recv 函数，并讲解其与 read & write 函数相比的优点所在。还将介绍几种其他的 I/O 函数。

13.1 send & recv 函数

虽然我们在之前的Windows示例中一直使用send & recv函数，但从未向最后一个参数传递过除0之外的其他值。也就是说，我们甚至连Windows平台下的send & recv函数都没有完全理解并应用。

Linux 中的 send & recv

虽然第1章介绍过send & recv函数，但那时是基于Windows平台介绍的。本节将介绍Linux平台下的send & recv函数。其实二者并无差别。

```
#include <sys/socket.h>

ssize_t send(int sockfd, const void * buf, size_t nbytes, int flags);
```

→ 成功时返回发送的字节数，失败时返回-1。

- sockfd　表示与数据传输对象的连接的套接字文件描述符。
- buf　保存待传输数据的缓冲地址值。
- nbytes　待传输的字节数。
- flags　传输数据时指定的可选项信息。

与第1章的Windows中的send函数相比，上述函数在声明的结构体名称上有些区别。但参数的顺序、含义、使用方法完全相同，因此实际区别不大。接下来介绍recv函数，该函数与Windows的recv函数相比也没有太大差别。

```
#include <sys/socket.h>

ssize_t recv(int sockfd, void * buf, size_t nbytes, int flags);

    → 成功时返回接收的字节数（收到 EOF 时返回 0），失败时返回-1。
```

- sockfd　表示数据接收对象的连接的套接字文件描述符。
- buf　保存接收数据的缓冲地址值。
- nbytes　可接收的最大字节数。
- flags　接收数据时指定的可选项信息。

send函数和recv函数的最后一个参数是收发数据时的可选项。该可选项可利用位或（bit OR）运算（|运算符）同时传递多个信息。通过表13-1整理可选项的种类及含义。

表13-1　send&recv函数的可选项及含义

可选项（Option）	含　义	send	recv
MSG_OOB	用于传输带外数据（Out-of-band data）	•	•
MSG_PEEK	验证输入缓冲中是否存在接收的数据		•
MSG_DONTROUTE	数据传输过程中不参照路由（Routing）表，在本地（Local）网络中寻找目的地	•	
MSG_DONTWAIT	调用I/O函数时不阻塞，用于使用非阻塞（Non-blocking）I/O	•	•
MSG_WAITALL	防止函数返回，直到接收全部请求的字节数		•

另外，不同操作系统对上述可选项的支持也不同。因此，为了使用不同可选项，各位需要对实际开发中采用的操作系统有一定了解。下面选取表13-1中的一部分（主要是不受操作系统差异影响的）进行详细讲解。

MSG_OOB：发送紧急消息

MSG_OOB可选项用于发送“带外数据”紧急消息。假设医院里有很多病人在等待看病，此时若有急诊患者该怎么办？

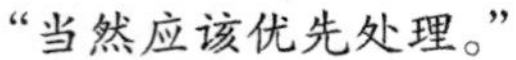

“当然应该优先处理。”

如果急诊患者较多，需要得到等待看病的普通病人的谅解。正因如此，医院一般会设立单独的急诊室。需紧急处理时，应采用不同的处理方法和通道。MSG_OOB可选项就用于创建特殊发送方法和通道以发送紧急消息。下列示例将通过MSG_OOB可选项收发数据。使用MSG_OOB时需要一些拓展知识，这部分内容通过源代码进行讲解。

❖ oob_send.c

```
1.  #include <stdio.h>
2.  #include <unistd.h>
3.  #include <stdlib.h>
4.  #include <string.h>
5.  #include <sys/socket.h>
6.  #include <arpa/inet.h>
7.
8.  #define BUF_SIZE 30
9.  void error_handling(char *message);
10.
11. int main(int argc, char *argv[])
12. {
13.     int sock;
14.     struct sockaddr_in recv_adr;
15.     if(argc!=3) {
16.         printf("Usage : %s <IP> <port>\n", argv[0]);
17.         exit(1);
18.     }
19.
20.     sock=socket(PF_INET, SOCK_STREAM, 0);
21.     memset(&recv_adr, 0, sizeof(recv_adr));
22.     recv_adr.sin_family=AF_INET;
23.     recv_adr.sin_addr.s_addr=inet_addr(argv[1]);
24.     recv_adr.sin_port=htons(atoi(argv[2]));
25.
26.     if(connect(sock, (struct sockaddr*)&recv_adr, sizeof(recv_adr))==-1)
27.         error_handling("connect() error!");
28.
29.     write(sock, "123", strlen("123"));
30.     send(sock, "4", strlen("4"), MSG_OOB);
31.     write(sock, "567", strlen("567"));
32.     send(sock, "890", strlen("890"), MSG_OOB);
33.     close(sock);
34.     return 0;
35. }
36.
37. void error_handling(char *message)
38. {
39.     fputs(message, stderr);
40.     fputc('\n', stderr);
41.     exit(1);
42. }
```

- 第29~32行：传输数据。第30和第32行紧急传输数据。正常顺序应该是123、4、567、890，但紧急传输了4和890，由此可知接收顺序也将改变。

13

从上述示例可以看出，紧急消息的传输比即将介绍的接收过程要简单，只需在调用send函数时指定MSG_OOB可选项。接收紧急消息的过程要相对复杂一些。

❖ oob_recv.c

```
1.  #include <stdio.h>
2.  #include <unistd.h>
3.  #include <stdlib.h>
4.  #include <string.h>
5.  #include <signal.h>
6.  #include <sys/socket.h>
7.  #include <netinet/in.h>
8.  #include <fcntl.h>
9.
10. #define BUF_SIZE 30
11. void error_handling(char *message);
12. void urg_handler(int signo);
13.
14. int acpt_sock;
15. int recv_sock;
16.
17. int main(int argc, char *argv[])
18. {
19.     struct sockaddr_in recv_adr, serv_adr;
20.     int str_len, state;
21.     socklen_t serv_adr_sz;
22.     struct sigaction act;
23.     char buf[BUF_SIZE];
24.     if(argc!=2) {
25.         printf("Usage : %s <port>\n", argv[0]);
26.         exit(1);
27.     }
28.
29.     act.sa_handler=urg_handler;
30.     sigemptyset(&act.sa_mask);
31.     act.sa_flags=0;
32.
33.     acpt_sock=socket(PF_INET, SOCK_STREAM, 0);
34.     memset(&recv_adr, 0, sizeof(recv_adr));
35.     recv_adr.sin_family=AF_INET;
36.     recv_adr.sin_addr.s_addr=htonl(INADDR_ANY);
37.     recv_adr.sin_port=htons(atoi(argv[1]));
38.
39.     if(bind(acpt_sock, (struct sockaddr*)&recv_adr, sizeof(recv_adr))==-1)
40.         error_handling("bind() error");
41.     listen(acpt_sock, 5);
42.
43.     serv_adr_sz=sizeof(serv_adr);
44.     recv_sock=accept(acpt_sock, (struct sockaddr*)&serv_adr, &serv_adr_sz);
45.
46.     fcntl(recv_sock, F_SETOWN, getpid());
47.     state=sigaction(SIGURG, &act, 0);
```

```
48.
49.     while((str_len=recv(recv_sock, buf, sizeof(buf)-1, 0))!= 0)
50.     {
51.         if(str_len==-1)
52.             continue;
53.         buf[str_len]=0;
54.         puts(buf);
55.     }
56.     close(recv_sock);
57.     close(acpt_sock);
58.     return 0;
59. }
60.
61. void urg_handler(int signo)
62. {
63.     int str_len;
64.     char buf[BUF_SIZE];
65.     str_len=recv(recv_sock, buf, sizeof(buf)-1, MSG_OOB);
66.     buf[str_len]=0;
67.     printf("Urgent message: %s \n", buf);
68. }
69. void error_handling(char *message)
70. {
71.     fputs(message, stderr);
72.     fputc('\n', stderr);
73.     exit(1);
74. }
```

- 第29、47行：该示例中需要重点观察SIGURG信号相关部分。收到MSG_OOB紧急消息时，操作系统将产生SIGURG信号，并调用注册的信号处理函数。另外需要注意的是，第61行的信号处理函数内部调用了接收紧急消息的recv函数。
- 第46行：调用fcntl函数，关于此函数将单独说明。

上述示例中插入了未曾讲解的函数调用语句，关于此函数只讲解必要部分，过多解释将脱离本章主题（第17章将再次说明）。

```
fcntl(recv_sock, F_SETOWN, getpid());
```

fcntl函数用于控制文件描述符，但上述调用语句的含义如下：

> “将文件描述符recv_sock指向的套接字拥有者（F_SETOWN）改为把getpid函数返回值用作ID的进程。”

各位或许感觉“套接字拥有者”的概念有些生疏。操作系统实际创建并管理套接字，所以从严格意义上说，“套接字拥有者”是操作系统。只是此处所谓的“拥有者”是指负责套接字所有事务的主体。上述描述可简要概括如下：

> “文件描述符recv_sock指向的套接字引发的SIGURG信号处理进程变为将getpid函数返回值用作ID的进程。”

当然，上述描述中的"处理SIGURG信号"指的是"调用SIGURG信号处理函数"。但之前讲过，多个进程可以共同拥有1个套接字的文件描述符。例如，通过调用fork函数创建子进程并同时复制文件描述符。此时如果发生SIGURG信号，应该调用哪个进程的信号处理函数呢？可以肯定的是，不会调用所有进程的信号处理函数（想想就知道这会引发更多问题）。因此，处理SIGURG信号时必须指定处理信号的进程，而getpid函数返回调用此函数的进程ID。上述调用语句指定当前进程为处理SIGURG信号的主体。该程序中只创建了1个进程，因此，理应由该进程处理SIGURG信号。接下来先给出运行结果，再讨论剩下的问题。

❖ 运行结果：oob_send.c

```
root@my_linux:/tcpip# gcc oob_send.c -o send
root@my_linux:/tcpip# ./send 127.0.0.1 9190
```

❖ 运行结果：oob_recv.c

```
root@my_linux:/tcpip# gcc oob_recv.c -o recv
root@my_linux:/tcpip# ./recv 9190
123
Urgent message: 4
567
Urgent message: 0
89
```

输出结果可能出乎大家预料，尤其是如下事实令人极为失望：

"通过MSG_OOB可选项传递数据时只返回1个字节？而且也不是很快啊！"

的确！令人遗憾的是，通过MSG_OOB可选项传递数据时不会加快数据传输速度，而且通过信号处理函数urg_handler读取数据时也只能读1个字节。剩余数据只能通过未设置MSG_OOB可选项的普通输入函数读取。这是因为TCP不存在真正意义上的"带外数据"。实际上，MSG_OOB中的OOB是指Out-of-band，而"带外数据"的含义是：

"通过完全不同的通信路径传输的数据。"

即真正意义上的Out-of-band需要通过单独的通信路径高速传输数据，但TCP不另外提供，只利用TCP的紧急模式（Urgent mode）进行传输。

紧急模式工作原理

先给出结论，再补充说明紧急模式。MSG_OOB可选项可以带来如下效果：

"嗨！这里有数据需要紧急处理，别磨蹭啦！"

MSG_OOB的真正的意义在于督促数据接收对象尽快处理数据。这是紧急模式的全部内容，而且TCP“保持传输顺序”的传输特性依然成立。

“那怎能称为紧急消息呢！”

这确实是紧急消息！因为发送消息者是在催促数据处理的情况下传输数据的。急诊患者的及时救治需要如下两个条件。

- 迅速入院。
- 医院急救。

无法快速把病人送到医院，并不意味着不需要医院进行急救。TCP的紧急消息无法保证及时入院，但可以要求急救。当然，急救措施应由程序员完成。之前的示例oob_recv.c的运行过程中也传递了紧急消息，这可以通过事件处理函数确认。这就是MSG_OOB模式数据传输的实际意义。下面给出设置MSG_OOB可选项状态下的数据传输过程，如图13-1所示。

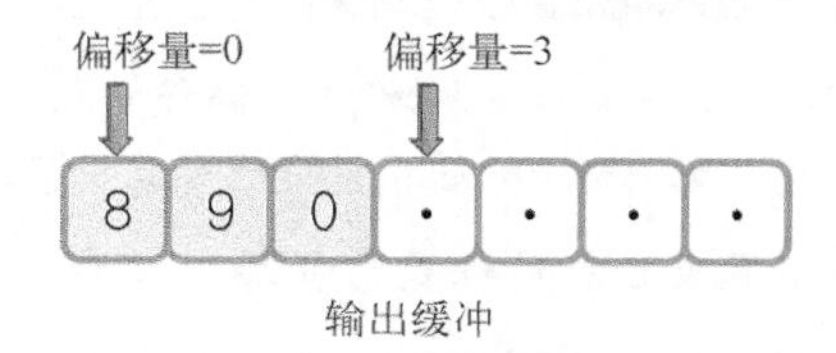

图13-1　紧急消息传输阶段的输出缓冲

图13-1给出的是示例oob_send.c的第32行中调用如下函数后的输出缓冲状态。此处假设已传输之前的数据。

```
send(sock, "890", strlen("890"), MSG_OOB);
```

如果将缓冲最左端的位置视作偏移量为0，字符0保存于偏移量为2的位置。另外，字符0右侧偏移量为3的位置存有紧急指针（Urgent Pointer）。紧急指针指向紧急消息的下一个位置（偏移量加1），同时向对方主机传递如下信息：

“紧急指针指向的偏移量为3之前的部分就是紧急消息！”

也就是说，实际只用1个字节表示紧急消息信息。这一点可以通过图13-1中用于传输数据的TCP数据包（段）的结构看得更清楚，如图13-2所示。

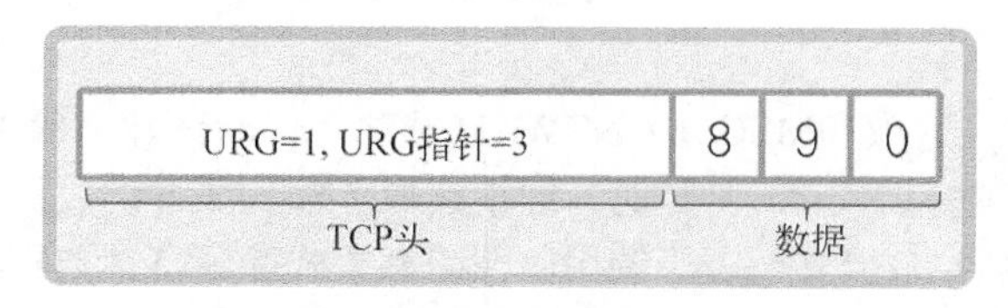

图13-2　设置URG的数据包

TCP数据包实际包含更多信息，但图13-2只标注了与我们的主题相关的内容。TCP头中含有如下两种信息。

- URG=1：载有紧急消息的数据包
- URG指针：紧急指针位于偏移量为3的位置

指定MSG_OOB选项的数据包本身就是紧急数据包，并通过紧急指针表示紧急消息所在位置。但通过图13-2无法得知以下事实：

“紧急消息是字符串890，还是90？如若不是，是否为单个字符0？”

但这并不重要。如前所述，除紧急指针的前面1个字节外，数据接收方将通过调用常用输入函数读取剩余部分。换言之，紧急消息的意义在于督促消息处理，而非紧急传输形式受限的消息。

知识补给站　计算机领域的偏移量（offset）

学习计算机相关领域时，会经常接触到术语“偏移量”，下面简单说明其含义。很多人通常认为偏移量就是从0开始每次增1的值。的确如此，但更准确地说，其含义如下：

“偏移量就是参照基准位置表示相对位置的量。”

为了理解这一点，请看图13-3，图中标有实际地址和偏移地址。

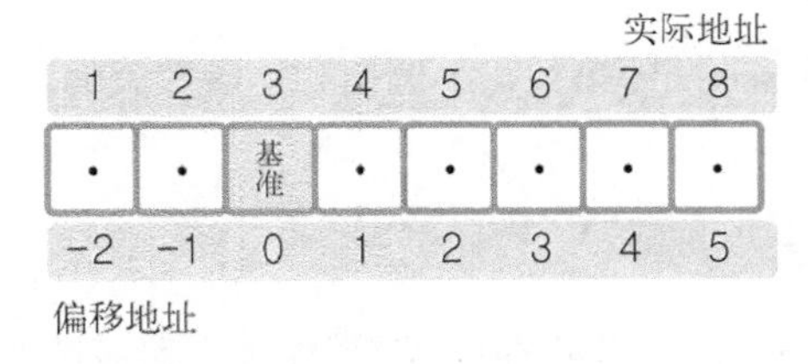

图13-3　偏移地址

图13-3给出了以实际地址3为基址计算偏移地址的过程。可以看到，偏移量表示距离基准点向哪个方向偏移多长距离。因此，与普通地址不同，偏移地址每次从0开始。

检查输入缓冲

同时设置MSG_PEEK选项和MSG_DONTWAIT选项，以验证输入缓冲中是否存在接收的数据。设置MSG_PEEK选项并调用recv函数时，即使读取了输入缓冲的数据也不会删除。因此，该选项通常与MSG_DONTWAIT合作，用于调用以非阻塞方式验证待读数据存在与否的函数。下面通过示例了解二者含义。

❖ peek_send.c

```
1.  #include <stdio.h>
2.  #include <unistd.h>
3.  #include <stdlib.h>
4.  #include <string.h>
5.  #include <sys/socket.h>
6.  #include <arpa/inet.h>
7.  void error_handling(char *message);
8.
9.  int main(int argc, char *argv[])
10. {
11.     int sock;
12.     struct sockaddr_in send_adr;
13.     if(argc!=3) {
14.         printf("Usage : %s <IP> <port>\n", argv[0]);
15.         exit(1);
16.     }
17.
18.     sock=socket(PF_INET, SOCK_STREAM, 0);
19.     memset(&send_adr, 0, sizeof(send_adr));
20.     send_adr.sin_family=AF_INET;
21.     send_adr.sin_addr.s_addr=inet_addr(argv[1]);
22.     send_adr.sin_port=htons(atoi(argv[2]));
23.
24.     if(connect(sock, (struct sockaddr*)&send_adr, sizeof(send_adr))==-1)
25.         error_handling("connect() error!");
26.
27.     write(sock, "123", strlen("123"));
28.     close(sock);
29.     return 0;
30. }
31.
32. void error_handling(char *message)
33. {
34.     fputs(message, stderr);
35.     fputc('\n', stderr);
36.     exit(1);
37. }
```

上述示例在第24行发起连接请求，第27行发送字符串123，此外无需赘述。下列示例给出了使用MSG_PEEK和MSG_DONTWAIT选项的结果。

❖ peek_recv.c

```
1.  #include <stdio.h>
2.  #include <unistd.h>
3.  #include <stdlib.h>
4.  #include <string.h>
5.  #include <sys/socket.h>
6.  #include <arpa/inet.h>
```

```
7. 
8.  #define BUF_SIZE 30
9.  void error_handling(char *message);
10. 
11. int main(int argc, char *argv[])
12. {
13.     int acpt_sock, recv_sock;
14.     struct sockaddr_in acpt_adr, recv_adr;
15.     int str_len, state;
16.     socklen_t recv_adr_sz;
17.     char buf[BUF_SIZE];
18.     if(argc!=2) {
19.         printf("Usage : %s <port>\n", argv[0]);
20.         exit(1);
21.     }
22. 
23.     acpt_sock=socket(PF_INET, SOCK_STREAM, 0);
24.     memset(&acpt_adr, 0, sizeof(acpt_adr));
25.     acpt_adr.sin_family=AF_INET;
26.     acpt_adr.sin_addr.s_addr=htonl(INADDR_ANY);
27.     acpt_adr.sin_port=htons(atoi(argv[1]));
28. 
29.     if(bind(acpt_sock, (struct sockaddr*)&acpt_adr, sizeof(acpt_adr))==-1)
30.         error_handling("bind() error");
31.     listen(acpt_sock, 5);
32. 
33.     recv_adr_sz=sizeof(recv_adr);
34.     recv_sock=accept(acpt_sock, (struct sockaddr*)&recv_adr, &recv_adr_sz);
35. 
36.     while(1)
37.     {
38.         str_len=recv(recv_sock, buf, sizeof(buf)-1, MSG_PEEK|MSG_DONTWAIT);
39.         if(str_len>0)
40.             break;
41.     }
42. 
43.     buf[str_len]=0;
44.     printf("Buffering %d bytes: %s \n", str_len, buf);
45. 
46.     str_len=recv(recv_sock, buf, sizeof(buf)-1, 0);
47.     buf[str_len]=0;
48.     printf("Read again: %s \n", buf);
49.     close(acpt_sock);
50.     close(recv_sock);
51.     return 0;
52. }
53. 
54. void error_handling(char *message)
55. {
56.     fputs(message, stderr);
57.     fputc('\n', stderr);
58.     exit(1);
59. }
```

- 第38行：调用recv函数的同时传递MSG_PEEK可选项，这是为了保证即使不存在待读取数据也不会进入阻塞状态。
- 第46行：再次调用recv函数。这次并未设置任何可选项，因此，本次读取的数据将从输入缓冲中删除。

❖ 运行结果：peek_recv.c

```
root@my_linux:/tcpip# peek_recv.c -o recv
root@my_linux:/tcpip# ./recv 9190
Buffering 3 bytes: 123
Read again: 123
```

❖ 运行结果：peek_send.c

```
root@my_linux:/tcpip# gcc peek_send.c -o send
root@my_linux:/tcpip# ./send 127.0.0.1 9190
```

通过运行结果可以验证，仅发送1次的数据被读取了2次，因为第一次调用recv函数时设置了MSG_PEEK可选项。以上就是MSG_PEEK可选项的功能。

13.2　readv & writev 函数

本节介绍的readv & writev函数有助于提高数据通信效率。先介绍这些函数的使用方法，再讨论其合理的应用场景。

使用 readv & writev 函数

readv & writev函数的功能可概括如下：

"对数据进行整合传输及发送的函数。"

也就是说，通过writev函数可以将分散保存在多个缓冲中的数据一并发送，通过readv函数可以由多个缓冲分别接收。因此，适当使用这2个函数可以减少I/O函数的调用次数。下面先介绍writev函数。

```
#include <sys/uio.h>

ssize_t writev(int filedes, const struct iovec * iov, int iovcnt);
```

➔ 成功时返回发送的字节数，失败时返回-1。

13

- filedes　表示数据传输对象的套接字文件描述符。但该函数并不只限于套接字，因此，可以像read函数一样向其传递文件或标准输出描述符。
- iov　iovec结构体数组的地址值，结构体iovec中包含待发送数据的位置和大小信息。
- iovcnt　向第二个参数传递的数组长度。

上述函数的第二个参数中出现的数组iovec结构体的声明如下。

```
struct iovec
{
    void * iov_base;  // 缓冲地址
    size_t iov_len;   // 缓冲大小
}
```

可以看到，结构体iovec由保存待发送数据的缓冲（char型数组）地址值和实际发送的数据长度信息构成。给出上述函数的调用示例前，先通过图13-4了解该函数的使用方法。

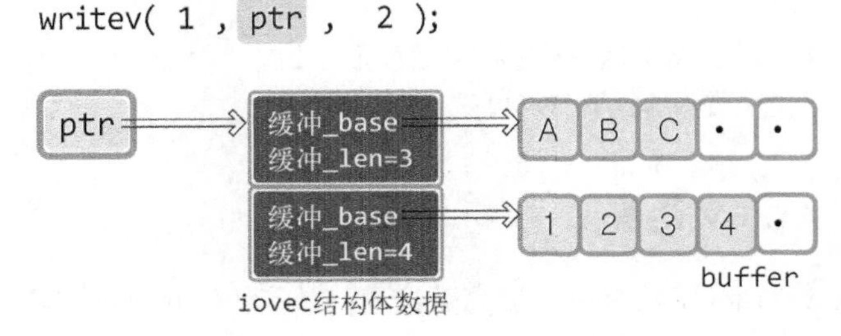

图13-4　write & iovec

图13-4中writev的第一个参数1是文件描述符，因此向控制台输出数据，ptr是存有待发送数据信息的iovec数组指针。第三个参数为2，因此，从ptr指向的地址开始，共浏览2个iovec结构体变量，发送这些指针指向的缓冲数据。接下来仔细观察图中的iovec结构体数组。ptr[0]（数组第一个元素）的iov_base指向以A开头的字符串，同时iov_len为3，故发送ABC。而ptr[1]（数组的第二个元素）的iov_base指向数字1，同时iov_len为4，故发送1234。

相信各位已掌握writev函数的使用方法和特性，接下来给出示例。

❖ writev.c

```
1.  #include <stdio.h>
2.  #include <sys/uio.h>
3.
4.  int main(int argc, char *argv[])
5.  {
6.      struct iovec vec[2];
7.      char buf1[]="ABCDEFG";
8.      char buf2[]="1234567";
9.      int str_len;
```

```
10.
11.     vec[0].iov_base=buf1;
12.     vec[0].iov_len=3;
13.     vec[1].iov_base=buf2;
14.     vec[1].iov_len=4;
15.
16.     str_len=writev(1, vec, 2);
17.     puts("");
18.     printf("Write bytes: %d \n", str_len);
19.     return 0;
20. }
```

- 第11、12行：写入第一个传输数据的保存位置和大小。
- 第13、14行：写入第二个传输数据的保存位置和大小。
- 第16行：writev函数的第一个参数为1，故向控制台输出数据。

❖ 运行结果：writev.c

```
root@my_linux:/tcpip# gcc writev.c -o wv
root@my_linux:/tcpip# ./wv
ABC1234
Write bytes: 7
```

下面介绍readv函数，它与writev函数正好相反。

```
#include <sys/uio.h>

ssize_t readv(int filedes, const struct iovec * iov, int iovcnt);
```

➔ 成功时返回接收的字节数，失败时返回-1。

- filedes　传递接收数据的文件（或套接字）描述符。
- iov　包含数据保存位置和大小信息的iovec结构体数组的地址值。
- iovcnt　第二个参数中数组的长度。

我们已经学习了writev函数，因此直接通过示例给出readv函数的使用方法。

❖ readv.c

```
1.  #include <stdio.h>
2.  #include <sys/uio.h>
3.  #define BUF_SIZE 100
4.
5.  int main(int argc, char *argv[])
6.  {
7.      struct iovec vec[2];
8.      char buf1[BUF_SIZE]={0,};
```

```
9.      char buf2[BUF_SIZE]={0,};
10.     int str_len;
11.
12.     vec[0].iov_base=buf1;
13.     vec[0].iov_len=5;
14.     vec[1].iov_base=buf2;
15.     vec[1].iov_len=BUF_SIZE;
16.
17.     str_len=readv(0, vec, 2);
18.     printf("Read bytes: %d \n", str_len);
19.     printf("First message: %s \n", buf1);
20.     printf("Second message: %s \n", buf2);
21.     return 0;
22. }
```

- 第12、13行：设置第一个数据的保存位置和大小。接收数据的大小已指定为5，因此，无论buf1的大小是多少，最多仅能保存5个字节。
- 第14、15行：vec[0]中注册的缓冲中保存5个字节，剩余数据将保存到vec[1]中注册的缓冲。结构体iovec的成员iov_len中应写入接收的最大字节数。
- 第17行：readv函数的第一个参数为0，因此从标准输入接收数据。

❖ 运行结果：writev.c

```
root@my_linux:/tcpip# gcc readv.c -o rv
root@my_linux:/tcpip# ./rv
I like TCP/IP socket programming~
Read bytes: 34
First message: I lik
Second message: e TCP/IP socket programming~
```

由运行结果可知，通过第7行声明的vec数组保存了数据。

合理使用 readv & writev 函数

哪种情况适合使用readv和writev函数？实际上，能使用该函数的所有情况都适用。例如，需要传输的数据分别位于不同缓冲（数组）时，需要多次调用write函数。此时可以通过1次writev函数调用替代操作，当然会提高效率。同样，需要将输入缓冲中的数据读入不同位置时，可以不必多次调用read函数，而是利用1次readv函数就能大大提高效率。

即使仅从C语言角度看，减少函数调用次数也能相应提高性能。但其更大的意义在于减少数据包个数。假设为了提高效率而在服务器端明确阻止了Nagle算法。其实writev函数在不采用Nagle算法时更有价值，如图13-5所示。

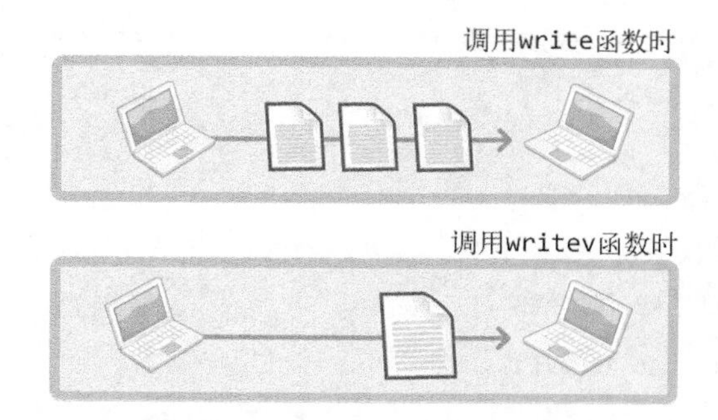

图13-5 Nagle算法关闭状态下的数据传输

上述示例中待发送的数据分别存在3个不同的地方，此时如果使用write函数则需要3次函数调用。但若为提高速度而关闭了Nagle算法，则极有可能通过3个数据包传递数据。反之，若使用writev函数将所有数据一次性写入输出缓冲，则很有可能仅通过1个数据包传输数据。所以writev函数和readv函数非常有用。

再考虑一种情况：将不同位置的数据按照发送顺序移动（复制）到1个大数组，并通过1次write函数调用进行传输。这种方式是否与调用writev函数的效果相同？当然！但使用writev函数更为便利。因此，如果遇到writev函数和readv函数的适用情况，希望各位不要错过机会。

13.3 基于 Windows 的实现

我们在之前的Windows示例中通过send函数和recv函数完成了数据交换，因此只需补充设置可选项相关示例。下面将Linux示例oob_send.c和oob_recv.c移植到Windows平台，此处需要考虑一点：

"Windows中并不存在Linux那样的信号处理机制。"

示例oob_send.c和oob_recv.c的核心内容就是MSG_OOB可选项的设置。但在Windows中无法完成针对该可选项的事件处理，需要考虑使用其他方法。我们通过select函数解决这一问题。之前讲过的select函数的3种监视对象如下所示。

- 是否存在套接字接收数据？
- 无需阻塞传输数据的套接字有哪些？
- 哪些套接字发生了异常？

其中，第12章也未对"发生异常的套接字"另行讲解。"异常"是不同寻常的程序执行流，因此，收到Out-of-band数据也属于异常。也就是说，利用select函数的这一特性可以在Windows平台接收Out-of-band数据，参考如下示例。

❖ oob_send_win.c

```
1.  #include <stdio.h>
2.  #include <stdlib.h>
3.  #include <winsock2.h>
4.  
5.  #define BUF_SIZE 30
6.  void ErrorHandling(char *message);
7.  
8.  int main(int argc, char *argv[])
9.  {
10.     WSADATA wsaData;
11.     SOCKET hSocket;
12.     SOCKADDR_IN sendAdr;
13.     if(argc!=3) {
14.         printf("Usage : %s <IP> <port>\n", argv[0]);
15.         exit(1);
16.     }
17. 
18.     if(WSAStartup(MAKEWORD(2, 2), &wsaData) != 0)
19.         ErrorHandling("WSAStartup() error!");
20. 
21.     hSocket=socket(PF_INET, SOCK_STREAM, 0);
22.     memset(&sendAdr, 0, sizeof(sendAdr));
23.     sendAdr.sin_family=AF_INET;
24.     sendAdr.sin_addr.s_addr=inet_addr(argv[1]);
25.     sendAdr.sin_port=htons(atoi(argv[2]));
26. 
27.     if(connect(hSocket, (SOCKADDR*)&sendAdr, sizeof(sendAdr))==SOCKET_ERROR)
28.         ErrorHandling("connect() error!");
29. 
30.     send(hSocket, "123", 3, 0);
31.     send(hSocket, "4", 1, MSG_OOB);
32.     send(hSocket, "567", 3, 0);
33.     send(hSocket, "890", 3, MSG_OOB);
34. 
35.     closesocket(hSocket);
36.     WSACleanup();
37.     return 0;
38. }
39. 
40. void ErrorHandling(char *message)
41. {
42.     fputs(message, stderr);
43.     fputc('\n', stderr);
44.     exit(1);
45. }
```

上述示例是发送紧急消息的代码，但该示例只是oob_send.c的Windows移植版，故省略。下面给出的接收紧急消息的代码则与oob_recv.c不同，采用了select函数，有必要仔细阅读。

❖ oob_recv_win.c

```
1.  #include <stdio.h>
2.  #include <stdlib.h>
3.  #include <winsock2.h>
4.  
5.  #define BUF_SIZE 30
6.  void ErrorHandling(char *message);
7.  
8.  int main(int argc, char *argv[])
9.  {
10.     WSADATA wsaData;
11.     SOCKET hAcptSock, hRecvSock;
12. 
13.     SOCKADDR_IN recvAdr;
14.     SOCKADDR_IN sendAdr;
15.     int sendAdrSize, strLen;
16.     char buf[BUF_SIZE];
17.     int result;
18. 
19.     fd_set read, except, readCopy, exceptCopy;
20.     struct timeval timeout;
21. 
22.     if(argc!=2) {
23.         printf("Usage : %s <port>\n", argv[0]);
24.         exit(1);
25.     }
26. 
27.     if(WSAStartup(MAKEWORD(2, 2), &wsaData)!=0)
28.         ErrorHandling("WSAStartup() error!");
29. 
30.     hAcptSock=socket(PF_INET, SOCK_STREAM, 0);
31.     memset(&recvAdr, 0, sizeof(recvAdr));
32.     recvAdr.sin_family=AF_INET;
33.     recvAdr.sin_addr.s_addr=htonl(INADDR_ANY);
34.     recvAdr.sin_port=htons(atoi(argv[1]));
35. 
36.     if(bind(hAcptSock, (SOCKADDR*)&recvAdr, sizeof(recvAdr))==SOCKET_ERROR)
37.         ErrorHandling("bind() error");
38.     if(listen(hAcptSock, 5)==SOCKET_ERROR)
39.         ErrorHandling("listen() error");
40. 
41.     sendAdrSize=sizeof(sendAdr);
42.     hRecvSock=accept(hAcptSock, (SOCKADDR*)&sendAdr, &sendAdrSize);
43.     FD_ZERO(&read);
44.     FD_ZERO(&except);
45.     FD_SET(hRecvSock, &read);
46.     FD_SET(hRecvSock, &except);
47. 
48.     while(1)
49.     {
50.         readCopy=read;
51.         exceptCopy=except;
```

```
52.         timeout.tv_sec=5;
53.         timeout.tv_usec=0;
54. 
55.         result=select(0, &readCopy, 0, &exceptCopy, &timeout);
56. 
57.         if(result>0)
58.         {
59.             if(FD_ISSET(hRecvSock, &exceptCopy))
60.             {
61.                 strLen=recv(hRecvSock, buf, BUF_SIZE-1, MSG_OOB);
62.                 buf[strLen]=0;
63.                 printf("Urgent message: %s \n", buf);
64.             }
65. 
66.             if(FD_ISSET(hRecvSock, &readCopy))
67.             {
68.                 strLen=recv(hRecvSock, buf, BUF_SIZE-1, 0);
69.                 if(strLen==0)
70.                 {
71.                     break;
72.                     closesocket(hRecvSock);
73.                 }
74.                 else
75.                 {
76.                     buf[strLen]=0;
77.                     puts(buf);
78.                 }
79.             }
80.         }
81.     }
82. 
83.     closesocket(hAcptSock);
84.     WSACleanup();
85.     return 0;
86. }
87. 
88. void ErrorHandling(char *message)
89. {
90.     fputs(message, stderr);
91.     fputc('\n', stderr);
92.     exit(1);
93. }
```

虽然代码有些偏长，但除了调用select函数接收Out-of-band数据的部分外，没有特别之处。而且第12章已经详细讲解了select函数，相信各位能够自行分析上述代码。

另外，Windows中并没有函数与writev & readv函数直接对应，但可以通过“重叠I/O”（Overlapped I/O）得到相同效果。关于重叠I/O需要处理不少细节问题，后续章节将进行讲解。各位只需记住Linux的writev & readv函数的功能可以通过Windows的“重叠I/O”实现。

13.4 习题

(1) 下列关于MSG_OOB可选项的说法错误的是？

a. MSG_OOB指传输Out-of-band数据，是通过其他路径高速传输数据。

b. MSG_OOB指通过其他路径高速传输数据，因此，TCP中设置该选项的数据先到达对方主机。

c. 设置MSG_OOB使数据先到达对方主机后，以普通数据的形式和顺序读取。也就是说，只是提高了传输速度，接收方无法识别这一点。

d. MSG_OOB无法脱离TCP的默认数据传输方式。即使设置了MSG_OOB，也会保持原有传输顺序。该选项只用于要求接收方紧急处理。

(2) 利用readv & writev函数收发数据有何优点？分别从函数调用次数和I/O缓冲的角度给出说明。

(3) 通过recv函数验证输入缓冲是否存在数据时（确认后立即返回时），如何设置recv函数最后一个参数中的可选项？分别说明各可选项的含义。

(4) 可在Linux平台通过注册事件处理函数接收MSG_OOB数据。那Windows中如何接收？请说明接收方法。

第 14 章

多播与广播

14

假设各位经营网络电台，需要向用户发送多媒体信息。如果有 1000 名用户，则需要向 1000 名用户发送数据；如果有 10000 名用户，则需要向 10000 名用户发送数据。此时，如果基于 TCP 提供服务，则需要维护 1000 个或 10000 个套接字连接,即使用 UDP 套接字提供服务,也需要 1000 次或 10000 次数据传输。像这样，向大量客户端发送相同数据时，也会对服务器端和网络流量产生负面影响。可以使用多播技术解决该问题。

14.1 多播

多播（Multicast）方式的数据传输是基于UDP完成的。因此，与UDP服务器端/客户端的实现方式非常接近。区别在于，UDP数据传输以单一目标进行，而多播数据同时传递到加入（注册）特定组的大量主机。换言之，采用多播方式时，可以同时向多个主机传递数据。

多播的数据传输方式及流量方面的优点

多播的数据传输特点可整理如下。

- 多播服务器端针对特定多播组，只发送1次数据。
- 即使只发送1次数据，但该组内的所有客户端都会接收数据。
- 多播组数可在IP地址范围内任意增加。
- 加入特定组即可接收发往该多播组的数据。

多播组是D类IP地址（224.0.0.0~239.255.255.255），“加入多播组”可以理解为通过程序完成如下声明：

“在D类IP地址中，我希望接收发往目标239.234.218.234的多播数据。”

多播是基于UDP完成的，也就是说，多播数据包的格式与UDP数据包相同。只是与一般的

UDP数据包不同，向网络传递1个多播数据包时，路由器将复制该数据包并传递到多个主机。像这样，多播需要借助路由器完成，如图14-1所示。

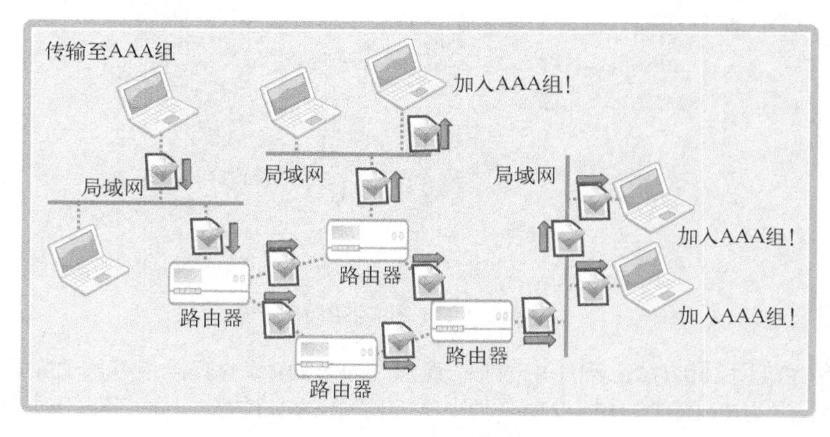

图14-1 多播路由

图14-1表示传输至AAA组的多播数据包借助路由器传递到加入AAA组的所有主机的过程。

“但这种方式不利于网络流量啊！”

我在本章开始部分讲过：

“像这样，向大量客户端发送相同数据时，也会对服务器端和网络流量产生负面影响。可以使用多播技术解决该问题。”

只看图14-1，各位也许会认为这不利于网络流量，因为路由器频繁复制同一数据包。但请从另一方面考虑。

“不会向同一区域发送多个相同数据包！”

若通过TCP或UDP向1000个主机发送文件，则共需要传递1000次。即便将10台主机合为1个网络，使99%的传输路径相同的情况下也是如此。但此时若使用多播方式传输文件，则只需发送1次。这时由1000台主机构成的网络中的路由器负责复制文件并传递到主机。就因为这种特性，多播主要用于“多媒体数据的实时传输”。

另外，虽然理论上可以完成多播通信，但不少路由器并不支持多播，或即便支持也因网络拥堵问题故意阻断多播。因此，为了在不支持多播的路由器中完成多播通信，也会使用隧道（Tunneling）技术（这并非多播程序开发人员需要考虑的问题）。我们只讨论支持多播服务的环境下的编程方法。

路由（Routing）和TTL（Time to Live，生存时间），以及加入组的方法

接下来讨论多播相关编程方法。为了传递多播数据包，必需设置TTL。TTL是Time to Live的

简写，是决定“数据包传递距离”的主要因素。TTL用整数表示，并且每经过1个路由器就减1。TTL变为0时，该数据包无法再被传递，只能销毁。因此，TTL的值设置过大将影响网络流量。当然，设置过小也会无法传递到目标，需要引起注意。

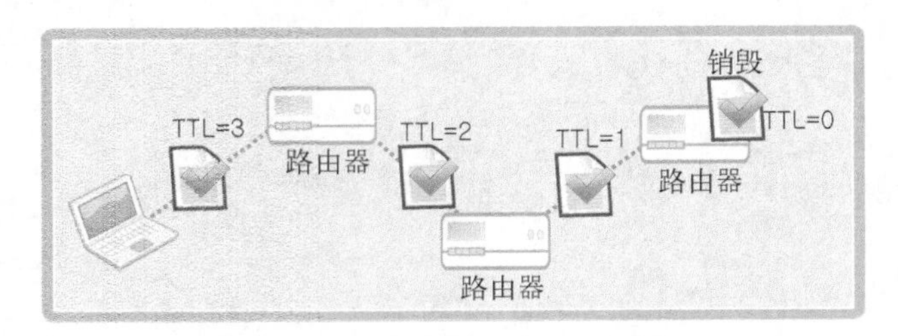

图14-2　TTL和多播路由

接下来给出TTL设置方法。程序中的TTL设置是通过第9章的套接字可选项完成的。与设置TTL相关的协议层为IPPROTO_IP，选项名为IP_MULTICAST_TTL。因此，可以用如下代码把TTL设置为64。

```
int send_sock;
int time_live=64;
. . . .
send_sock=socket(PF_INET, SOCK_DGRAM, 0);
setsockopt(send_sock, IPPROTO_IP, IP_MULTICAST_TTL, (void*) &time_live,
sizeof(time_live));
. . . .
```

另外，加入多播组也通过设置套接字选项完成。加入多播组相关的协议层为IPPROTO_IP，选项名为IP_ADD_MEMBERSHIP。可通过如下代码加入多播组。

```
int recv_sock;
struct ip_mreq join_adr;
. . . .
recv_sock=socket(PF_INET, SOCK_DGRAM, 0);
. . . .
join_adr.imr_multiaddr.s_addr="多播组地址信息";
join_adr.imr_interface.s_addr="加入多播组的主机地址信息";
setsockopt(recv_sock, IPPROTO_IP, IP_ADD_MEMBERSHIP, (void*) & join_adr,
sizeof(join_adr));
. . . .
```

上述代码只给出了与setsockopt函数相关的部分，详细内容将在稍后示例中给出。此处只讲解ip_mreq结构体，该结构体定义如下。

```
struct ip_mreq
{
    struct in_addr imr_multiaddr;
    struct in_addr imr_interface;
}
```

第3章讲过in_addr结构体，因此只介绍结构体成员。首先，第一个成员imr_multiaddr中写入加入的组IP地址。第二个成员imr_interface是加入该组的套接字所属主机的IP地址，也可使用INADDR_ANY。

实现多播 Sender 和 Receiver

多播中用“发送者”（以下称为Sender）和“接受者”（以下称为Receiver）替代服务器端和客户端。顾名思义，此处的Sender是多播数据的发送主体，Receiver是需要多播组加入过程的数据接收主体。下面讨论即将给出的示例，该示例的运行场景如下。

- Sender：向AAA组广播（Broadcasting）文件中保存的新闻信息。
- Receiver：接收传递到AAA组的新闻信息。

接下来给出Sender代码。Sender比Receiver简单，因为Receiver需要经过加入组的过程，而Sender只需创建UDP套接字，并向多播地址发送数据。

❖ news_sender.c

```
1.  #include <stdio.h>
2.  #include <stdlib.h>
3.  #include <string.h>
4.  #include <unistd.h>
5.  #include <arpa/inet.h>
6.  #include <sys/socket.h>
7.
8.  #define TTL 64
9.  #define BUF_SIZE 30
10. void error_handling(char *message);
11.
12. int main(int argc, char *argv[])
13. {
14.     int send_sock;
15.     struct sockaddr_in mul_adr;
16.     int time_live=TTL;
17.     FILE *fp;
18.     char buf[BUF_SIZE];
19.     if(argc!=3) {
20.         printf("Usage : %s <GroupIP> <PORT>\n", argv[0]);
21.         exit(1);
22.     }
```

```
23.
24.     send_sock=socket(PF_INET, SOCK_DGRAM, 0);
25.     memset(&mul_adr, 0, sizeof(mul_adr));
26.     mul_adr.sin_family=AF_INET;
27.     mul_adr.sin_addr.s_addr=inet_addr(argv[1]);   // Multicast IP
28.     mul_adr.sin_port=htons(atoi(argv[2]));   // Multicast Port
29.
30.     setsockopt(send_sock, IPPROTO_IP,
31.         IP_MULTICAST_TTL, (void*)&time_live, sizeof(time_live));
32.     if((fp=fopen("news.txt", "r"))==NULL)
33.         error_handling("fopen() error");
34.
35.     while(!feof(fp))    /* Broadcasting */
36.     {
37.         fgets(buf, BUF_SIZE, fp);
38.         sendto(send_sock, buf, strlen(buf),
39.             0, (struct sockaddr*)&mul_adr, sizeof(mul_adr));
40.         sleep(2);
41.     }
42.     fclose(fp);
43.     close(send_sock);
44.     return 0;
45. }
46.
47. void error_handling(char *message)
48. {
49.     fputs(message, stderr);
50.     fputc('\n', stderr);
51.     exit(1);
52. }
```

- 第24行：多播数据通信是通过UDP完成的，因此创建UDP套接字。
- 第26~28行：设置传输数据的目标地址信息。重要的是，必须将IP地址设置为多播地址。
- 第30行：指定套接字TTL信息，这是Sender中的必要过程。
- 第35~41行：实际传输数据的区域。基于UDP套接字传输数据，因此需要利用sendto函数。另外，第40行的sleep函数调用主要是为了给传输数据提供一定的时间间隔而添加的，没有其他特殊意义。

从上述代码中可以看到，Sender与普通的UDP套接字程序相比差别不大。但多播Receiver则有些不同。为了接收传向任意多播地址的数据，需要经过加入多播组的过程。除此之外，Receiver同样与UDP套接字程序差不多。接下来给出与上述示例结合使用的Receiver程序。

❖ news_receiver.c

```
1.  #include <"与news_sender.c的头声明一致，故省略。">
2.  #define BUF_SIZE 30
3.  void error_handling(char *message);
4.
5.  int main(int argc, char *argv[])
```

```
6. {
7.     int recv_sock;
8.     int str_len;
9.     char buf[BUF_SIZE];
10.    struct sockaddr_in adr;
11.    struct ip_mreq join_adr;
12.    if(argc!=3) {
13.        printf("Usage : %s <GroupIP> <PORT>\n", argv[0]);
14.        exit(1);
15.    }
16.
17.    recv_sock=socket(PF_INET, SOCK_DGRAM, 0);
18.    memset(&adr, 0, sizeof(adr));
19.    adr.sin_family=AF_INET;
20.    adr.sin_addr.s_addr=htonl(INADDR_ANY);
21.    adr.sin_port=htons(atoi(argv[2]));
22.
23.    if(bind(recv_sock, (struct sockaddr*) &adr, sizeof(adr))==-1)
24.        error_handling("bind() error");
25.
26.    join_adr.imr_multiaddr.s_addr=inet_addr(argv[1]);
27.    join_adr.imr_interface.s_addr=htonl(INADDR_ANY);
28.
29.    setsockopt(recv_sock, IPPROTO_IP,
30.        IP_ADD_MEMBERSHIP, (void*)&join_adr, sizeof(join_adr));
31.
32.    while(1)
33.    {
34.        str_len=recvfrom(recv_sock, buf, BUF_SIZE-1, 0, NULL, 0);
35.        if(str_len<0)
36.            break;
37.        buf[str_len]=0;
38.        fputs(buf, stdout);
39.    }
40.    close(recv_sock);
41.    return 0;
42. }
43.
44. void error_handling(char *message)
45. {
46.    //与news_sender.c的error_handling函数一致。
47. }
```

- 第26、27行：初始化结构体ip_mreg变量。第26行初始化多播组地址，第27行初始化待加入主机的IP地址。
- 第29行：利用套接字选项IP_ADD_MEMBERSHIP加入多播组。至此完成了接收第26行指定的多播组数据的所有准备。
- 第34行：通过调用recvfrom函数接收多播数据。如果不需要知道传输数据的主机地址信息，可以向recvfrom函数的第五个和第六个参数分别传递NULL和0。

❖ 运行结果：news_sender.c

```
root@my_linux:/tcpip# gcc news_sender.c -o sender
root@my_linux:/tcpip# ./sender
Usage : ./sender <GroupIP> <PORT>
root@my_linux:/tcpip# ./sender 224.1.1.2 9190
```

❖ 运行结果：news_receiver.c

```
root@my_linux:/tcpip# gcc news_receiver.c -o receiver
root@my_linux:/tcpip# ./receiver
Usage : ./receiver <GroupIP> <PORT>
root@my_linux:/tcpip# ./receiver 224.1.1.2 9190
The government, however, apparently overlooked a law that requires a CPA to
receive at least two years of practical training at a public accounting firm.
After realizing that, the FSS then suggested that firms listed on the Korea Stock
Exchange accommodate the newly minted CPAs, but accountants rejected the idea.
"The main purpose of selecting more CPAs is to ensure transparent accounting,"
said Yoon Jong-wook, head of the CPAs' own committee for improving training
conditions.
```

各位是否运行过该示例？Sender和Receiver之间的端口号应保持一致，虽然未讲，但理所应当。运行顺序并不重要，因为不像TCP套接字在连接状态下收发数据。只是因为多播属于广播的范畴，如果延迟运行Receiver，则无法接收之前传输的多播数据。

知识补给站 MBone（Multicast Backbone，多播主干网）

多播是基于MBone这个虚拟网络工作的。各位或许对虚拟网络感到陌生，但可将其理解为“通过网络中的特殊协议工作的软件概念上的网络”。也就是说，MBone并非可以触及的物理网络。它是以物理网络为基础，通过软件方法实现的多播通信必备虚拟网络。用于多播通信的虚拟网络的研究目前仍在进行，这与多播应用程序的编写属于不同领域。

14.2 广播

本节介绍的广播（Broadcast）在“一次性向多个主机发送数据”这一点上与多播类似，但传输数据的范围有区别。多播即使在跨越不同网络的情况下，只要加入多播组就能接收数据。相反，广播只能向同一网络中的主机传输数据。

广播的理解及实现方法

广播是向同一网络中的所有主机传输数据的方法。与多播相同，广播也是基于UDP完成的。根据传输数据时使用的IP地址的形式，广播分为如下2种。

- 直接广播（Directed Broadcast）
- 本地广播（Local Broadcast）

二者在代码实现上的差别主要在于IP地址。直接广播的IP地址中除了网络地址外，其余主机地址全部设置为1。例如，希望向网络地址192.12.34中的所有主机传输数据时，可以向192.12.34.255传输。换言之，可以采用直接广播的方式向特定区域内所有主机传输数据。

反之，本地广播中使用的IP地址限定为255.255.255.255。例如，192.32.24网络中的主机向255.255.255.255传输数据时，数据将传递到192.32.24网络中的所有主机。

那么，应当如何实现Sender和Receiver呢？实际上，如果不仔细观察广播示例中通信时使用的IP地址，则很难与UDP示例进行区分。也就是说，数据通信中使用的IP地址是与UDP示例的唯一区别。默认生成的套接字会阻止广播，因此，只需通过如下代码更改默认设置。

```
int send_sock;
int bcast = 1;    // 对变量进行初始化以将SO_BROADCAST选项信息改为1。
. . . .
send_sock = socket(PF_INET, SOCK_DGRAM, 0);
. . . .
setsockopt(send_sock, SOL_SOCKET, SO_BROADCAST, (void*) & bcast, sizeof(bcast));
. . . .
```

调用setsockopt函数，将SO_BROADCAST选项设置为bcast变量中的值1。这意味着可以进行数据广播。当然，上述套接字选项只需在Sender中更改，Receiver的实现不需要该过程。

实现广播数据的 Sender 和 Receiver

下面实现基于广播的Sender和Receiver。为了与多播示例进行对比，将之前的news_sender.c和news_receiver.c改为广播的示例。

❖ news_sender_brd.c

```
1.  #include <stdio.h>
2.  #include <stdlib.h>
3.  #include <string.h>
4.  #include <unistd.h>
5.  #include <arpa/inet.h>
6.  #include <sys/socket.h>
```

```
7.
8.  #define BUF_SIZE 30
9.  void error_handling(char *message);
10.
11. int main(int argc, char *argv[])
12. {
13.     int send_sock;
14.     struct sockaddr_in broad_adr;
15.     FILE *fp;
16.     char buf[BUF_SIZE];
17.     int so_brd=1;
18.     if(argc!=3) {
19.         printf("Usage : %s <Boradcast IP> <PORT>\n", argv[0]);
20.         exit(1);
21.     }
22.
23.     send_sock=socket(PF_INET, SOCK_DGRAM, 0);
24.     memset(&broad_adr, 0, sizeof(broad_adr));
25.     broad_adr.sin_family=AF_INET;
26.     broad_adr.sin_addr.s_addr=inet_addr(argv[1]);
27.     broad_adr.sin_port=htons(atoi(argv[2]));
28.
29.     setsockopt(send_sock, SOL_SOCKET,
30.         SO_BROADCAST, (void*)&so_brd, sizeof(so_brd));
31.     if((fp=fopen("news.txt", "r"))==NULL)
32.         error_handling("fopen() error");
33.
34.     while(!feof(fp))
35.     {
36.         fgets(buf, BUF_SIZE, fp);
37.         sendto(send_sock, buf, strlen(buf),
38.             0, (struct sockaddr*)&broad_adr, sizeof(broad_adr));
39.         sleep(2);
40.     }
41.     close(send_sock);
42.     return 0;
43. }
44.
45. void error_handling(char *message)
46. {
47.     fputs(message, stderr);
48.     fputc('\n', stderr);
49.     exit(1);
50. }
```

第29行更改第23行创建的UDP套接字的可选项，使其能够发送广播数据，其余部分与UDP Sender一致。接下来给出广播Receiver。

❖ news_receiver_brd.c

```
1.  #include <"与news_sender_brd.c的头声明一致，故省略。">
2.  #define BUF_SIZE 30
```

```
3.  void error_handling(char *message);
4.
5.  int main(int argc, char *argv[])
6.  {
7.      int recv_sock;
8.      struct sockaddr_in adr;
9.      int str_len;
10.     char buf[BUF_SIZE];
11.     if(argc!=2) {
12.         printf("Usage : %s <PORT>\n", argv[0]);
13.         exit(1);
14.     }
15.
16.     recv_sock=socket(PF_INET, SOCK_DGRAM, 0);
17.     memset(&adr, 0, sizeof(adr));
18.     adr.sin_family=AF_INET;
19.     adr.sin_addr.s_addr=htonl(INADDR_ANY);
20.     adr.sin_port=htons(atoi(argv[1]));
21.
22.     if(bind(recv_sock, (struct sockaddr*)&adr, sizeof(adr))==-1)
23.         error_handling("bind() error");
24.     while(1)
25.     {
26.         str_len=recvfrom(recv_sock, buf, BUF_SIZE-1, 0, NULL, 0);
27.         if(str_len<0)
28.             break;
29.         buf[str_len]=0;
30.         fputs(buf, stdout);
31.     }
32.     close(recv_sock);
33.     return 0;
34. }
35.
36. void error_handling(char *message)
37. {
38.     //与news_sender_brd.c的error_handling函数一致。
39. }
```

源代码中没有需要特别讲解的内容，直接给出运行结果。我给出的是本地广播的运行结果，有条件的话，希望各位进一步验证直接广播的运行结果。

❖ 运行结果：news_sender_brd.c

```
root@my_linux:/tcpip# gcc news_sender_brd.c -o sender
root@my_linux:/tcpip# ./sender 255.255.255.255 9190
```

❖ 运行结果：news_receiver_brd.c

```
root@my_linux:/tcpip# gcc news_receiver_brd.c -o receiver
root@my_linux:/tcpip# ./receiver 9190
```

```
accountants say that the committee will in all likelihood tackle
issues that have been previously raised by them with the ministry.
Last year, the ministry mandated the Financial Supervisory
Service (FSS) to create over 1,000 new CPAs - a first in Korea's
accounting history - citing the need to promote sound accounting
practices industry wide.
```

14.3　基于 Windows 的实现

在Windows平台实现上述示例无需改动，因为之前的内容同样适用于此。只是多播示例中，头文件声明稍有区别。为了说明这一点，将之前的多播示例移植到Windows平台。

❖ news_sender_win.c

```
1.  #include <stdio.h>
2.  #include <stdlib.h>
3.  #include <string.h>
4.  #include <winsock2.h>
5.  #include <ws2tcpip.h>   // for IP_MULTICAST_TTL option
6.
7.  #define TTL 64
8.  #define BUF_SIZE 30
9.  void ErrorHandling(char *message);
10.
11. int main(int argc, char *argv[])
12. {
13.     WSADATA wsaData;
14.     SOCKET hSendSock;
15.     SOCKADDR_IN mulAdr;
16.     int timeLive=TTL;
17.     FILE *fp;
18.     char buf[BUF_SIZE];
19.
20.     if(argc!=3) {
21.         printf("Usage : %s <GroupIP> <PORT>\n", argv[0]);
22.         exit(1);
23.     }
24.     if(WSAStartup(MAKEWORD(2, 2), &wsaData)!=0)
25.         ErrorHandling("WSAStartup() error!");
26.
27.     hSendSock=socket(PF_INET, SOCK_DGRAM, 0);
28.     memset(&mulAdr, 0, sizeof(mulAdr));
29.     mulAdr.sin_family=AF_INET;
30.     mulAdr.sin_addr.s_addr=inet_addr(argv[1]);
31.     mulAdr.sin_port=htons(atoi(argv[2]));
32.
33.     setsockopt(hSendSock, IPPROTO_IP,
34.         IP_MULTICAST_TTL, (void*)&timeLive, sizeof(timeLive));
```

```
35.     if((fp=fopen("news.txt", "r"))==NULL)
36.         ErrorHandling("fopen() error");
37.     while(!feof(fp))
38.     {
39.         fgets(buf, BUF_SIZE, fp);
40.         sendto(hSendSock, buf, strlen(buf),
41.             0, (SOCKADDR*)&mulAdr, sizeof(mulAdr));
42.         Sleep(2000);
43.     }
44.     closesocket(hSendSock);
45.     WSACleanup();
46.     return 0;
47. }
48.
49. void ErrorHandling(char *message)
50. {
51.     fputs(message, stderr);
52.     fputc('\n', stderr);
53.     exit(1);
54. }
```

上述示例的第5行增加了头文件ws2tcpip.h的声明，该头文件中定义了第34行插入的IP_MULTICAST_TTL选项。接下来给出的Receivr示例中同样需要该头文件声明，因为其中定义了ip_mreq结构体。

❖ news_receiver_win.c

```
1.  #include <stdio.h>
2.  #include <stdlib.h>
3.  #include <string.h>
4.  #include <winsock2.h>
5.  #include <ws2tcpip.h>   // for struct ip_mreq
6.
7.  #define BUF_SIZE 30
8.  void ErrorHandling(char *message);
9.
10. int main(int argc, char *argv[])
11. {
12.     WSADATA wsaData;
13.     SOCKET hRecvSock;
14.     SOCKADDR_IN adr;
15.     struct ip_mreq joinAdr;
16.     char buf[BUF_SIZE];
17.     int strLen;
18.
19.     if(argc!=3) {
20.         printf("Usage : %s <GroupIP> <PORT>\n", argv[0]);
21.         exit(1);
22.     }
23.     if(WSAStartup(MAKEWORD(2, 2), &wsaData)!=0)
24.         ErrorHandling("WSAStartup() error!");
```

```
25.
26.     hRecvSock=socket(PF_INET, SOCK_DGRAM, 0);
27.     memset(&adr, 0, sizeof(adr));
28.     adr.sin_family=AF_INET;
29.     adr.sin_addr.s_addr=htonl(INADDR_ANY);
30.     adr.sin_port=htons(atoi(argv[2]));
31.     if(bind(hRecvSock, (SOCKADDR*) &adr, sizeof(adr))==SOCKET_ERROR)
32.         ErrorHandling("bind() error");
33.
34.     joinAdr.imr_multiaddr.s_addr=inet_addr(argv[1]);
35.     joinAdr.imr_interface.s_addr=htonl(INADDR_ANY);
36.     if(setsockopt(hRecvSock, IPPROTO_IP, IP_ADD_MEMBERSHIP,
37.             (void*)&joinAdr, sizeof(joinAdr))==SOCKET_ERROR)
38.         ErrorHandling("setsock() error");
39.
40.     while(1)
41.     {
42.         strLen=recvfrom(hRecvSock, buf, BUF_SIZE-1, 0, NULL, 0);
43.         if(strLen<0)
44.             break;
45.         buf[strLen]=0;
46.         fputs(buf, stdout);
47.     }
48.     closesocket(hRecvSock);
49.     WSACleanup();
50.     return 0;
51. }
52.
53. void ErrorHandling(char *message)
54. {
55.     fputs(message, stderr);
56.     fputc('\n', stderr);
57.     exit(1);
58. }
```

运行结果与之前的示例相同，故省略。如果运行时使用正确的多播IP地址，并在单一主机中进行测试，就会得到正确结果。

14.4　习题

(1) TTL的含义是什么？请从路由器的角度说明较大的TTL值与较小的TTL值之间的区别及问题。

(2) 多播与广播的异同点是什么？请从数据通信的角度进行说明。

(3) 下列关于多播的描述错误的是？

a. 多播是用来向加入多播组的所有主机传输数据的协议。

b. 主机连接到同一网络才能加入多播组，也就是说，多播组无法跨越多个网络。

c. 能够加入多播组的主机数并无限制，但只能有1个主机（Sender）向该组发送数据。
d. 多播时使用的套接字是UDP套接字，因为多播是基于UDP进行数据通信的。

(4) 多播也对网络流量有利，请比较TCP数据交换方式解释其原因。

(5) 多播方式的数据通信需要MBone虚拟网络。换言之，MBone是用于多播的网络，但它是虚拟网络。请解释此处的“虚拟网络”。

Part 02

基于Linux的编程

第 15 章

套接字和标准I/O

我们之前采用的都是默认数据通信手段 read & write 函数及各种系统 I/O 函数，可能有些读者想使用学习 C 语言时掌握的标准 I/O 函数。大家也认为在网络数据交换时使用标准 I/O 函数是非常吸引人的事情吧？

15.1 标准 I/O 函数的优点

本章将介绍利用标准I/O函数收发数据的方法。如果各位不太熟悉或已忘记多种标准函数，最好准备一本C语言的书再开始本章的学习。当然，如果熟练掌握了文件操作时使用的fopen、feof、fgetc、fputs函数，就没必要再参考C语言书了。

标准 I/O 函数的两个优点

将标准I/O函数用于数据通信并非难事。但仅掌握函数使用方法并没有太大意义，至少应该了解这些函数具有的优点。下面列出的是标准I/O函数的两大优点。

- 标准I/O函数具有良好的移植性（Portability）。
- 标准I/O函数可以利用缓冲提高性能。

关于移植性无需过多解释。不仅是I/O函数，所有标准函数具有良好的移植性。因为，为了支持所有操作系统（编译器），这些函数都是按照ANSI C标准定义的。当然，这并不局限于网络编程，而是适用于所有编程领域。

接下来讨论标准I/O函数的第二个优点。使用标准I/O函数时会得到额外的缓冲支持。这种表达方式也许会带来一些混乱，因为之前讲过，创建套接字时操作系统会准备I/O缓冲。造成更大混乱之前，先说明这两种缓冲之间的关系。创建套接字时，操作系统将生成用于I/O的缓冲。此缓冲在执行TCP协议时发挥着非常重要的作用。此时若使用标准I/O函数，将得到额外的另一缓冲的支持，如图15-1所示。

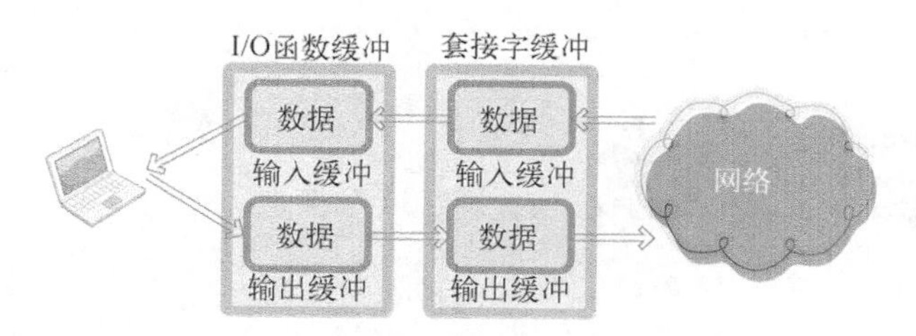

图15-1 缓冲的关系

从图15-1中可以看到，使用标准I/O函数传输数据时，经过2个缓冲。例如，通过fputs函数传输字符串“Hello”时，首先将数据传递到标准I/O函数的缓冲。然后数据将移动到套接字输出缓冲，最后将字符串发送到对方主机。

既然知道了两个缓冲的关系，接下来再说明各自的用途。设置缓冲的主要目的是为了提高性能，但套接字中的缓冲主要是为了实现TCP协议而设立的。例如，TCP传输中丢失数据时将再次传递，而再次发送数据则意味着在某地保存了数据。存在什么地方呢？套接字的输出缓冲。与之相反，使用标准I/O函数缓冲的主要目的是为了提高性能。

“使用缓冲可以大大提高性能吗？”

实际上，缓冲并非在所有情况下都能带来卓越的性能。但需要传输的数据越多，有无缓冲带来的性能差异越大。可以通过如下两种角度说明性能的提高。

- 传输的数据量
- 数据向输出缓冲移动的次数

比较1个字节的数据发送10次（10个数据包）的情况和累计10个字节发送1次的情况。发送数据时使用的数据包中含有头信息。头信息与数据大小无关，是按照一定的格式填入的。即使假设该头信息占用40个字节（实际更大），需要传递的数据量也存在较大差别。

- 1个字节 10次 40×10=400字节
- 10个字节 1次 40×1=40字节

另外，为了发送数据，向套接字输出缓冲移动数据也会消耗不少时间。但这同样与移动次数有关。1个字节数据共移动10次花费的时间将近10个字节数据移动1次花费时间的10倍。

标准 I/O 函数和系统函数之间的性能对比

前面讲解了缓冲可以提升性能的原因，但只停留在理论分析层面。接下来分别利用标准I/O函数和系统函数编写文件复制程序，这主要是为了检验缓冲提高性能的程度。首先是利用系统函数复制文件的示例。

❖ syscpy.c

```
1.  #include <stdio.h>
2.  #include <fcntl.h>
3.  #define BUF_SIZE 3      //用最短数组长度构成
4.
5.  int main(int argc, char *argv[])
6.  {
7.      int fd1, fd2;     //保存在fd1和fd2中的是文件描述符!
8.      int len;
9.      char buf[BUF_SIZE];
10.
11.     fd1=open("news.txt", O_RDONLY);
12.     fd2=open("cpy.txt", O_WRONLY|O_CREAT|O_TRUNC);
13.
14.     while((len=read(fd1, buf, sizeof(buf)))>0)
15.        write(fd2, buf, len);
16.
17.     close(fd1);
18.     close(fd2);
19.     return 0;
20. }
```

上述示例是各位很容易分析的基于read&write函数的文件复制程序。复制对象仅限于文本文件，并且是300M字节以上的文件！因为只有这样才能明显感觉到性能差异。文件名为news.txt，大家可以适当修改并测试。

各位是否正在复制文件？如果按照我的要求正在复制300M字节以上的文件，可以去趟洗手间；若不想去，可以去喝杯咖啡。如果使用未提供缓冲的read&write函数传输数据，向目的地发送需要花费很长时间。下列示例采用标准I/O函数复制文件。

❖ stdcpy.c

```
1.  #include <stdio.h>
2.  #define BUF_SIZE 3  //用最短数组长度构成
3.
4.  int main(int argc, char *argv[])
5.  {
6.      FILE * fp1; //保存在fp1中的是FILE结构体指针
7.      FILE * fp2; //保存在fp2中的是FILE结构体指针
8.      char buf[BUF_SIZE];
9.
10.     fp1=fopen("news.txt", "r");
11.     fp2=fopen("cpy.txt", "w");
12.
13.     while(fgets(buf, BUF_SIZE, fp1)!=NULL)
14.         fputs(buf, fp2);
15.
16.     fclose(fp1);
17.     fclose(fp2);
```

```
18.     return 0;
19. }
```

上述示例利用示例syscpy.c中复制的文件再次进行复制。该示例利用fputs&fgets函数复制文件，因此是一种基于缓冲的复制。各位是否执行过复制？不用去别的地方歇息，只需原地活动片刻即可完成。其实现在的300M字节并非大数据，即便如此，在单纯的文件复制操作中也会有如此大的差异。可以想象，在实际网络环境中将产生更大区别。

标准 I/O 函数的几个缺点

如果就此结束说明，各位可能认为标准I/O函数只有优点。其实它同样有缺点，整理如下。

- 不容易进行双向通信。
- 有时可能频繁调用fflush函数。
- 需要以FILE结构体指针的形式返回文件描述符。

假设各位已掌握了C语言中的绝大部分文件I/O相关知识。打开文件时，如果希望同时进行读写操作，则应以r+、w+、a+模式打开。但因为缓冲的缘故，每次切换读写工作状态时应调用fflush函数。这也会影响基于缓冲的性能提高。而且，为了使用标准I/O函数，需要FILE结构体指针（以下简称“FILE指针”）。而创建套接字时默认返回文件描述符，因此需要将文件描述符转化为FILE指针。若各位难以分清FILE指针和文件描述符，可以通过上述syscpy.c和stdcpy.c示例加以区分。

15.2 使用标准 I/O 函数

如前所述，创建套接字时返回文件描述符，而为了使用标准I/O函数，只能将其转换为FILE结构体指针。先介绍其转换方法。

利用 fdopen 函数转换为 FILE 结构体指针

可以通过fdopen函数将创建套接字时返回的文件描述符转换为标准I/O函数中使用的FILE结构体指针。

```
#include <stdio.h>

FILE * fdopen(int fildes, const char * mode);

    → 成功时返回转换的 FILE 结构体指针，失败时返回 NULL。
```

- fildes　需要转换的文件描述符。
- mode　将要创建的FILE结构体指针的模式（mode）信息。

上述函数的第二个参数与fopen函数中的打开模式相同。常用的参数有读模式“r”和写模式“w”。下面通过简单示例给出上述函数的使用方法。

❖ desto.c

```
1.  #include <stdio.h>
2.  #include <fcntl.h>
3.
4.  int main(void)
5.  {
6.      FILE *fp;
7.      int fd=open("data.dat", O_WRONLY|O_CREAT|O_TRUNC);
8.      if(fd==-1)
9.      {
10.         fputs("file open error", stdout);
11.         return -1;
12.     }
13.
14.     fp=fdopen(fd, "w");
15.     fputs("Network C programming \n", fp);
16.     fclose(fp);
17.     return 0;
18. }
```

- 第7行：使用open函数创建文件并返回文件描述符。
- 第14行：调用fdopen函数将文件描述符转换为FILE指针。此时向第二个参数传递了“w”，因此返回写模式的FILE指针。
- 第15行：利用第14行获取的指针调用标准输出函数fputs。
- 第16行：利用FILE指针关闭文件。此时完全关闭，因此无需再通过文件描述符关闭。而且调用fclose函数后，文件描述符也变成毫无意义的整数。

❖ 运行结果：desto.c

```
root@my_linux:/tcpip# gcc desto.c -o desto
root@my_linux:/tcpip# ./desto
root@my_linux:/tcpip# cat data.dat
Network C programming
```

此示例中需要注意的是，文件描述符转换为FILE指针，并可以通过该指针调用标准I/O函数。

利用 fileno 函数转换为文件描述符

接下来介绍与fdopen函数提供相反功能的函数，该函数在有些情况下非常有用。

```
#include <stdio.h>

int fileno(FILE * stream);
```

➔ 成功时返回转换后的文件描述符，失败时返回-1。

此函数的用法也非常简单，向该函数传递FILE指针参数时返回相应文件描述符。接下来给出fileno函数的调用示例。

❖ todes.c

```
1.  #include <stdio.h>
2.  #include <fcntl.h>
3.
4.  int main(void)
5.  {
6.      FILE *fp;
7.      int fd=open("data.dat", O_WRONLY|O_CREAT|O_TRUNC);
8.      if(fd==-1)
9.      {
10.         fputs("file open error", stdout);
11.         return -1;
12.     }
13.
14.     printf("First file descriptor: %d \n", fd);
15.     fp=fdopen(fd, "w");
16.     fputs("TCP/IP SOCKET PROGRAMMING \n", fp);
17.     printf("Second file descriptor: %d \n", fileno(fp));
18.     fclose(fp);
19.     return 0;
20. }
```

- 第14行：输出第7行返回的文件描述符整数值。
- 第15、17行：第15行调用fdopen函数将文件描述符转换为FILE指针，第17行调用fileno函数再次转回文件描述符，并输出该整数值。

❖ 运行结果：todes.c

```
root@my_linux:/tcpip# gcc todes.c -o todes
root@my_linux:/tcpip# ./todes
First file descriptor: 3
Second file descriptor: 3
```

第14行和第17行输出的文件描述符值相同，证明fileno函数正确转换了文件描述符。

15.3 基于套接字的标准I/O函数使用

前面介绍了标准I/O函数的优缺点，同时介绍了文件描述符转换为FILE指针的方法。下面将其适用于套接字。虽然是套接字操作，但并没有需要另外说明的内容，只需简单应用这些函数。接下来将之前的回声服务器端和客户端改为基于标准I/O函数的数据交换形式，更改对象如下。

- 回声服务器端：第4章的echo_server.c
- 回声客户端：第4章的echo_client.c

无论是服务器端还是客户端，更改方式并无差异。只需调用fdopen函数并使用标准I/O函数，相信各位也能自行更改。首先给出更改后的服务器端代码。

❖ echo_stdserv.c

```
1.  #include <"头文件声明与第4章的echo_server.c一致。">
2.  #define BUF_SIZE 1024
3.  void error_handling(char *message);
4.  
5.  int main(int argc, char *argv[])
6.  {
7.      int serv_sock, clnt_sock;
8.      char message[BUF_SIZE];
9.      int str_len, i;
10. 
11.     struct sockaddr_in serv_adr;
12.     struct sockaddr_in clnt_adr;
13.     socklen_t clnt_adr_sz;
14.     FILE * readfp;
15.     FILE * writefp;
16.     if(argc!=2) {
17.         printf("Usage : %s <port>\n", argv[0]);
18.         exit(1);
19.     }
20. 
21.     serv_sock=socket(PF_INET, SOCK_STREAM, 0);
22.     if(serv_sock==-1)
23.         error_handling("socket() error");
24. 
25.     memset(&serv_adr, 0, sizeof(serv_adr));
26.     serv_adr.sin_family=AF_INET;
27.     serv_adr.sin_addr.s_addr=htonl(INADDR_ANY);
28.     serv_adr.sin_port=htons(atoi(argv[1]));
29. 
30.     if(bind(serv_sock, (struct sockaddr*)&serv_adr, sizeof(serv_adr))==-1)
31.         error_handling("bind() error");
32.     if(listen(serv_sock, 5)==-1)
33.         error_handling("listen() error");
34.     clnt_adr_sz=sizeof(clnt_adr);
35. 
36.     for(i=0; i<5; i++)
```

```
37.     {
38.         clnt_sock=accept(serv_sock, (struct sockaddr*)&clnt_adr, &clnt_adr_sz);
39.         if(clnt_sock==-1)
40.             error_handling("accept() error");
41.         else
42.             printf("Connected client %d \n", i+1);
43.
44.         readfp=fdopen(clnt_sock, "r");
45.         writefp=fdopen(clnt_sock, "w");
46.         while(!feof(readfp))
47.         {
48.             fgets(message, BUF_SIZE, readfp);
49.             fputs(message, writefp);
50.             fflush(writefp);
51.         }
52.         fclose(readfp);
53.         fclose(writefp);
54.     }
55.     close(serv_sock);
56.     return 0;
57. }
58.
59. void error_handling(char *message)
60. {
61.     //与第4章的echo_server.c一致。
62. }
```

上述示例中需要注意的是第46行的循环语句。调用基于字符串的fgets、fputs函数提供服务，并在第50行调用fflush函数。标准I/O函数为了提高性能，内部提供额外的缓冲。因此，若不调用fflush函数则无法保证立即将数据传输到客户端。接下来给出回声客户端代码。

❖ echo_client.c

```
1.  #include <"头文件声明与第4章的echo_client.c一致。">
2.  #define BUF_SIZE 1024
3.  void error_handling(char *message);
4.
5.  int main(int argc, char *argv[])
6.  {
7.      int sock;
8.      char message[BUF_SIZE];
9.      int str_len;
10.     struct sockaddr_in serv_adr;
11.     FILE * readfp;
12.     FILE * writefp;
13.     if(argc!=3) {
14.         printf("Usage : %s <IP> <port>\n", argv[0]);
15.         exit(1);
16.     }
17.
18.     sock=socket(PF_INET, SOCK_STREAM, 0);
19.     if(sock==-1)
```

```
20.         error_handling("socket() error");
21. 
22.     memset(&serv_adr, 0, sizeof(serv_adr));
23.     serv_adr.sin_family=AF_INET;
24.     serv_adr.sin_addr.s_addr=inet_addr(argv[1]);
25.     serv_adr.sin_port=htons(atoi(argv[2]));
26. 
27.     if(connect(sock, (struct sockaddr*)&serv_adr, sizeof(serv_adr))==-1)
28.         error_handling("connect() error!");
29.     else
30.         puts("Connected...........");
31. 
32.     readfp=fdopen(sock, "r");
33.     writefp=fdopen(sock, "w");
34.     while(1)
35.     {
36.         fputs("Input message(Q to quit): ", stdout);
37.         fgets(message, BUF_SIZE, stdin);
38.         if(!strcmp(message,"q\n") || !strcmp(message,"Q\n"))
39.             break;
40. 
41.         fputs(message, writefp);
42.         fflush(writefp);
43.         fgets(message, BUF_SIZE, readfp);
44.         printf("Message from server: %s", message);
45.     }
46.     fclose(writefp);
47.     fclose(readfp);
48.     return 0;
49. }
50. 
51. void error_handling(char *message)
52. {
53.     //与第4章的echo_client.c一致。
54. }
```

第4章的回声客户端需要将接收的数据转换为字符串（数据的尾部插入0），但上述示例中并没有这一过程。因为，使用标准I/O函数后可以按字符串单位进行数据交换。运行结果与第4章的程序并无差异，故省略。以上就是标准I/O函数在套接字编程中的应用方法，因为需要编写额外的代码，所以并不像想象中那么常用。但某些情况下也是非常有用的，而且可以再次复习标准I/O函数，对大家也非常有益。

15.4　习题

(1) 请说明标准I/O函数的2个优点。它为何拥有这2个优点？

(2) 利用标准I/O函数传输数据时，下面的想法是错误的：

“调用fputs函数传输数据时，调用后应立即开始发送！”

为何说上述想法是错误的？为了达到这种效果应添加哪些处理过程？

第16章

关于I/O流分离的其他内容

调用 fopen 函数打开文件后可以与文件交换数据，因此说调用 fopen 函数后创建了“流”（Stream）。此处的“流”是指“数据流动”，但通常可以比喻为“以数据收发为目的的一种桥梁”。希望各位将“流”理解为数据收发路径。

16.1 分离 I/O 流

“分离I/O流”是一种常用表达。有I/O工具可以区分二者，无论使用何种方法，都可以认为分离了I/O流。

2次 I/O 流分离

我们之前通过2种方法分离过I/O流，第一种是第10章的“TCP I/O过程（Routine）分离”。这种方法通过调用fork函数复制出1个文件描述符，以区分输入和输出中使用的文件描述符。虽然文件描述符本身不会根据输入和输出进行区分，但我们分开了2个文件描述符的用途，因此这也属于“流”的分离。

第二种分离在第15章。通过2次fdopen函数的调用，创建读模式FILE指针（FILE结构体指针）和写模式FILE指针。换言之，我们分离了输入工具和输出工具，因此也可视为“流”的分离。下面说明分离的理由，讨论尚未提及的问题并给出解决方案。

分离“流”的好处

第10章的“流”分离和第15章的“流”分离在目的上有一定差异。首先分析第10章的“流”分离目的。

- 通过分开输入过程（代码）和输出过程降低实现难度。
- 与输入无关的输出操作可以提高速度。

这是第10章讨论过的内容，故不再解释这些优点的原因。接下来给出第15章“流”分离的目的。

- 为了将FILE指针按读模式和写模式加以区分。
- 可以通过区分读写模式降低实现难度。
- 通过区分I/O缓冲提高缓冲性能。

“流”分离的方法、情况（目的）不同时，带来的好处也有所不同。

“流”分离带来的EOF问题

下面讲解“流”分离带来的问题。第7章介绍过EOF的传递方法和半关闭的必要性（如果记不清，请复习相应章节）。各位应该还记得如下函数调用语句：

```
shutdown(sock, SHUT_WR);
```

当时讲过调用shutdown函数的基于半关闭的EOF传递方法。第10章还利用这些技术在echo_mpclient.c示例中添加了半关闭相关代码。也就是说，第10章的“流”分离没有问题。但第15章的基于fdopen函数的“流”则不同，我们还不知道在这种情况下如何进行半关闭，因此有可能犯如下错误：

> “半关闭？不是可以针对输出模式的FILE指针调用fclose函数吗？这样可以向对方传递EOF，变成可以接收数据但无法发送数据的半关闭状态呀。”

各位是否也这么认为？这是一种很好的猜测，但希望大家先阅读下列代码。另外，接下来的示例中为了简化代码而未添加异常处理，希望各位不要误解。先给出服务器端代码。

❖ sep_serv.c

```
1.  #include <stdio.h>
2.  #include <stdlib.h>
3.  #include <string.h>
4.  #include <unistd.h>
5.  #include <arpa/inet.h>
6.  #include <sys/socket.h>
7.  #define BUF_SIZE 1024
8.
9.  int main(int argc, char *argv[])
10. {
11.     int serv_sock, clnt_sock;
12.     FILE * readfp;
13.     FILE * writefp;
14.
15.     struct sockaddr_in serv_adr, clnt_adr;
16.     socklen_t clnt_adr_sz;
17.     char buf[BUF_SIZE]={0,};
18.
```

```
19.     serv_sock=socket(PF_INET, SOCK_STREAM, 0);
20.     memset(&serv_adr, 0, sizeof(serv_adr));
21.     serv_adr.sin_family=AF_INET;
22.     serv_adr.sin_addr.s_addr=htonl(INADDR_ANY);
23.     serv_adr.sin_port=htons(atoi(argv[1]));
24.
25.     bind(serv_sock, (struct sockaddr*) &serv_adr, sizeof(serv_adr));
26.     listen(serv_sock, 5);
27.     clnt_adr_sz=sizeof(clnt_adr);
28.     clnt_sock=accept(serv_sock, (struct sockaddr*)&clnt_adr,&clnt_adr_sz);
29.
30.     readfp=fdopen(clnt_sock, "r");
31.     writefp=fdopen(clnt_sock, "w");
32.
33.     fputs("FROM SERVER: Hi~ client? \n", writefp);
34.     fputs("I love all of the world \n", writefp);
35.     fputs("You are awesome! \n", writefp);
36.     fflush(writefp);
37.
38.     fclose(writefp);
39.     fgets(buf, sizeof(buf), readfp);
40.     fputs(buf, stdout);
41.     fclose(readfp);
42.     return 0;
43. }
```

- 第30、31行：通过clnt_sock中保存的文件描述符创建读模式FILE指针和写模式FILE指针。
- 第33~36行：向客户端发送字符串，调用fflush函数结束发送过程。
- 第38、39行：第38行针对写模式FILE指针调用fclose函数。调用fclose函数终止套接字时，对方主机将收到EOF。但还剩下第30行创建的读模式FILE指针，有些人可能认为可以通过第39行的函数调用接收客户端最后发送的字符串。当然，最后的字符串是客户端收到EOF后发送的。

上述示例调用fclose函数后的确会发送EOF。稍后给出的客户端收到EOF后也会发送最后的字符串，只是需要验证第39行的函数调用能否接收。接下来给出客户端代码。

❖ sep_clnt.c

```
1.  #include <"头文件声明与sep_serv.c一致。">
2.  #define BUF_SIZE 1024
3.
4.  int main(int argc, char *argv[])
5.  {
6.      int sock;
7.      char buf[BUF_SIZE];
8.      struct sockaddr_in serv_addr;
9.
10.     FILE * readfp;
11.     FILE * writefp;
12.
```

```
13.     sock=socket(PF_INET, SOCK_STREAM, 0);
14.     memset(&serv_addr, 0, sizeof(serv_addr));
15.     serv_addr.sin_family=AF_INET;
16.     serv_addr.sin_addr.s_addr=inet_addr(argv[1]);
17.     serv_addr.sin_port=htons(atoi(argv[2]));
18.
19.     connect(sock, (struct sockaddr*)&serv_addr, sizeof(serv_addr));
20.     readfp=fdopen(sock, "r");
21.     writefp=fdopen(sock, "w");
22.
23.     while(1)
24.     {
25.         if(fgets(buf, sizeof(buf), readfp)==NULL)
26.             break;
27.         fputs(buf, stdout);
28.         fflush(stdout);
29.     }
30.
31.     fputs("FROM CLIENT: Thank you! \n", writefp);
32.     fflush(writefp);
33.     fclose(writefp); fclose(readfp);
34.     return 0;
35. }
```

- 第20、21行：为了调用标准I/O函数，创建读模式和写模式FILE指针。
- 第25行：收到EOF时，fgets函数将返回NULL指针。因此，添加if语句使收到NULL时退出循环。
- 第31行：通过该行语句向服务器端发送最后的字符串。当然，该字符串是在收到服务器端的EOF后发送的。

各位在分析代码过程中应该得知需要通过该示例验证哪些事项。接下来通过运行结果验证服务器端是否收到客户端最后发送的字符串。

❖ 运行结果：sep_serv.c

```
root@my_linux:/tcpip# gcc sep_serv.c -o serv
root@my_linux:/tcpip# ./serv 9190
root@my_linux:/tcpip#
```

❖ 运行结果：sep_clnt.c

```
root@my_linux:/tcpip# gcc sep_clnt.c -o clnt
root@my_linux:/tcpip# ./clnt 127.0.0.1 9190
FROM SERVER: Hi~ client?
I love all of the world
You are awesome!
```

```
root@my_linux:/tcpip#
```

从运行结果可得出如下结论：

“服务器端未能接收最后的字符串！”

很容易判断其原因：sep_serv.c示例的第38行调用的fclose函数完全终止了套接字，而不是半关闭。以上就是需要通过本章解决的问题。半关闭在多种情况下都非常有用，各位必须能够针对fdopen函数调用时生成的FILE指针进行半关闭操作。

16.2 文件描述符的复制和半关闭

本章主题虽然是针对FILE指针的半关闭，但本节介绍的dup和dup2函数也有助于增加系统编程经验。

终止“流”时无法半关闭的原因

图16-1描述的是sep_serv.c示例中的2个FILE指针、文件描述符及套接字之间的关系。

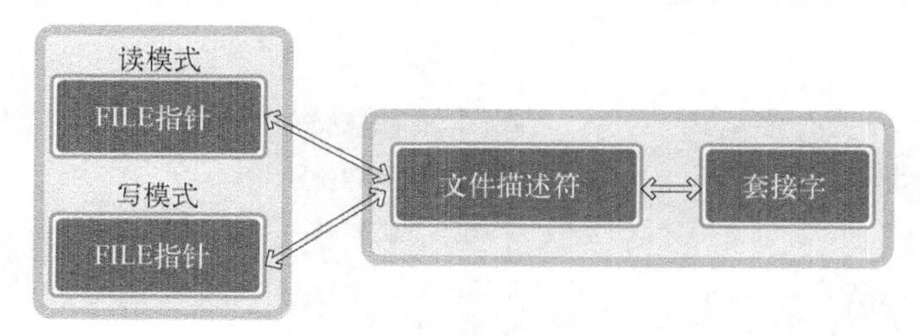

图16-1 FILE指针的关系

从图16-1中可以看到，示例sep_serv.c中的读模式FILE指针和写模式FILE指针都是基于同一文件描述符创建的。因此，针对任意一个FILE指针调用fclose函数时都会关闭文件描述符，也就终止套接字，如图16-2所示。

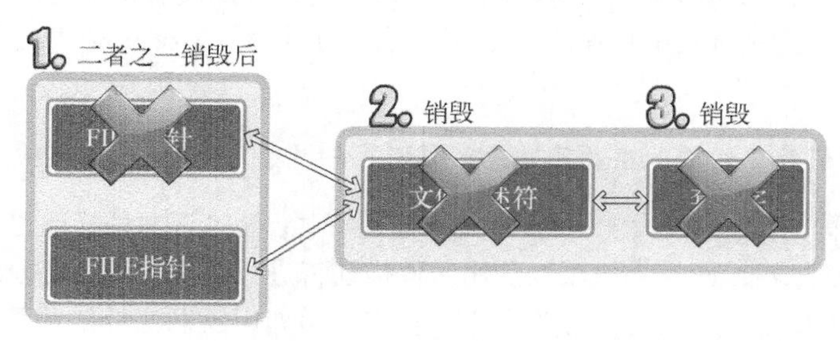

图16-2 调用fclose函数的结果

从图16-2中可以看到，销毁套接字时再也无法进行数据交换。那如何进入可以输入但无法输出的半关闭状态呢？其实很简单。如图16-3所示，创建FILE指针前先复制文件描述符即可。

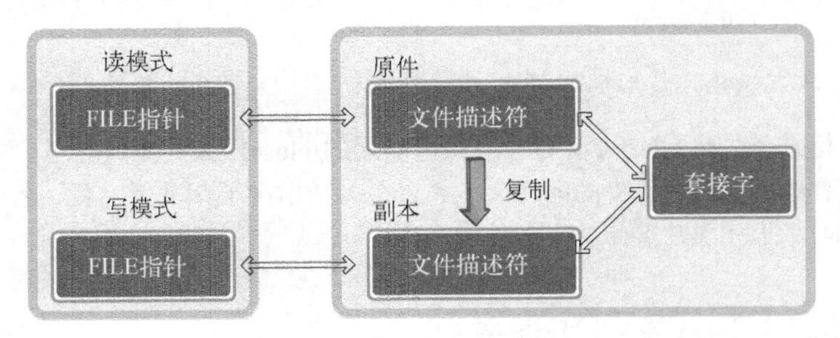

图16-3　半关闭模型1

如图16-3所示，复制后另外创建1个文件描述符，然后利用各自的文件描述符生成读模式FILE指针和写模式FILE指针。这就为半关闭准备好了环境，因为套接字和文件描述符之间具有如下关系：

“销毁所有文件描述符后才能销毁套接字。”

也就是说，针对写模式FILE指针调用fclose函数时，只能销毁与该FILE指针相关的文件描述符，无法销毁套接字（参考图16-4）。

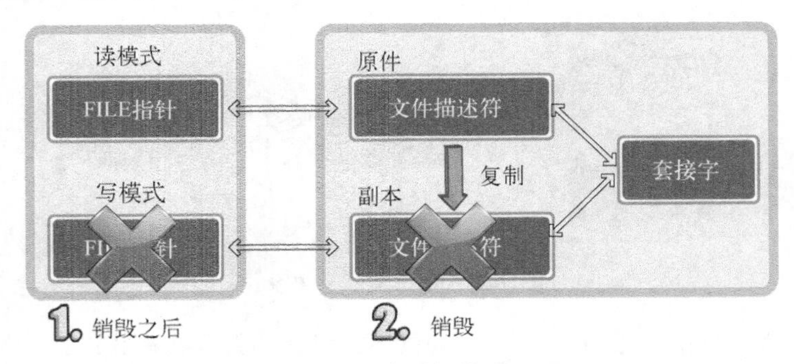

图16-4　半关闭模型2

如图16-4所示，调用fclose函数后还剩1个文件描述符，因此没有销毁套接字。那此时的状态是否为半关闭状态？不是！图16-3中讲过，只是准备好了半关闭环境。要进入真正的半关闭状态需要特殊处理。

“图16-4中好像已经进入半关闭状态了啊？”

当然可以这么看。但仔细观察，还剩1个文件描述符呢。而且该文件描述符可以同时进行I/O。因此，不但没有发送EOF，而且仍然可以利用文件描述符进行输出。稍后将介绍根据图16-3和图16-4的模型发送EOF并进入半关闭状态的方法。首先介绍如何复制文件描述符，之前的fork函数不在考虑范围内。

复制文件描述符

之前提到的文件描述符的复制与fork函数中进行的复制有所区别。调用fork函数时将复制整个进程，因此同一进程内不能同时有原件和副本。但此处讨论的复制并非针对整个进程，而是在同一进程内完成描述符的复制，如图16-5所示。

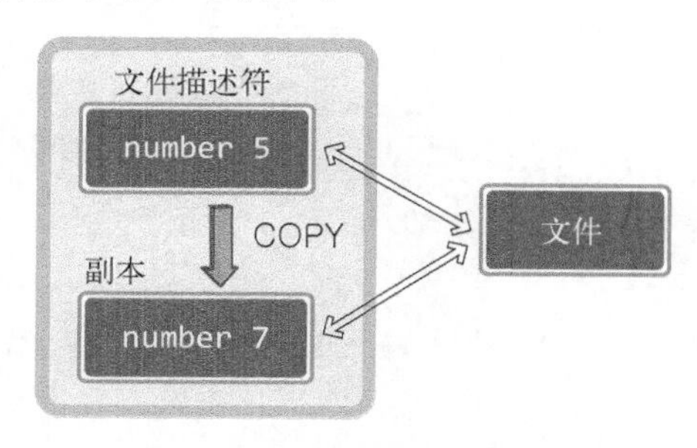

图16-5　文件描述符的复制

图16-5给出的是同一进程内存在2个文件描述符可以同时访问文件的情况。当然，文件描述符的值不能重复，因此各使用5和7的整数值。为了形成这种结构，需要复制文件描述符。此处所谓的“复制”具有如下含义：

“为了访问同一文件或套接字，创建另一个文件描述符。”

通常的“复制”很容易让人理解为将包括文件描述符整数值在内的所有内容进行复制，而此处的“复制”方式却不同。

dup & dup2

下面给出文件描述符的复制方法，通过下列2个函数之一完成。

```
#include <unistd.h>

int dup(int fildes);
int dup2(int fildes, int fildes2);
```

➔ 成功时返回复制的文件描述符，失败时返回-1。

- fildes　　需要复制的文件描述符。
- fildes2　　明确指定的文件描述符整数值。

dup2函数明确指定复制的文件描述符整数值。向其传递大于0且小于进程能生成的最大文件描述符值时，该值将成为复制出的文件描述符值。下面给出示例验证函数功能，示例中将复制自动打开的标准输出的文件描述符1，并利用复制出的描述符进行输出。另外，自动打开的文件描述符0、1、2与套接字文件描述符没有区别，因此可以用来验证dup函数的功能。

❖ dup.c

```
1.  #include <stdio.h>
2.  #include <unistd.h>
3.
4.  int main(int argc, char *argv[])
5.  {
6.      int cfd1, cfd2;
7.      char str1[]="Hi~ \n";
8.      char str2[]="It's nice day~ \n";
9.
10.     cfd1=dup(1);
11.     cfd2=dup2(cfd1, 7);
12.
13.     printf("fd1=%d, fd2=%d \n", cfd1, cfd2);
14.     write(cfd1, str1, sizeof(str1));
15.     write(cfd2, str2, sizeof(str2));
16.
17.     close(cfd1);
18.     close(cfd2);
19.     write(1, str1, sizeof(str1));
20.     close(1);
21.     write(1, str2, sizeof(str2));
22.     return 0;
23. }
```

- 第10、11行：第10行调用dup函数复制了文件描述符1。第11行调用dup2函数再次复制了文件描述符，并指定描述符整数值为7。
- 第14、15行：利用复制出的文件描述符进行输出。通过该输出结果可以验证是否进行了实际复制。
- 第17~19行：终止复制的文件描述符。但仍有1个描述符，因此可以进行输出。可以从第19行得到验证。
- 第20、21行：第20行终止最后的文件描述符，因此无法完成第21行的输出。

❖ 运行结果：dup.c

```
root@my_linux:/tcpip# gcc dup.c -o dup
root@my_linux:/tcpip# ./dup
fd1=3, fd2=7
Hi~
It's nice day~
Hi~
```

示例虽然简单，但足以表达文件描述符复制相关内容。

复制文件描述符后“流”的分离

下面更改sep_serv.c和sep_clnt.c示例，使其能够正常工作（只需更改sep_serv.c示例）。所谓“正常工作”是指，通过服务器端的半关闭状态接收客户端最后发送的字符串。当然，为了完成这一任务，服务器端需要同时发送EOF。发送EOF的代码并不难，通过示例给出。

❖ sep_serv2.c

```
1.  #include <"头文件声明与sep_serv.c一致，故省略。">
2.  #define BUF_SIZE 1024
3.
4.  int main(int argc, char *argv[])
5.  {
6.      int serv_sock, clnt_sock;
7.      FILE * readfp;
8.      FILE * writefp;
9.
10.     struct sockaddr_in serv_adr, clnt_adr;
11.     socklen_t clnt_adr_sz;
12.     char buf[BUF_SIZE]={0,};
13.
14.     serv_sock=socket(PF_INET, SOCK_STREAM, 0);
15.     memset(&serv_adr, 0, sizeof(serv_adr));
16.     serv_adr.sin_family=AF_INET;
17.     serv_adr.sin_addr.s_addr=htonl(INADDR_ANY);
18.     serv_adr.sin_port=htons(atoi(argv[1]));
19.
20.     bind(serv_sock, (struct sockaddr*) &serv_adr, sizeof(serv_adr));
21.     listen(serv_sock, 5);
22.     clnt_adr_sz=sizeof(clnt_adr);
23.     clnt_sock=accept(serv_sock, (struct sockaddr*)&clnt_adr,&clnt_adr_sz);
24.
25.     readfp=fdopen(clnt_sock, "r");
26.     writefp=fdopen(dup(clnt_sock), "w");
27.
28.     fputs("FROM SERVER: Hi~ client? \n", writefp);
29.     fputs("I love all of the world \n", writefp);
30.     fputs("You are awesome! \n", writefp);
31.     fflush(writefp);
32.
33.     shutdown(fileno(writefp), SHUT_WR);
34.     fclose(writefp);
35.
36.     fgets(buf, sizeof(buf), readfp); fputs(buf, stdout);
37.     fclose(readfp);
38.     return 0;
39. }
```

- 第25、26行：调用fdopen函数生成FILE指针。特别是第26行针对dup函数的返回值生成FILE指针，因此函数调用后将进入图16-3所示状态。
- 第33行：针对fileno函数返回的文件描述符调用shutdown函数。因此，服务器端进入半关闭状态，并向客户端发送EOF。这一行就是之前所说的发送EOF的方法。调用shutdown函数时，无论复制出多少文件描述符都进入半关闭状态，同时传递EOF。

上述示例可以结合sep_clnt.c运行。我们关心的是服务器端能否收到客户端最后的消息，因此只给出服务器端运行结果。

❖ 运行结果：sep_serv2.c

```
root@my_linux:/tcpip# gcc sep_serv2.c -o serv2
root@my_linux:/tcpip# ./serv2 9190
FROM CLIENT: Thank you!
```

运行结果证明服务器端在半关闭状态下向客户端发送了EOF。通过该示例希望各位掌握一点：

“无论复制出多少文件描述符，均应调用shutdown函数发送EOF并进入半关闭状态。”

第10章的echo_mpclient.c示例运用过shutdown函数的这种功能，当时通过fork函数生成了2个文件描述符，并在这种情况下调用shutdown函数发送了EOF。

16.3 习题

(1) 下列关于FILE结构体指针和文件描述符的说法错误的是?

a. 与FILE结构体指针相同，文件描述符也分为输入描述符和输出描述符。
b. 复制文件描述符时将生成相同值的描述符，可以通过这2个描述符进行I/O。
c. 可以利用创建套接字时返回的文件描述符进行I/O，也可以不通过文件描述符，直接通过FILE结构体指针完成。
d. 可以从文件描述符生成FILE结构体指针，而且可以利用这种FILE结构体指针进行套接字I/O。
e. 若文件描述符为读模式，则基于该描述符生成的FILE结构体指针同样是读模式；若文件描述符为写模式，则基于该描述符生成的FILE结构体指针同样是写模式。

(2) EOF的发送相关描述中错误的是?

a. 终止文件描述符时发送EOF。
b. 即使未完全终止文件描述符，关闭输出流时也会发送EOF。
c. 如果复制文件描述符，则包括复制的文件描述符在内，所有描述符都终止时才会发送EOF。
d. 即使复制文件描述符，也可以通过调用shutdown函数进入半关闭状态并发送EOF。

第 17 章

优于select的epoll

17

实现 I/O 复用的传统方法有 select 函数和 poll 函数。我们介绍了 select 函数的使用方法，但各种原因导致这些方法无法得到令人满意的性能。因此有了 Linux 下的 epoll、BSD 的 kqueue、Solaris 的/dev/poll 和 Windows 的 IOCP 等复用技术。本章将讲解 Linux 的 epoll 技术。

17.1 epoll 理解及应用

select复用方法其实由来已久，因此，利用该技术后，无论如何优化程序性能也无法同时接入上百个客户端（当然，硬件性能不同，差别也很大）。这种select方式并不适合以Web服务器端开发为主流的现代开发环境，所以要学习Linux平台下的epoll。

基于 select 的 I/O 复用技术速度慢的原因

第12章曾经实现过基于select的I/O复用服务器端，很容易从代码上分析出不合理的设计，最主要的两点如下。

- 调用select函数后常见的针对所有文件描述符的循环语句。
- 每次调用select函数时都需要向该函数传递监视对象信息。

上述两点可以从第12章示例echo_selectserv.c的第45、49行及第54行代码得到确认。调用select函数后，并不是把发生变化的文件描述符单独集中到一起，而是通过观察作为监视对象的fd_set变量的变化，找出发生变化的文件描述符（示例echo_selectserv.c的第54、56行），因此无法避免针对所有监视对象的循环语句。而且，作为监视对象的fd_set变量会发生变化，所以调用select函数前应复制并保存原有信息（参考echo_selectserv.c的第45行），并在每次调用select函数时传递新的监视对象信息。

各位认为哪些因素是提高性能的更大障碍？是调用select函数后常见的针对所有文件描述符

对象的循环语句？还是每次需要传递的监视对象信息？

只看代码的话很容易认为是循环。但相比于循环语句，更大的障碍是每次传递监视对象信息。因为传递监视对象信息具有如下含义：

"每次调用select函数时向操作系统传递监视对象信息。"

应用程序向操作系统传递数据将对程序造成很大负担，而且无法通过优化代码解决，因此将成为性能上的致命弱点。

"那为何需要把监视对象信息传递给操作系统呢？"

有些函数不需要操作系统的帮助就能完成功能，而有些则必须借助于操作系统。假设各位定义了四则运算相关函数，此时无需操作系统的帮助。但select函数与文件描述符有关，更准确地说，是监视套接字变化的函数。而套接字是由操作系统管理的，所以select函数绝对需要借助于操作系统才能完成功能。select函数的这一缺点可以通过如下方式弥补：

"仅向操作系统传递1次监视对象，监视范围或内容发生变化时只通知发生变化的事项。"

这样就无需每次调用select函数时都向操作系统传递监视对象信息，但前提是操作系统支持这种处理方式（每种操作系统支持的程度和方式存在差异）。Linux的支持方式是epoll，Windows的支持方式是IOCP。

select 也有优点

知道这些内容后，有些人可能对select函数感到失望，但大家应当掌握select函数。本章的epoll方式只在Linux下提供支持，也就是说，改进的I/O复用模型不具有兼容性。相反，大部分操作系统都支持select函数。只要满足或要求如下两个条件，即使在Linux平台也不应拘泥于epoll。

- 服务器端接入者少。
- 程序应具有兼容性。

实际并不存在适用于所有情况的模型。各位应理解好各种模型的优缺点，并具备合理运用这些模型的能力。

实现 epoll 时必要的函数和结构体

能够克服select函数缺点的epoll函数具有如下优点，这些优点正好与之前的select函数缺点相反。

- 无需编写以监视状态变化为目的的针对所有文件描述符的循环语句。
- 调用对应于select函数的epoll_wait函数时无需每次传递监视对象信息。

下面介绍epoll服务器端实现中需要的3个函数，希望各位结合epoll函数的优点理解这些函数的功能。

- epoll_create：创建保存epoll文件描述符的空间。
- epoll_ctl：向空间注册并注销文件描述符。
- epoll_wait：与select函数类似，等待文件描述符发生变化。

select方式中为了保存监视对象文件描述符，直接声明了fd_set变量。但epoll方式下由操作系统负责保存监视对象文件描述符，因此需要向操作系统请求创建保存文件描述符的空间，此时使用的函数就是epoll_create。

此外，为了添加和删除监视对象文件描述符，select方式中需要FD_SET、FD_CLR函数。但在epoll方式中，通过epoll_ctl函数请求操作系统完成。最后，select方式下调用select函数等待文件描述符的变化，而epoll中调用epoll_wait函数。还有，select方式中通过fd_set变量查看监视对象的状态变化（事件发生与否），而epoll方式中通过如下结构体epoll_event将发生变化的（发生事件的）文件描述符单独集中到一起。

```
struct epoll_event
{
    __uint32_t  events;
    epoll_data_t  data;
}

        typedef union epoll_data
        {
            void * ptr;
            int fd;
            __uint32_t u32;
            __uint64_t u64;
        } epoll_data_t;
```

声明足够大的epoll_event结构体数组后，传递给epoll_wait函数时，发生变化的文件描述符信息将被填入该数组。因此，无需像select函数那样针对所有文件描述符进行循环。

以上就是epoll中需要的函数和结构体。实际上，只要有select程序的编写经验，epoll程序的编写就并不难。接下来给出这些函数的详细说明。

epoll_create

epoll是从Linux的2.5.44版内核（操作系统的核心模块）开始引入的，所以使用epoll前需要验证Linux内核版本。但各位使用的Linux内核基本都是2.6以上的版本，所以这部分可以忽略。若有人怀疑自己的Linux版本过低，可以通过如下命令验证：

```
cat /proc/sys/kernel/osrelease
```

下面仔细观察epoll_create函数。

```
#include <sys/epoll.h>

int epoll_create(int size);
```

➔ 成功时返回 epoll 文件描述符，失败时返回-1。

- size　epoll实例的大小。

调用epoll_create函数时创建的文件描述符保存空间称为"epoll例程"，但有些情况下名称不同，需要稍加注意。通过参数size传递的值决定epoll例程的大小，但该值只是向操作系统提的建议。换言之，size并非用来决定epoll例程的大小，而仅供操作系统参考。

提示

操作系统将完全忽略传递给 epoll_create 的参数

Linux 2.6.8 之后的内核将完全忽略传入 epoll_create 函数的 size 参数，因为内核会根据情况调整 epoll 例程的大小。但撰写本书时 Linux 版本未达到 2.6.8，因此无法在忽略 size 参数的情况下编写程序。

epoll_create函数创建的资源与套接字相同，也由操作系统管理。因此，该函数和创建套接字的情况相同，也会返回文件描述符。也就是说，该函数返回的文件描述符主要用于区分epoll例程。需要终止时，与其他文件描述符相同，也要调用close函数。

epoll_ctl

生成epoll例程后，应在其内部注册监视对象文件描述符，此时使用epoll_ctl函数。

```
#include <sys/epoll.h>

int epoll_ctl(int epfd, int op, int fd, struct epoll_event * event);
```

➔ 成功时返回 0，失败时返回-1。

- epfd 用于注册监视对象的epoll例程的文件描述符。
- op 用于指定监视对象的添加、删除或更改等操作。
- fd 需要注册的监视对象文件描述符。
- event 监视对象的事件类型。

与其他epoll函数相比，该函数多少有些复杂，但通过调用语句就很容易理解。假设按照如下形式调用epoll_ctl函数：

```
epoll_ctl(A, EPOLL_CTL_ADD, B, C);
```

第二个参数EPOLL_CTL_ADD意味着“添加”，因此上述语句具有如下含义：

“epoll例程A中注册文件描述符B，主要目的是监视参数C中的事件。”

再介绍一个调用语句。

```
epoll_ctl(A, EPOLL_CTL_DEL, B, NULL);
```

上述语句中第二个参数EPOLL_CTL_DEL指“删除”，因此该语句具有如下含义:。

“从epoll例程A中删除文件描述符B。”

从上述调用语句中可以看到，从监视对象中删除时，不需要监视类型（事件信息），因此向第四个参数传递NULL。接下来介绍可以向epoll_ctl第二个参数传递的常量及含义。

- EPOLL_CTL_ADD：将文件描述符注册到epoll例程。
- EPOLL_CTL_DEL：从epoll例程中删除文件描述符。
- EPOLL_CTL_MOD：更改注册的文件描述符的关注事件发生情况。

关于EPOLL_CTL_MOD常量稍后讲解（即使我不讲大家也自然能明白）。如前所述，向epoll_ctl的第二个参数传递EPOLL_CTL_DEL时，应同时向第四个参数传递NULL。但Linux 2.6.9之前的内核不允许传递NULL。虽然被忽略掉，但也应传递epoll_event结构体变量的地址值（本书示例将传递NULL）。其实这是Bug，但也没必要因此怀疑epoll的功能，因为我们使用的标准函数中也存在Bug。

下面讲解各位不太熟悉的epoll_ctl函数的第四个参数，其类型是之前讲过的epoll_event结构体指针。

“啊？不是说epoll_event用于保存发生变化的（发生事件）的文件描述符吗？”

当然！如前所述，epoll_event结构体用于保存发生事件的文件描述符集合。但也可以在epoll例程中注册文件描述符时，用于注册关注的事件。函数中epoll_event结构体的定义并不显眼，因此通过调用语句说明该结构体在epoll_ctl函数中的应用。

```
struct epoll_event event;
. . . . .
event.events=EPOLLIN;  //发生需要读取数据的情况（事件）时
event.data.fd=sockfd;
epoll_ctl(epfd, EPOLL_CTL_ADD, sockfd, &event);
. . . . .
```

上述代码将sockfd注册到epoll例程epfd中，并在需要读取数据的情况下产生相应事件。接下来给出epoll_event的成员events中可以保存的常量及所指的事件类型。

- EPOLLIN：需要读取数据的情况。
- EPOLLOUT：输出缓冲为空，可以立即发送数据的情况。
- EPOLLPRI：收到OOB数据的情况。
- EPOLLRDHUP：断开连接或半关闭的情况，这在边缘触发方式下非常有用。
- EPOLLERR：发生错误的情况。
- EPOLLET：以边缘触发的方式得到事件通知。
- EPOLLONESHOT：发生一次事件后，相应文件描述符不再收到事件通知。因此需要向epoll_ctl函数的第二个参数传递EPOLL_CTL_MOD，再次设置事件。

可以通过位或运算同时传递多个上述参数。关于“边缘触发”稍后将单独讲解，目前只需记住EPOLLIN即可。

epoll_wait

最后介绍与select函数对应的epoll_wait函数，epoll相关函数中默认最后调用该函数。

```
#include <sys/epoll.h>

int epoll_wait(int epfd, struct epoll_event * events, int maxevents, int timeout);
```

→ 成功时返回发生事件的文件描述符数，失败时返回-1。

- epfd　表示事件发生监视范围的epoll例程的文件描述符。
- events　保存发生事件的文件描述符集合的结构体地址值。
- maxevents　第二个参数中可以保存的最大事件数。
- timeout　以1/1000秒为单位的等待时间，传递-1时，一直等待直到发生事件。

该函数的调用方式如下。需要注意的是，第二个参数所指缓冲需要动态分配。

```
int event_cnt;
struct epoll_event * ep_events;
. . . . .
ep_events = malloc(sizeof(struct epoll_event)*EPOLL_SIZE); //EPOLL_SIZE 是宏常量
. . . . .
event_cnt = epoll_wait(epfd, ep_events, EPOLL_SIZE, -1);
. . . . .
```

调用函数后，返回发生事件的文件描述符数，同时在第二个参数指向的缓冲中保存发生事件的文件描述符集合。因此，无需像select那样插入针对所有文件描述符的循环。

基于 epoll 的回声服务器端

以上就是基于epoll技术实现服务器端的所有理论说明，接下来给出基于epoll的回声服务器端示例。我通过更改第12章的echo_selectserv.c实现了该示例。当然，从头开始写也与下面给出的内容类似。但通过更改select示例理解二者差异将更有利于学习。

❖ echo_epollserv.c

```
1.  #include <stdio.h>
2.  #include <stdlib.h>
3.  #include <string.h>
4.  #include <unistd.h>
5.  #include <arpa/inet.h>
6.  #include <sys/socket.h>
7.  #include <sys/epoll.h>
8.
9.  #define BUF_SIZE 100
10. #define EPOLL_SIZE 50
11. void error_handling(char *buf);
12.
13. int main(int argc, char *argv[])
14. {
15.     int serv_sock, clnt_sock;
16.     struct sockaddr_in serv_adr, clnt_adr;
17.     socklen_t adr_sz;
18.     int str_len, i;
19.     char buf[BUF_SIZE];
20.
21.     struct epoll_event *ep_events;
22.     struct epoll_event event;
23.     int epfd, event_cnt;
24.
25.     if(argc!=2) {
26.         printf("Usage : %s <port>\n", argv[0]);
27.         exit(1);
```

```
28.     }
29.
30.     serv_sock=socket(PF_INET, SOCK_STREAM, 0);
31.     memset(&serv_adr, 0, sizeof(serv_adr));
32.     serv_adr.sin_family=AF_INET;
33.     serv_adr.sin_addr.s_addr=htonl(INADDR_ANY);
34.     serv_adr.sin_port=htons(atoi(argv[1]));
35.
36.     if(bind(serv_sock, (struct sockaddr*) &serv_adr, sizeof(serv_adr))==-1)
37.         error_handling("bind() error");
38.     if(listen(serv_sock, 5)==-1)
39.         error_handling("listen() error");
40.
41.     epfd=epoll_create(EPOLL_SIZE);
42.     ep_events=malloc(sizeof(struct epoll_event)*EPOLL_SIZE);
43.
44.     event.events=EPOLLIN;
45.     event.data.fd=serv_sock;
46.     epoll_ctl(epfd, EPOLL_CTL_ADD, serv_sock, &event);
47.
48.     while(1)
49.     {
50.         event_cnt=epoll_wait(epfd, ep_events, EPOLL_SIZE, -1);
51.         if(event_cnt==-1)
52.         {
53.             puts("epoll_wait() error");
54.             break;
55.         }
56.
57.         for(i=0; i<event_cnt; i++)
58.         {
59.             if(ep_events[i].data.fd==serv_sock)
60.             {
61.                 adr_sz=sizeof(clnt_adr);
62.                 clnt_sock=accept(serv_sock, (struct sockaddr*)&clnt_adr, &adr_sz);
63.                 event.events=EPOLLIN;
64.                 event.data.fd=clnt_sock;
65.                 epoll_ctl(epfd, EPOLL_CTL_ADD, clnt_sock, &event);
66.                 printf("connected client: %d \n", clnt_sock);
67.             }
68.             else
69.             {
70.                     str_len=read(ep_events[i].data.fd, buf, BUF_SIZE);
71.                     if(str_len==0)  // close request!
72.                     {
73.                         epoll_ctl(
74.                           epfd, EPOLL_CTL_DEL, ep_events[i].data.fd, NULL);
75.                         close(ep_events[i].data.fd);
76.                         printf("closed client: %d \n", ep_events[i].data.fd);
77.                     }
78.                     else
79.                     {
80.                         write(ep_events[i].data.fd, buf, str_len);    // echo!
81.                     }
```

```
82.
83.             }
84.         }
85.     }
86.     close(serv_sock);
87.     close(epfd);
88.     return 0;
89. }
90.
91. void error_handling(char *buf)
92. {
93.     fputs(buf, stderr);
94.     fputc('\n', stderr);
95.     exit(1);
96. }
```


之前解释过关键代码，而且程序结构与select方式没有区别，故省略代码说明。如果有些地方难以理解，说明未掌握本章之前的内容和select模型，建议复习。结合我的说明和select示例理解上述代码也是一种很好的学习方式。上述示例可以结合任意回声客户端运行，而且运行结果与其他回声服务器端/客户端程序没有差别，故省略。

17.2 条件触发和边缘触发

有些人学习epoll时往往无法正确区分条件触发（Level Trigger）和边缘触发（Edge Trigger），但只有理解了二者区别才算完整掌握epoll。

条件触发和边缘触发的区别在于发生事件的时间点

首先给出示例帮助各位理解条件触发和边缘触发。观察如下对话，可以通过对话内容理解条件触发事件的特点。

- 儿子："妈妈，我收到了5000元压岁钱。"
- 妈妈："恩，真棒！"

- 儿子："我给隔壁家秀熙买了炒年糕，花了2000元。"
- 妈妈："恩，做得好！"

- 儿子："妈妈，我还买了玩具，剩下500元。"
- 妈妈："用完零花钱就只能挨饿喽！"

- 儿子："妈妈，我还留着那500元没动，不会挨饿的。"
- 妈妈："恩，很明智嘛！"

- 儿子："妈妈，我还留着那500元没动，我要攒起来。"
- 妈妈："恩，加油！"

从上述对话可以看出，儿子从收到压岁钱开始一直向妈妈报告，这就是条件触发的原理。如果将上述对话中的儿子（儿子的钱包）换成输入缓冲，压岁钱换成输入数据，儿子的报告换成事件，则可以发现条件触发的特性。我将其整理如下：

"条件触发方式中，只要输入缓冲有数据就会一直通知该事件。"

例如，服务器端输入缓冲收到50字节的数据时，服务器端操作系统将通知该事件（注册到发生变化的文件描述符）。但服务器端读取20字节后还剩30字节的情况下，仍会注册事件。也就是说，条件触发方式中，只要输入缓冲中还剩有数据，就将以事件方式再次注册。接下来通过如下对话介绍边缘触发的事件特性。

- 儿子："妈妈，我收到了5000元压岁钱。"
- 妈妈："恩，再接再厉。"

- 儿子："……"
- 妈妈："说话呀！压岁钱呢？不想回答吗？"

从上述对话可以看出，边缘触发中输入缓冲收到数据时仅注册1次该事件。即使输入缓冲中还留有数据，也不会再进行注册。

掌握条件触发的事件特性

接下来通过代码了解条件触发的事件注册方式。下列代码是稍微修改之前的echo_epollserv.c示例得到的。epoll默认以条件触发方式工作，因此可以通过该示例验证条件触发的特性。

❖ echo_EPLTserv.c

```
1.  #include <"与示例echo_epollserv.c的头文件声明一致，故省略。">
2.  #define BUF_SIZE 4
3.  #define EPOLL_SIZE 50
4.  void error_handling(char *buf);
5.
6.  int main(int argc, char *argv[])
7.  {
8.      int serv_sock, clnt_sock;
9.      struct sockaddr_in serv_adr, clnt_adr;
10.     socklen_t adr_sz;
11.     int str_len, i;
12.     char buf[BUF_SIZE];
13.
14.     struct epoll_event *ep_events;
15.     struct epoll_event event;
```

```
16.     int epfd, event_cnt;
17.
18.     if(argc!=2) {
19.         printf("Usage : %s <port>\n", argv[0]);
20.         exit(1);
21.     }
22.
23.     serv_sock=socket(PF_INET, SOCK_STREAM, 0);
24.     memset(&serv_adr, 0, sizeof(serv_adr));
25.     serv_adr.sin_family=AF_INET;
26.     serv_adr.sin_addr.s_addr=htonl(INADDR_ANY);
27.     serv_adr.sin_port=htons(atoi(argv[1]));
28.
29.     if(bind(serv_sock, (struct sockaddr*) &serv_adr, sizeof(serv_adr))==-1)
30.         error_handling("bind() error");
31.     if(listen(serv_sock, 5)==-1)
32.         error_handling("listen() error");
33.
34.     epfd=epoll_create(EPOLL_SIZE);
35.     ep_events=malloc(sizeof(struct epoll_event)*EPOLL_SIZE);
36.
37.     event.events=EPOLLIN;
38.     event.data.fd=serv_sock;
39.     epoll_ctl(epfd, EPOLL_CTL_ADD, serv_sock, &event);
40.
41.     while(1)
42.     {
43.         event_cnt=epoll_wait(epfd, ep_events, EPOLL_SIZE, -1);
44.         if(event_cnt==-1)
45.         {
46.             puts("epoll_wait() error");
47.             break;
48.         }
49.
50.         puts("return epoll_wait");
51.         for(i=0; i<event_cnt; i++)
52.         {
53.             if(ep_events[i].data.fd==serv_sock)
54.             {
55.                 adr_sz=sizeof(clnt_adr);
56.                 clnt_sock=accept(serv_sock, (struct sockaddr*)&clnt_adr, &adr_sz);
57.                 event.events=EPOLLIN;
58.                 event.data.fd=clnt_sock;
59.                 epoll_ctl(epfd, EPOLL_CTL_ADD, clnt_sock, &event);
60.                 printf("connected client: %d \n", clnt_sock);
61.             }
62.             else
63.             {
64.                     str_len=read(ep_events[i].data.fd, buf, BUF_SIZE);
65.                     if(str_len==0)  // close request!
66.                     {
67.                         epoll_ctl(epfd, EPOLL_CTL_DEL, ep_events[i].data.fd, NULL);
68.                         close(ep_events[i].data.fd);
69.                         printf("closed client: %d \n", ep_events[i].data.fd);
```

17

```
70.                     }
71.                     else
72.                     {
73.                         write(ep_events[i].data.fd, buf, str_len);    // echo!
74.                     }
75.                 }
76.             }
77.         }
78.         close(serv_sock);
79.         close(epfd);
80.         return 0;
81. }
82.
83. void error_handling(char *buf)
84. {
85.     //与示例echo_epollserv.c的error_handling函数一致。
86. }
```

上述示例与之前的echo_epollserv.c之间的差异如下。

- 将调用read函数时使用的缓冲大小缩减为4个字节（第2行）
- 插入验证epoll_wait函数调用次数的语句（第50行）

减少缓冲大小是为了阻止服务器端一次性读取接收的数据。换言之，调用read函数后，输入缓冲中仍有数据需要读取。而且会因此注册新的事件并从epoll_wait函数返回时将循环输出“return epoll_wait”字符串。前提是条件触发的工作方式与我的描述一致。接下来观察运行结果。该程序同样可以结合第4章的echo_client.c运行。

❖ 运行结果：echo_EPLTserv.c

```
root@my_linux:/tcpip# gcc echo_EPLTserv.c -o serv
root@my_linux:/tcpip# ./serv 9190
return epoll_wait
connected client: 5
return epoll_wait
return epoll_wait
return epoll_wait
return epoll_wait
return epoll_wait
connected client: 6
return epoll_wait
return epoll_wait
return epoll_wait
return epoll_wait
return epoll_wait
closed client: 5
return epoll_wait
closed client: 6
```

❖ 运行结果：echo_client.c One

```
root@my_linux:/tcpip# gcc echo_client.c -o client
root@my_linux:/tcpip# ./client 127.0.0.1 9190
Connected...........
Input message(Q to quit): It's my life
Message from server: It's my life
Input message(Q to quit): Q
```

❖ 运行结果：echo_client.c Two

```
root@my_linux:/tcpip# gcc sep_clnt.c -o clnt
root@my_linux:/tcpip# ./client 127.0.0.1 9190
Connected...........
Input message(Q to quit): It's your life
Message from server: It's your life
Input message(Q to quit): Q
```

从运行结果中可以看出，每当收到客户端数据时，都会注册该事件，并因此多次调用epoll_wait函数。下面将上述示例改成边缘触发方式，需要做一些额外的工作。但我希望通过最小的改动验证边缘触发模型的事件注册方式。将上述示例的第57行改成如下形式运行服务器端和客户端（不会单独提供这方面的源代码，需要各位自行更改）：

```
event.events = EPOLLIN|EPOLLET;
```

更改后可以验证如下事实：

"从客户端接收数据时，仅输出1次'return epoll_wait'字符串，这意味着仅注册1次事件。"

虽然可以验证上述事实，但客户端运行时将发生错误。大家是否遇到了这种问题？能否自行分析原因？虽然目前不必对此感到困惑，但如果理解了边缘触发的特性，应该可以分析出错误原因。

提 示

select 模型是条件触发还是边缘触发？

select 模型是以条件触发的方式工作的，输入缓冲中如果还剩有数据，肯定会注册事件。各位若感兴趣，可以自行编写示例验证 select 模型的工作方式。

边缘触发的服务器端实现中必知的两点

下面讲解边缘触发服务器端的实现方法。在此之前，我希望说明如下2点，这些是实现边缘触发的必知内容。

- ❑ 通过errno变量验证错误原因。
- ❑ 为了完成非阻塞（Non-blocking）I/O，更改套接字特性。

Linux的套接字相关函数一般通过返回-1通知发生了错误。虽然知道发生了错误，但仅凭这些内容无法得知产生错误的原因。因此，为了在发生错误时提供额外的信息，Linux声明了如下全局变量：

```
int errno;
```

为了访问该变量，需要引入error.h头文件，因为此头文件中有上述变量的extern声明。另外，每种函数发生错误时，保存到errno变量中的值都不同，没必要记住所有可能的值。学习每种函数的过程中逐一掌握，并能在必要时参考即可。本节只介绍如下类型的错误：

"read函数发现输入缓冲中没有数据可读时返回-1，同时在errno中保存EAGAIN常量。"

稍后通过示例给出errno的使用方法。下面讲解将套接字改为非阻塞方式的方法。Linux提供更改或读取文件属性的如下方法（曾在第13章使用过）。

```
#include <fcntl.h>

int fcntl(int filedes, int cmd, . . . );
```

➔ 成功时返回 cmd 参数相关值，失败时返回-1。

- filedes　属性更改目标的文件描述符。
- cmd　表示函数调用的目的。

从上述声明中可以看到，fcntl具有可变参数的形式。如果向第二个参数传递F_GETFL，可以获得第一个参数所指的文件描述符属性（int型）。反之，如果传递F_SETFL，可以更改文件描述符属性。若希望将文件（套接字）改为非阻塞模式，需要如下2条语句。

```
int flag = fcntl(fd, F_GETFL, 0);
fcntl(fd, F_SETFL, flag|O_NONBLOCK);
```

通过第一条语句获取之前设置的属性信息，通过第二条语句在此基础上添加非阻塞O_NONBLOCK标志。调用read & write函数时，无论是否存在数据，都会形成非阻塞文件（套接字）。fcntl函数的适用范围很广，各位既可以在学习系统编程时一次性总结所有适用情况，也可以每次需要时逐一掌握。

实现边缘触发的回声服务器端

之所以介绍读取错误原因的方法和非阻塞模式的套接字创建方法，原因在于二者都与边缘触发的服务器端实现有密切联系。首先说明为何需要通过errno确认错误原因。

“边缘触发方式中，接收数据时仅注册1次该事件。”

就因为这种特点，一旦发生输入相关事件，就应该读取输入缓冲中的全部数据。因此需要验证输入缓冲是否为空。

“read函数返回-1，变量errno中的值为EAGAIN时，说明没有数据可读。”

既然如此，为何还需要将套接字变成非阻塞模式？边缘触发方式下，以阻塞方式工作的read & write函数有可能引起服务器端的长时间停顿。因此，边缘触发方式中一定要采用非阻塞read & write函数。接下来给出以边缘触发方式工作的回声服务器端示例。

❖ echo_EPETserv.c

```
1.  #include <"添加fcntl.h、errno.h时，与示例echo_epollserv.c的头文件声明一致。">
2.  #include <fcntl.h>
3.  #include <errno.h>
4.  #define BUF_SIZE 4
5.  #define EPOLL_SIZE 50
6.  void setnonblockingmode(int fd);
7.  void error_handling(char *buf);
8.
9.  int main(int argc, char *argv[])
10. {
11.     int serv_sock, clnt_sock;
12.     struct sockaddr_in serv_adr, clnt_adr;
13.     socklen_t adr_sz;
14.     int str_len, i;
15.     char buf[BUF_SIZE];
16.
17.     struct epoll_event *ep_events;
18.     struct epoll_event event;
19.     int epfd, event_cnt;
20.     if(argc!=2) {
21.         printf("Usage : %s <port>\n", argv[0]);
22.         exit(1);
23.     }
24.
25.     serv_sock=socket(PF_INET, SOCK_STREAM, 0);
26.     memset(&serv_adr, 0, sizeof(serv_adr));
27.     serv_adr.sin_family=AF_INET;
28.     serv_adr.sin_addr.s_addr=htonl(INADDR_ANY);
29.     serv_adr.sin_port=htons(atoi(argv[1]));
30.     if(bind(serv_sock, (struct sockaddr*) &serv_adr, sizeof(serv_adr))==-1)
31.         error_handling("bind() error");
32.     if(listen(serv_sock, 5)==-1)
33.         error_handling("listen() error");
34.
35.     epfd=epoll_create(EPOLL_SIZE);
```

```
36.     ep_events=malloc(sizeof(struct epoll_event)*EPOLL_SIZE);
37.
38.     setnonblockingmode(serv_sock);
39.     event.events=EPOLLIN;
40.     event.data.fd=serv_sock;
41.     epoll_ctl(epfd, EPOLL_CTL_ADD, serv_sock, &event);
42.
43.     while(1)
44.     {
45.         event_cnt=epoll_wait(epfd, ep_events, EPOLL_SIZE, -1);
46.         if(event_cnt==-1)
47.         {
48.             puts("epoll_wait() error");
49.             break;
50.         }
51.
52.         puts("return epoll_wait");
53.         for(i=0; i<event_cnt; i++)
54.         {
55.             if(ep_events[i].data.fd==serv_sock)
56.             {
57.                 adr_sz=sizeof(clnt_adr);
58.                 clnt_sock=accept(serv_sock, (struct sockaddr*)&clnt_adr, &adr_sz);
59.                 setnonblockingmode(clnt_sock);
60.                 event.events=EPOLLIN|EPOLLET;
61.                 event.data.fd=clnt_sock;
62.                 epoll_ctl(epfd, EPOLL_CTL_ADD, clnt_sock, &event);
63.                 printf("connected client: %d \n", clnt_sock);
64.             }
65.             else
66.             {
67.                 while(1)
68.                 {
69.                     str_len=read(ep_events[i].data.fd, buf, BUF_SIZE);
70.                     if(str_len==0) {     // close request!
71.                         epoll_ctl(epfd, EPOLL_CTL_DEL, ep_events[i].data.fd, NULL);
72.                         close(ep_events[i].data.fd);
73.                         printf("closed client: %d \n", ep_events[i].data.fd);
74.                         break;
75.                     }
76.                     else if(str_len<0) {
77.                         if(errno==EAGAIN)
78.                           break;
79.                     }
80.                     else {
81.                         write(ep_events[i].data.fd, buf, str_len);    // echo!
82.                     }
83.                 }
84.             }
85.         }
86.     }
87.     close(serv_sock);   close(epfd);
88.     return 0;
89. }
```

```
90.
91. void setnonblockingmode(int fd)
92. {
93.     int flag=fcntl(fd, F_GETFL, 0);
94.     fcntl(fd, F_SETFL, flag|O_NONBLOCK);
95. }
96. void error_handling(char *buf)
97. {
98.     //与示例echo_epollserv.c的error_handing函数一致。
99. }
```

- 第4行：为了验证边缘触发的工作方式，将缓冲设置为4字节。
- 第52行：为观察事件发生数而添加的输出字符串的语句。
- 第59、60行：第59行将accept函数创建的套接字改为非阻塞模式。第60行向EPOLLIN添加EPOLLET标志，将套接字事件注册方式改为边缘触发。
- 第67、69行：之前的条件触发回声服务器端中没有该while循环。边缘触发方式中，发生事件时需要读取输入缓冲中的所有数据，因此需要循环调用read函数，如第69行所示。
- 第76行：read函数返回-1且errno值为EAGAIN时，意味着读取了输入缓冲中的全部数据，因此需要通过break语句跳出第67行的循环。

❖ 运行结果：echo_EPETserv.c

```
root@my_linux:/tcpip# gcc echo_EPETserv.c -o serv
root@my_linux:/tcpip# ./serv 9190
return epoll_wait
connected client: 5
return epoll_wait
return epoll_wait
return epoll_wait
return epoll_wait
closed client: 5
```

❖ 运行结果：echo_client.c

```
root@my_linux:/tcpip# gcc echo_client.c -o clnt
root@my_linux:/tcpip# ./clnt 127.0.0.1 9190
Connected...........
Input message(Q to quit): I like computer programming
Message from server: I like computer programming
Input message(Q to quit): Do you like computer programming?
Message from server: Do you like computer programming?
Input message(Q to quit): Good bye
Message from server: Good bye
```

```
Input message(Q to quit): Q
```

上述运行结果中需要注意的是，客户端发送消息次数和服务器端epoll_wait函数调用次数。客户端从请求连接到断开连接共发送5次数据，服务器端也相应产生5个事件。

条件触发和边缘触发孰优孰劣

我们从理论和代码的角度充分理解了条件触发和边缘触发，但仅凭这些还无法理解边缘触发相对于条件触发的优点。边缘触发方式下可以做到如下这点：

"可以分离接收数据和处理数据的时间点！"

虽然比较简单，但非常准确有力地说明了边缘触发的优点。关于这句话的含义，大家以后开发不同类型的程序时会有更深入的理解。现阶段给出如下情景帮助大家理解，如图17-1所示。

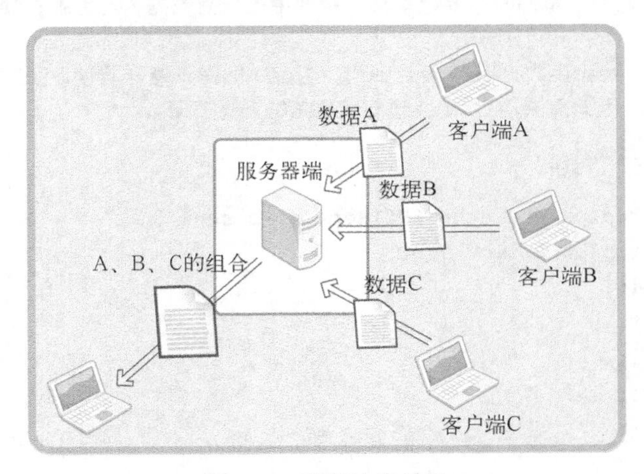

图17-1　理解边缘触发

图17-1的运行流程如下。

- 服务器端分别从客户端A、B、C接收数据。
- 服务器端按照A、B、C的顺序重新组合收到的数据。
- 组合的数据将发送给任意主机。

为了完成该过程，若能按如下流程运行程序，服务器端的实现并不难。

- 客户端按照A、B、C的顺序连接服务器端，并依序向服务器端发送数据。
- 需要接收数据的客户端应在客户端A、B、C之前连接到服务器端并等待。

但现实中可能频繁出现如下这些情况，换言之，如下情况更符合实际。

- 客户端C和B正向服务器端发送数据，但A尚未连接到服务器端。

- 客户端A、B、C乱序发送数据。
- 服务器端已收到数据，但要接收数据的目标客户端还未连接到服务器端。

因此，即使输入缓冲收到数据（注册相应事件），服务器端也能决定读取和处理这些数据的时间点，这样就给服务器端的实现带来巨大的灵活性。

“条件触发中无法区分数据接收和处理吗？”

并非不可能。但在输入缓冲收到数据的情况下，如果不读取（延迟处理），则每次调用epoll_wait函数时都会产生相应事件。而且事件数也会累加，服务器端能承受吗？这在现实中是不可能的（本身并不合理，因此是根本不想做的事）。

条件触发和边缘触发的区别主要应该从服务器端实现模型的角度谈论，因此希望各位不要提下面这种问题。如果理解了之前的讲解，应该有更好的提问。

“边缘触发是否更快？能快多少呢？”

从实现模型的角度看，边缘触发更有可能带来高性能，但不能简单地认为“只要使用边缘触发就一定能提高速度”。

17.3 习题

(1) 利用select函数实现服务器端时，代码层面存在的2个缺点是？

(2) 无论是select方式还是epoll方式，都需要将监视对象文件描述符信息通过函数调用传递给操作系统。请解释传递该信息的原因。

(3) select方式和epoll方式的最大差异在于监视对象文件描述符传递给操作系统的方式。请说明具体的差异，并解释为何存在这种差异。

(4) 虽然epoll是select的改进方案，但select也有自己的优点。在何种情况下使用select方式更合理？

(5) epoll以条件触发或边缘触发方式工作。二者有何区别？从输入缓冲的角度说明这2种方式通知事件的时间点差异。

(6) 采用边缘触发时可以分离数据的接收和处理时间点。说明其原因及优点。

(7) 实现聊天服务器端，使其可以在连接到服务器端的所有客户端之间交换消息。按照条件触发方式和边缘触发方式分别实现epoll服务器端（聊天服务器端的实现中，这2种方式不会产生太大差异）。当然，为了正常运行服务器端，需要聊天客户端，我们直接使用第18章的chat_clnt.c（编译方法请参考第18章）。虽然尚未学习第18章，但使用其中一些示例并非难事。如果各位觉得困难，可以学习第18章后再解答。

17

第 18 章

多线程服务器端的实现

18

本来，线程在 Windows 中的应用比在 Linux 平台中的应用更广泛。但 Web 服务的发展迫使 UNIX 系列的操作系统开始重视线程。由于 Web 服务器端协议本身具有的特点，经常需要同时向多个客户端提供服务。因此，人们逐渐舍弃进程，转而开始利用更高效的线程实现 Web 服务器端。

18.1 理解线程的概念

第19章将介绍Windows线程，而本章给出的是关于线程的通用说明，掌握了本章内容才能学好Windows线程。

引入线程的背景

第10章介绍了多进程服务器端的实现方法。多进程模型与select或epoll相比的确有自身的优点，但同时也有问题。如前所述，创建进程（复制）的工作本身会给操作系统带来相当沉重的负担。而且，每个进程具有独立的内存空间，所以进程间通信的实现难度也会随之提高（参考第11章）。换言之，多进程模型的缺点可概括如下。

- 创建进程的过程会带来一定的开销。
- 为了完成进程间数据交换，需要特殊的IPC技术。

但相比于下面的缺点，上述2个缺点不算什么。

> “每秒少则数十次、多则数千次的‘上下文切换’（Context Switching）是创建进程时最大的开销。”

只有1个CPU（准确地说是CPU的运算设备CORE）的系统中不是也可以同时运行多个进程吗？这是因为系统将CPU时间分成多个微小的块后分配给了多个进程。为了分时使用CPU，需要“上下文切换”过程。下面了解一下“上下文切换”的概念。运行程序前需要将相应进程信息读入内存，如果运行进程A后需要紧接着运行进程B，就应该将进程A相关信息移出内存，并读入进程B相关信息。这就是上下文切换。但此时进程A的数据将被移动到硬盘，所以上下文切换需要很长时间。即使通过优化加快速度，也会存在一定的局限。

> **提　示**
>
> **上下文切换**
>
> 通过学习计算机结构和操作系统相关知识，可以了解到上下文切换中具体的工作过程。但我为了讲述网络编程，只介绍了基础概念。实际上该过程应该通过 CPU 内部的寄存器来解释。

为了保持多进程的优点，同时在一定程度上克服其缺点，人们引入了线程（Thread）。这是为了将进程的各种劣势降至最低限度（不是直接消除）而设计的一种“轻量级进程”。线程相比于进程具有如下优点。

- 线程的创建和上下文切换比进程的创建和上下文切换更快。
- 线程间交换数据时无需特殊技术。

各位会逐渐体会到这些优点，可以通过接下来的说明和线程相关代码进行准确理解。

线程和进程的差异

线程是为了解决如下困惑登场的:

“嘿！为了得到多条代码执行流而复制整个内存区域的负担太重了！”

每个进程的内存空间都由保存全局变量的“数据区”、向malloc等函数的动态分配提供空间的堆（Heap）、函数运行时使用的栈（Stack）构成。每个进程都拥有这种独立空间，多个进程的内存结构如图18-1所示。

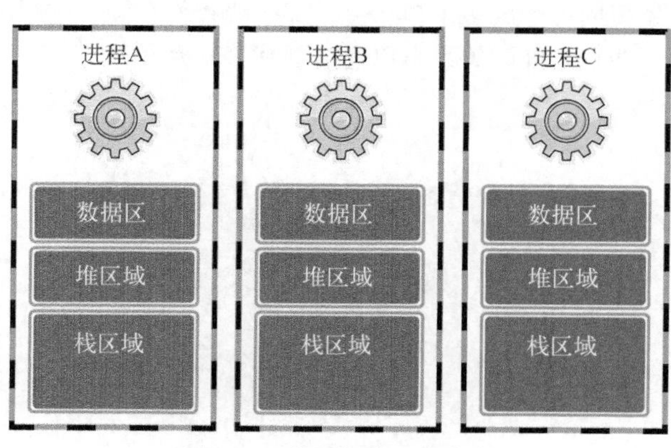

图18-1　进程间独立的内存

但如果以获得多个代码执行流为主要目的，则不应该像图18-1那样完全分离内存结构，而只需分离栈区域。通过这种方式可以获得如下优势。

- 上下文切换时不需要切换数据区和堆。
- 可以利用数据区和堆交换数据。

实际上这就是线程。线程为了保持多条代码执行流而隔开了栈区域，因此具有如图18-2所示的内存结构。

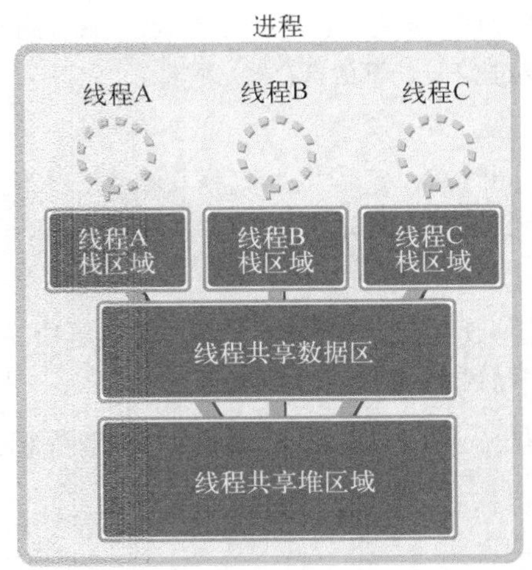

图18-2　线程的内存结构

如图18-2所示，多个线程将共享数据区和堆。为了保持这种结构，线程将在进程内创建并运行。也就是说，进程和线程可以定义为如下形式。

- 进程：在操作系统构成单独执行流的单位。
- 线程：在进程构成单独执行流的单位。

如果说进程在操作系统内部生成多个执行流，那么线程就在同一进程内部创建多条执行流。因此，操作系统、进程、线程之间的关系可以通过图18-3表示。

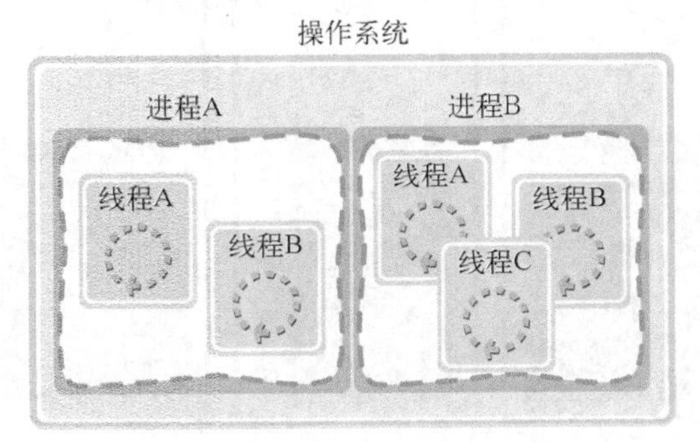

图18-3　操作系统、进程、线程之间的关系

以上就是线程的理论说明。没有实际编程就很难理解好线程，希望各位通过学习线程相关代码理解全部内容。

18.2　线程创建及运行

POSIX是Portable Operating System Interface for Computer Environment（适用于计算机环境的可移植操作系统接口）的简写，是为了提高UNIX系列操作系统间的移植性而制定的API规范。下面要介绍的线程创建方法也是以POSIX标准为依据的。因此，它不仅适用于Linux，也适用于大部分UNIX系列的操作系统。

线程的创建和执行流程

线程具有单独的执行流，因此需要单独定义线程的main函数，还需要请求操作系统在单独的执行流中执行该函数，完成该功能的函数如下。

```
#include <pthread.h>

int pthread_create(
    pthread_t * restrict thread, const pthread_attr_t * restrict attr,
    void * (* start_routine)(void *), void * restrict arg
);
    → 成功时返回 0，失败时返回其他值。
```

- thread　保存新创建线程ID的变量地址值。线程与进程相同，也需要用于区分不同线程的ID。
- attr　用于传递线程属性的参数，传递NULL时，创建默认属性的线程。
- start_routine　相当于线程main函数的、在单独执行流中执行的函数地址值（函数指针）。
- arg　通过第三个参数传递调用函数时包含传递参数信息的变量地址值。

要想理解好上述函数的参数，需要熟练掌握restrict关键字和函数指针相关语法。但如果只关注使用方法（当然以后要掌握restrict和函数指针），那么该函数的使用比想象中要简单。下面通过简单示例了解该函数的功能。

❖ thread1.c

```
1.  #include <stdio.h>
2.  #include <pthread.h>
3.  #include <unistd.h>
4.  void* thread_main(void *arg);
5.
6.  int main(int argc, char *argv[])
```

```
7.  {
8.      pthread_t t_id;
9.      int thread_param=5;
10.
11.     if(pthread_create(&t_id, NULL, thread_main, (void*)&thread_param)!=0)
12.     {
13.         puts("pthread_create() error");
14.         return -1;
15.     };
16.     sleep(10); puts("end of main");
17.     return 0;
18. }
19.
20. void* thread_main(void *arg)
21. {
22.     int i;
23.     int cnt=*((int*)arg);
24.     for(i=0; i<cnt; i++)
25.     {
26.         sleep(1); puts("running thread");
27.     }
28.     return NULL;
29. }
```

- 第11行：请求创建一个线程，从thread_main函数调用开始，在单独的执行流中运行。同时在调用thread_main函数时向其传递thread_param变量的地址值。
- 第16行：调用sleep函数使main函数停顿10秒，这是为了延迟进程的终止时间。执行第17行的return语句后终止进程，同时终止内部创建的线程。因此，为保证线程的正常执行而添加这条语句。
- 第20、23行：传入arg参数的是第11行pthread_create函数的第四个参数。

❖ 运行结果：thread1.c

```
root@my_linux:/tcpip# gcc thread1.c -o tr1 -lpthread
root@my_linux:/tcpip# ./tr1
running thread
running thread
running thread
running thread
running thread
end of main
```

从上述运行结果中可以看到，线程相关代码在编译时需要添加–lpthread选项声明需要连接线程库，只有这样才能调用头文件pthread.h中声明的函数。上述程序的执行流程如图18-4所示。

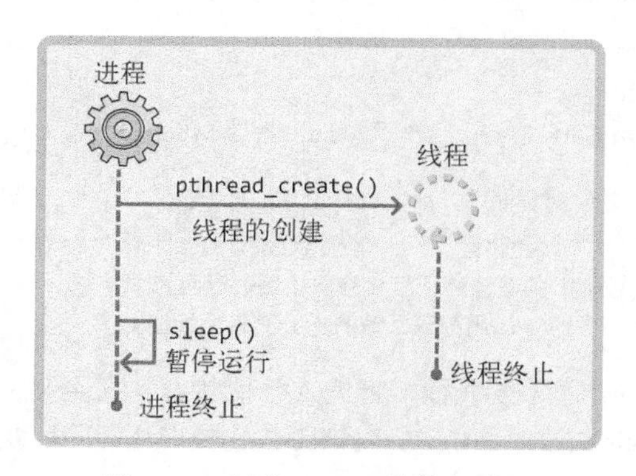

图18-4 示例thread1.c的执行流程

图18-4中的虚线代表执行流称，向下的箭头指的是执行流，横向箭头是函数调用。这些都是简单的符号，可以结合示例理解。接下来将上述示例的第15行sleep函数的调用语句改成如下形式：


```
sleep(2);
```

各位运行后可以看到，此时不会像代码中写的那样输出5次"running thread"字符串。因为main函数返回后整个进程将被销毁，如图18-5所示。

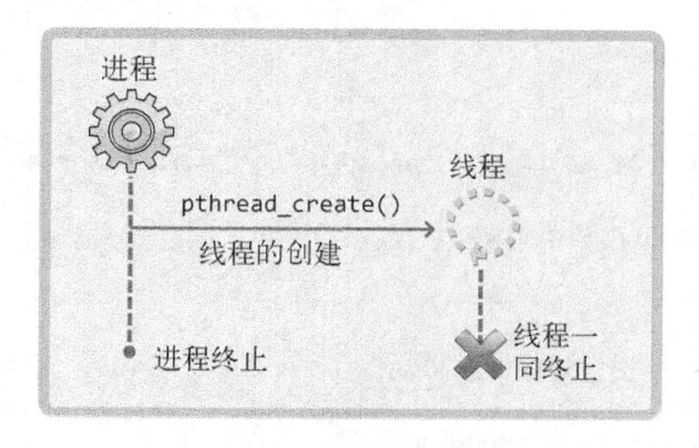

图18-5 终止进程和线程

正因如此，我们在之前的示例中通过调用sleep函数向线程提供了充足的执行时间。

"那线程相关程序中必须适当调用sleep函数!"

并非如此！通过调用sleep函数控制线程的执行相当于预测程序的执行流程，但实际上这是不可能完成的事情。而且稍有不慎，很可能干扰程序的正常执行流。例如，怎么可能在上述示例中准确预测thread_main函数的运行时间，并让main函数恰好等待这么长时间呢？因此，我们不用sleep函数，而是通常利用下面的函数控制线程的执行流。通过下列函数可以更有效地解决现讨论的问题，还可同时了解线程ID的用法。

```
# include <pthread.h>
int pthread_join(pthread_t thread, void ** status);
```

➔ 成功时返回 0，失败时返回其他值。

- thread　该参数值ID的线程终止后才会从该函数返回。
- status　保存线程的main函数返回值的指针变量地址值。

简言之，调用该函数的进程（或线程）将进入等待状态，直到第一个参数为ID的线程终止为止。而且可以得到线程的main函数返回值，所以该函数比较有用。下面通过示例了解该函数的功能。

❖ thread2.c

```
1.  #include <stdio.h>
2.  #include <stdlib.h>
3.  #include <string.h>
4.  #include <pthread.h>
5.  void* thread_main(void *arg);
6.
7.  int main(int argc, char *argv[])
8.  {
9.      pthread_t t_id;
10.     int thread_param=5;
11.     void * thr_ret;
12.
13.     if(pthread_create(&t_id, NULL, thread_main, (void*)&thread_param)!=0)
14.     {
15.         puts("pthread_create() error");
16.         return -1;
17.     };
18.
19.     if(pthread_join(t_id, &thr_ret)!=0)
20.     {
21.         puts("pthread_join() error");
22.         return -1;
23.     };
24.
25.     printf("Thread return message: %s \n", (char*)thr_ret);
26.     free(thr_ret);
27.     return 0;
28. }
29.
30. void* thread_main(void *arg)
31. {
32.     int i;
33.     int cnt=*((int*)arg);
34.     char * msg=(char *)malloc(sizeof(char)*50);
35.     strcpy(msg, "Hello, I'am thread~ \n");
36.
37.     for(i=0; i<cnt; i++)
```

```
38.     {
39.         sleep(1); puts("running thread");
40.     }
41.     return (void*)msg;
42. }
```

- 第19行：main函数中，针对第13行创建的线程调用pthread_join函数。因此，main函数将等待ID保存在t_id变量中的线程终止。
- 第11、19、41行：希望各位通过这3条语句掌握获取线程的返回值的方法。简言之，第41行返回的值将保存到第19行第二个参数thr_ret。需要注意的是，该返回值是thread_main函数内部动态分配的内存空间地址值。

❖ 运行结果：thread2.c

```
root@my_linux:/tcpip# gcc thread2.c -o tr2 -lpthread
root@my_linux:/tcpip# ./tr2
running thread
running thread
running thread
running thread
running thread
Thread return message: Hello, I'am thread~
```


最后，为了让大家更好地理解该示例，给出其执行流程图，如图18-6所示。请注意观察程序暂停后从线程终止时（线程main函数返回时）重新执行的部分。

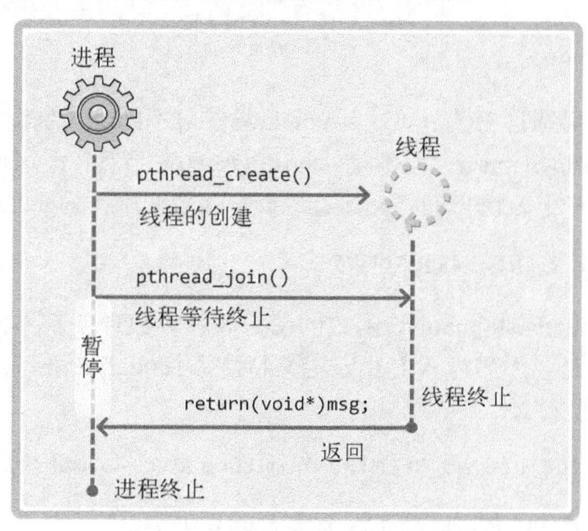

图18-6 调用pthread_join函数

可在临界区内调用的函数

之前的示例中只创建了1个线程，接下来的示例将开始创建多个线程。当然，无论创建多少线程，其创建方法没有区别。但关于线程的运行需要考虑“多个线程同时调用函数时（执行时）可能产生问题”。这类函数内部存在临界区（Critical Section），也就是说，多个线程同时执行这部分代码时，可能引起问题。临界区中至少存在1条这类代码。

稍后将讨论哪些代码可能成为临界区，多个线程同时执行临界区代码时会产生哪些问题等内容。现阶段只需理解临界区的概念即可。根据临界区是否引起问题，函数可分为以下2类。

- 线程安全函数（Thread-safe function）
- 非线程安全函数（Thread-unsafe function）

线程安全函数被多个线程同时调用时也不会引发问题。反之，非线程安全函数被同时调用时会引发问题。但这并非关于有无临界区的讨论，线程安全的函数中同样可能存在临界区。只是在线程安全函数中，同时被多个线程调用时可通过一些措施避免问题。

幸运的是，大多数标准函数都是线程安全的函数。更幸运的是，我们不用自己区分线程安全的函数和非线程安全的函数（在Windows程序中同样如此）。因为这些平台在定义非线程安全函数的同时，提供了具有相同功能的线程安全的函数。比如，第8章介绍过的如下函数就不是线程安全的函数：

```
struct hostent * gethostbyname(const char * hostname);
```

同时提供线程安全的同一功能的函数。

```
struct hostent * gethostbyname_r(
    const char * name, struct hostent * result, char * buffer, intbuflen,
        int * h_errnop);
```

线程安全函数的名称后缀通常为_r（这与Windows平台不同）。既然如此，多个线程同时访问的代码块中应该调用gethostbyname_r，而不是gethostbyname？当然！但这种方法会给程序员带来沉重的负担。幸好可以通过如下方法自动将gethostbyname函数调用改为gethostbyname_r函数调用！

“声明头文件前定义_REENTRANT宏。”

gethostbyname函数和gethostbyname_r函数的函数名和参数声明都不同，因此，这种宏声明方式拥有巨大的吸引力。另外，无需为了上述宏定义特意添加#define语句，可以在编译时通过添加-D_REENTRANT选项定义宏。

```
root@my_linux:/tcpip# gcc -D_REENTRANT mythread.c -o mthread -lpthread
```

下面编译线程相关代码时均默认添加-D_REENTRANT选项。

工作（Worker）线程模型

之前示例的目的主要是介绍线程概念和创建线程的方法，因此从未涉及1个示例中创建多个线程的情况。下面给出此类示例。

将要介绍的示例将计算1到10的和，但并不是在main函数中进行累加运算，而是创建2个线程，其中一个线程计算1到5的和，另一个线程计算6到10的和，main函数只负责输出运算结果。这种方式的编程模型称为“工作线程（Worker thread）模型”。计算1到5之和的线程与计算6到10之和的线程将成为main线程管理的工作（Worker）。最后，给出示例代码前先给出程序执行流程图，如图18-7所示。

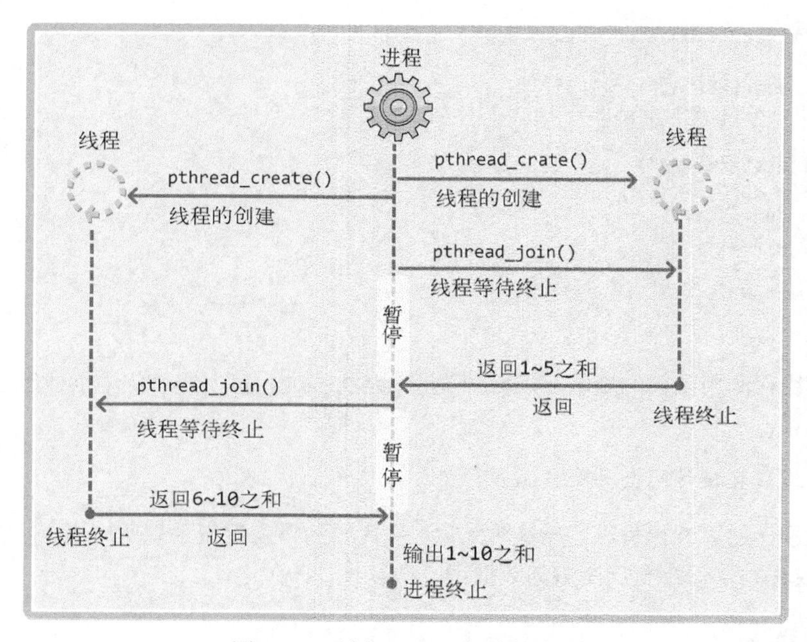

图18-7 示例thread3.c的执行流程

之前也介绍过类似的图，相信各位很容易看懂图18-7描述的内容（只是单纯说明图，并未使用特殊的表示方法）。另外，线程相关代码的执行流程理解起来相对复杂一些，有必要习惯于这类流程图。

❖ thread3.c

```
1.  #include <stdio.h>
2.  #include <pthread.h>
3.  void * thread_summation(void * arg);
4.  int sum=0;
5.  
6.  int main(int argc, char *argv[])
7.  {
8.      pthread_t id_t1, id_t2;
9.      int range1[]={1, 5};
10.     int range2[]={6, 10};
```

```
11.
12.     pthread_create(&id_t1, NULL, thread_summation, (void *)range1);
13.     pthread_create(&id_t2, NULL, thread_summation, (void *)range2);
14.
15.     pthread_join(id_t1, NULL);
16.     pthread_join(id_t2, NULL);
17.     printf("result: %d \n", sum);
18.     return 0;
19. }
20.
21. void * thread_summation(void * arg)
22. {
23.     int start=((int*)arg)[0];
24.     int end=((int*)arg)[1];
25.
26.     while(start<=end)
27.     {
28.         sum+=start;
29.         start++;
30.     }
31.     return NULL;
32. }
```

之前讲过线程调用函数的参数和返回值类型，因此不难理解上述示例中创建线程并执行的部分。但需要注意：

“2个线程直接访问全局变量sum！”

通过上述示例的第28行可以得出这种结论。从代码的角度看似乎理所应当，但之所以可行完全是因为2个线程共享保存全局变量的数据区。

❖ 运行结果：thread3.c

```
root@my_linux:/tcpip# gcc thread3.c -D_REENTRANT -o tr3 -lpthread
root@my_linux:/tcpip# ./tr3
result: 55
```

运行结果是55，虽然正确，但示例本身存在问题。此处存在临界区相关问题，因此再介绍另一示例。该示例与上述示例相似，只是增加了发生临界区相关错误的可能性，即使在高配置系统环境下也容易验证产生的错误。

❖ thread4.c

```
1.  #include <stdio.h>
2.  #include <unistd.h>
3.  #include <stdlib.h>
4.  #include <pthread.h>
5.  #define NUM_THREAD 100
```

```
6.
7.  void * thread_inc(void * arg);
8.  void * thread_des(void * arg);
9.  long long num=0;    // long long类型是64位整数型
10.
11. int main(int argc, char *argv[])
12. {
13.     pthread_t thread_id[NUM_THREAD];
14.     int i;
15.
16.     printf("sizeof long long: %d \n", sizeof(long long));    // 查看long long的大小
17.     for(i=0; i<NUM_THREAD; i++)
18.     {
19.         if(i%2)
20.             pthread_create(&(thread_id[i]), NULL, thread_inc, NULL);
21.         else
22.             pthread_create(&(thread_id[i]), NULL, thread_des, NULL);
23.     }
24.
25.     for(i=0; i<NUM_THREAD; i++)
26.         pthread_join(thread_id[i], NULL);
27.
28.     printf("result: %lld \n", num);
29.     return 0;
30. }
31.
32. void * thread_inc(void * arg)
33. {
34.     int i;
35.     for(i=0; i<50000000; i++)
36.         num+=1;
37.     return NULL;
38. }
39. void * thread_des(void * arg)
40. {
41.     int i;
42.     for(i=0; i<50000000; i++)
43.         num-=1;
44.     return NULL;
45p.}
```

上述示例中共创建了100个线程，其中一半执行thread_inc函数中的代码，另一半则执行thread_des函数中的代码。全局变量num经过增减过程后应存有0，通过运行结果观察是否真能得到。

❖ 运行结果：thread4.c

```
root@my_linux:/tcpip# gcc thread4.c -D_REENTRANT -o th4 -lpthread
root@my_linux:/tcpip# ./th4
sizeof long long: 8
result: 4284144869
```

```
root@my_linux:/tcpip# ./th4
sizeof long long: 8
result: 8577052432
root@my_linux:/tcpip# ./th4
sizeof long long: 8
result: 21446758095
```

运行结果并不是0！而且每次运行的结果均不同。虽然其原因尚不得而知，但可以肯定的是，这对于线程的应用是个大问题。

18.3　线程存在的问题和临界区

我们还不知道示例thread4.c中产生问题的原因，下面分析该问题并给出解决方案。

多个线程访问同一变量是问题

示例thread4.c的问题如下：

"2个线程正在同时访问全局变量num。"

此处的"访问"是指值的更改。产生问题的原因可能还有很多，因此需要准确理解。虽然示例中访问的对象是全局变量，但这并非全局变量引发的问题。任何内存空间——只要被同时访问——都可能发生问题。

"不是说线程会分时使用CPU吗？那应该不会出现同时访问变量的情况啊。"

当然，此处的"同时访问"与各位所想的有一定区别。下面通过示例解释"同时访问"的含义，并说明为何会引起问题。假设2个线程要执行将变量值逐次加1的工作，如图18-8所示。

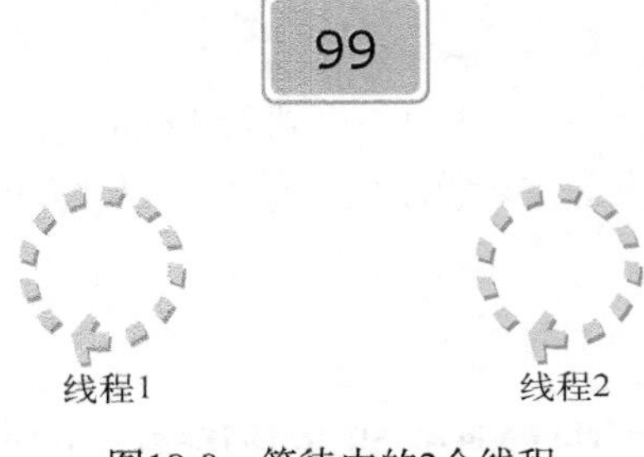

图18-8　等待中的2个线程

图18-8中描述的是2个线程准备将变量num的值加1的情况。在此状态下，线程1将变量num的

值增加到100后，线程2再访问num时，变量num中将按照我们的预想保存101。图18-9是线程1将变量num完全增加后的情形。

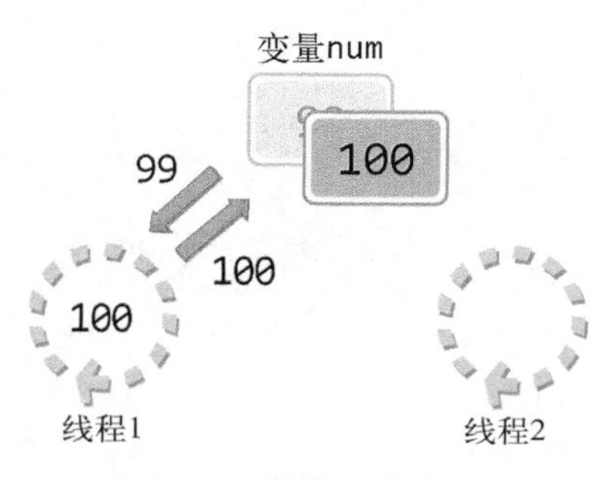

图18-9　线程的加法运算1-1

图18-9中需要注意值的增加方式，值的增加需要CPU运算完成，变量num中的值不会自动增加。线程1首先读该变量的值并将其传递到CPU，获得加1之后的结果100，最后再把结果写回变量num，这样num中就保存100。接下来给出线程2的执行过程，如图18-10所示。

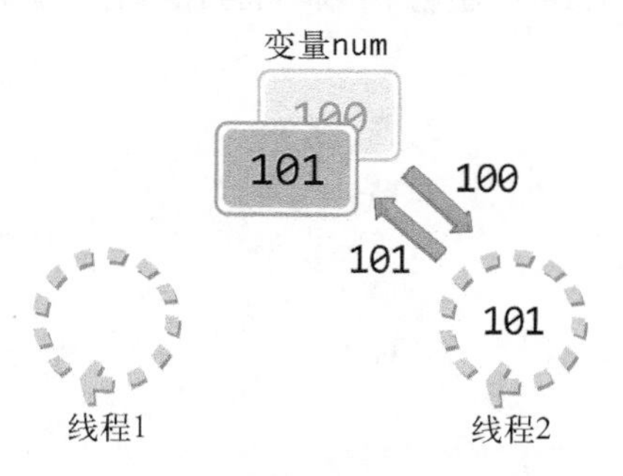

图18-10　线程的加法运算 1-2

变量num中将保存101，但这是最理想的情况。线程1完成增加num值之前，线程2完全有可能通过切换得到CPU资源。下面从头再来。图18-11描绘的是线程1读取变量num的值并完成加1运算时的情况，只是加1后的结果尚未写入变量num。

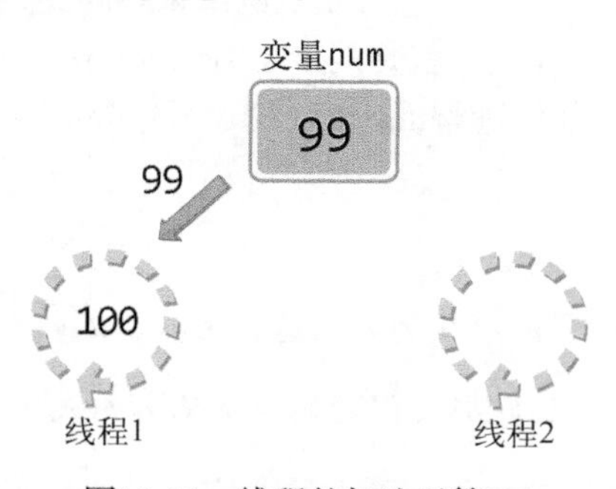

图18-11　线程的加法运算2-1

接下来就要将100保存到变量num中，但执行该操作前，执行流程跳转到了线程2。幸运的是（是否真正幸运稍后再论），线程2完成了加1运算，并将加1之后的结果写入变量num，如图18-12所示。

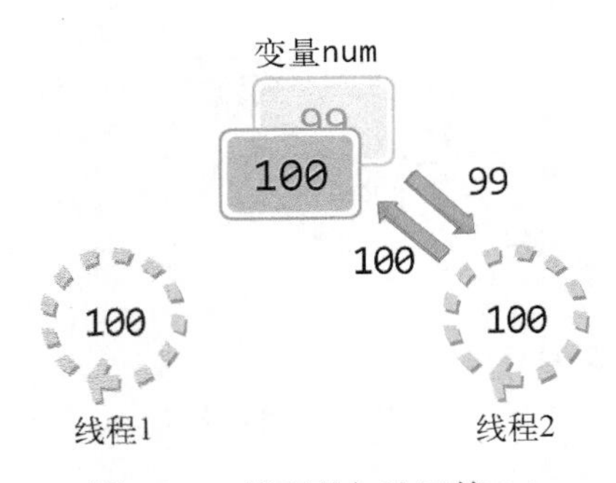

图18-12　线程的加法运算 2-2

从图18-12中可以看到，变量num的值尚未被线程1加到100，因此线程2读到的变量num的值为99，结果是线程2将num值改成100。还剩下线程1将运算后的值写入变量num的操作。接下来给出该过程，如图18-13所示。

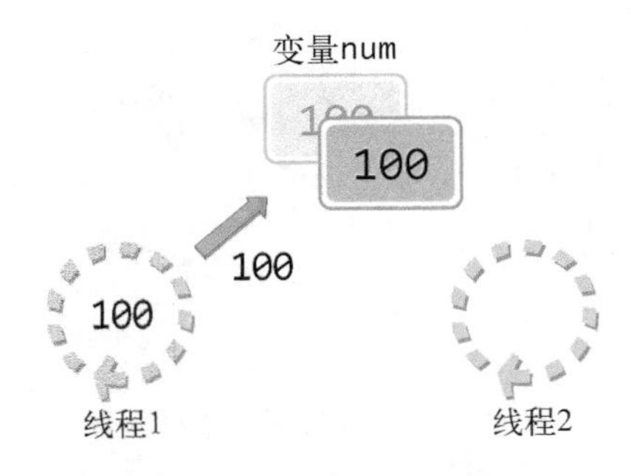

图18-13　线程的加法运算 2-3

很可惜，此时线程1将自己的运算结果100再次写入变量num，结果变量num变成100。虽然线程1和线程2各做了1次加1运算，却得到了意想不到的结果。因此，线程访问变量num时应该阻止其他线程访问，直到线程1完成运算。这就是同步（Synchronization）。相信各位也意识到了多线程编程中“同步”的必要性，且能够理解thread4.c的运行结果。

临界区位置

划分临界区并不难。既然临界区定义为如下这种形式，那就在示例thread4.c中寻找。

“函数内同时运行多个线程时引起问题的多条语句构成的代码块。”

全局变量num是否应该视为临界区？不是！因为它不是引起问题的语句。该变量并非同时运行的语句，只是代表内存区域的声明而已。临界区通常位于由线程运行的函数内部。下面观察示例thread4.c中的2个main函数。

```
void * thread_inc(void * arg)
{
    int i;
    for(i = 0; i < 50000000; i++)
        num += 1;  // 临界区
    return NULL;
}

void * thread_des(void * arg)
{
    int i;
    for(i = 0; i < 50000000; i++)
        num -= 1;   // 临界区
    return NULL;
}
```

由代码注释可知，临界区并非num本身，而是访问num的2条语句。这2条语句可能由多个线程同时运行，也是引起问题的直接原因。产生的问题可以整理为如下3种情况。

- 2个线程同时执行thread_inc函数。
- 2个线程同时执行thread_des函数。
- 2个线程分别执行thread_inc函数和thread_des函数。

需要关注最后一点，它意味着如下情况下也会引发问题：

“线程1执行thread_inc函数的num+=1语句的同时，线程2执行thread_des函数的num-=1语句。”

也就是说，2条不同语句由不同线程同时执行时，也有可能构成临界区。前提是这2条语句访问同一内存空间。

18.4 线程同步

前面探讨了线程中存在的问题，接下来就要讨论解决方法——线程同步。

同步的两面性

线程同步用于解决线程访问顺序引发的问题。需要同步的情况可以从如下两方面考虑。

- 同时访问同一内存空间时发生的情况。
- 需要指定访问同一内存空间的线程执行顺序的情况。

之前已解释过前一种情况，因此重点讨论第二种情况。这是“控制（Control）线程执行顺序”的相关内容。假设有A、B两个线程，线程A负责向指定内存空间写入（保存）数据，线程B负责取走该数据。这种情况下，线程A首先应该访问约定的内存空间并保存数据。万一线程B先访问并取走数据，将导致错误结果。像这种需要控制执行顺序的情况也需要使用同步技术。

稍后将介绍“互斥量”（Mutex）和“信号量”（Semaphore）这2种同步技术。二者概念上十分接近，只要理解了互斥量就很容易掌握信号量。而且大部分同步技术的原理都大同小异，因此，只要掌握了本章介绍的同步技术，就很容易掌握并运用Windows平台下的同步技术。

互斥量

互斥量是“Mutual Exclusion”的简写，表示不允许多个线程同时访问。互斥量主要用于解决线程同步访问的问题。为了理解好互斥量，请观察如下对话过程。

- 东秀：“请问里面有人吗？”
- 英秀：“是的，有人。”

- 东秀：“您好！”
- 英秀：“请稍等！”

相信各位也猜到了上述对话发生的场景。现实世界中的临界区就是洗手间。洗手间无法同时容纳多人（比作线程），因此可以将临界区比喻为洗手间。而且这里发生的所有事情几乎可以全部套用到临界区同步过程。洗手间使用规则如下。

- 为了保护个人隐私，进洗手间时锁上门，出来时再打开。
- 如果有人使用洗手间，其他人需要在外面等待。
- 等待的人数可能很多，这些人需排队进入洗手间。

这就是洗手间的使用规则。同样，线程中为了保护临界区也需要套用上述规则。洗手间中存在，但之前的线程示例中缺少的是什么呢？就是锁机制。线程同步中同样需要锁，就像洗手间示例中使用的那样。互斥量就是一把优秀的锁，接下来介绍互斥量的创建及销毁函数。

```
#include <pthread.h>

int pthread_mutex_init(pthread_mutex_t * mutex, const pthread_ mutexattr_t * attr);
int pthread_mutex_destroy(pthread_mutex_t * mutex);

    → 成功时返回 0，失败时返回其他值。
```

- mutex 创建互斥量时传递保存互斥量的变量地址值，销毁时传递需要销毁的互斥量地址值。
- attr 传递即将创建的互斥量属性，没有特别需要指定的属性时传递NULL。

从上述函数声明中也可看出，为了创建相当于锁系统的互斥量，需要声明如下pthread_mutex_t型变量：

```
pthread_mutex_t mutex;
```

该变量的地址将传递给pthread_mutex_init函数，用来保存操作系统创建的互斥量（锁系统）。调用pthread_mutex_destroy函数时同样需要该信息。如果不需要配置特殊的互斥量属性，则向第二个参数传递NULL时，可以利用PTHREAD_MUTEX_INITIALIZER宏进行如下声明：

```
pthread_mutex_t mutex = PTHREAD_MUTEX_INITIALIZER;
```

但推荐各位尽可能使用pthread_mutex_init函数进行初始化，因为通过宏进行初始化时很难发现发生的错误。接下来介绍利用互斥量锁住或释放临界区时使用的函数。

```
#include <pthread.h>

int pthread_mutex_lock(pthread_mutex_t * mutex);
int pthread_mutex_unlock(pthread_mutex_t * mutex);

    → 成功时返回 0，失败时返回其他值。
```


函数名本身含有lock、unlock等词汇，很容易理解其含义。进入临界区前调用的函数就是pthread_mutex_lock。调用该函数时，发现有其他线程已进入临界区，则pthread_mutex_lock函数不会返回，直到里面的线程调用pthread_mutex_unlock函数退出临界区为止。也就是说，其他线程让出临界区之前，当前线程将一直处于阻塞状态。接下来整理一下保护临界区的代码块编写方法。创建好互斥量的前提下，可以通过如下结构保护临界区。

```
pthread_mutex_lock(&mutex);
// 临界区的开始
// . . . . .
// 临界区的结束
pthread_mutex_unlock(&mutex);
```

简言之，就是利用lock和unlock函数围住临界区的两端。此时互斥量相当于一把锁，阻止多个线程同时访问。还有一点需要注意，线程退出临界区时，如果忘了调用pthread_mutex_unlock函数，那么其他为了进入临界区而调用pthread_mutex_lock函数的线程就无法摆脱阻塞状态。这种情况称为“死锁”（Dead-lock），需要格外注意。接下来利用互斥量解决示例thread4.c中遇到的问题。

❖ mutex.c

```
1.  #include <"与示例thread4.c的头声明一致。">
2.  #define NUM_THREAD  100
3.  void * thread_inc(void * arg);
4.  void * thread_des(void * arg);
5.
6.  long long num=0;
7.  pthread_mutex_t mutex;
8.
9.  int main(int argc, char *argv[])
10. {
11.     pthread_t thread_id[NUM_THREAD];
12.     int i;
13.
14.     pthread_mutex_init(&mutex, NULL);
15.
16.     for(i=0; i<NUM_THREAD; i++)
17.     {
18.         if(i%2)
19.             pthread_create(&(thread_id[i]), NULL, thread_inc, NULL);
20.         else
21.             pthread_create(&(thread_id[i]), NULL, thread_des, NULL);
22.     }
23.
24.     for(i=0; i<NUM_THREAD; i++)
25.         pthread_join(thread_id[i], NULL);
26.
27.     printf("result: %lld \n", num);
28.     pthread_mutex_destroy(&mutex);
29.     return 0;
30. }
31.
32. void * thread_inc(void * arg)
33. {
34.     int i;
35.     pthread_mutex_lock(&mutex);
36.     for(i=0; i<50000000; i++)
37.         num+=1;
38.     pthread_mutex_unlock(&mutex);
39.     return NULL;
40. }
41. void * thread_des(void * arg)
42. {
43.     int i;
44.     for(i=0; i<50000000; i++)
45.     {
46.         pthread_mutex_lock(&mutex);
47.         num-=1;
```

```
48.         pthread_mutex_unlock(&mutex);
49.     }
50.     return NULL;
51. }
```

- 第7行：声明了保存互斥量读取值的变量。之所以声明全局变量是因为，thread_inc函数和thread_des函数都需要访问互斥量。
- 第28行：销毁互斥量。不需要互斥量时应该销毁。
- 第35、38行：实际临界区只是第37行。但此处连同第36行的循环语句一起用作临界区，调用了lock、unlock函数。关于这一点稍后再讨论。
- 第46、48行：通过lock、unlock函数围住对应于临界区的第47行语句。

❖ 运行结果：mutex.c

```
root@my_linux:/tcpip# gcc mutex.c -D_REENTRANT -o mutex -lpthread
root@my_linux:/tcpip# ./mutex
result: 0
```


从运行结果可以看出，已解决了示例thread4.c中的问题。但确认运行结果需要等待较长时间。因为互斥量lock、unlock函数的调用过程要比想象中花费更长时间。首先分析一下thread_inc函数的同步过程。

```
void * thread_inc(void * arg)
{
    int i;
    pthread_mutex_lock(&mutex);
    for(i = 0; i < 50000000; i++)
        num += 1;
    pthread_mutex_unlock(&mutex);
    return NULL;
}
```

以上临界区划分范围较大，但这是考虑到如下优点所做的决定：

“最大限度减少互斥量lock、unlock函数的调用次数。”

上述示例中，thread_des函数比thread_inc函数多调用49,999,999次互斥量lock、unlock函数，表现出人可以感知的速度差异。如果不太关注线程的等待时间，可以适当扩展临界区。但变量num的值增加到50,000,000前不允许其他线程访问，这反而成了缺点。其实这里没有正确答案，需要根据不同程序酌情考虑究竟扩大还是缩小临界区。此处没有公式可言，各位需要培养自己的判断能力。

信号量

下面介绍信号量。信号量与互斥量极为相似，在互斥量的基础上很容易理解信号量。此处只涉及利用“二进制信号量”（只用0和1）完成“控制线程顺序”为中心的同步方法。下面给出信号量创建及销毁方法。

```
#include <semaphore.h>

int sem_init(sem_t * sem, int pshared, unsigned int value);
int sem_destroy(sem_t * sem);

    → 成功时返回 0，失败时返回其他值。
```

- sem　创建信号量时传递保存信号量的变量地址值，销毁时传递需要销毁的信号量变量地址值。
- pshared　传递其他值时，创建可由多个进程共享的信号量；传递0时，创建只允许1个进程内部使用的信号量。我们需要完成同一进程内的线程同步，故传递0。
- value　指定新创建的信号量初始值。

上述函数的pshared参数超出了我们关注的范围，故默认向其传递0。稍后讲解通过value参数初始化的信号量值究竟是多少。接下来介绍信号量中相当于互斥量lock、unlock的函数。

```
#include <semaphore.h>

int sem_post(sem_t * sem);
int sem_wait(sem_t * sem);

    → 成功时返回 0，失败时返回其他值。
```

- sem　传递保存信号量读取值的变量地址值，传递给sem_post时信号量增1，传递给sem_wait时信号量减1。

调用sem_init函数时，操作系统将创建信号量对象，此对象中记录着“信号量值”（Semaphore Value）整数。该值在调用sem_post函数时增1，调用sem_wait函数时减1。但信号量的值不能小于0，因此，在信号量为0的情况下调用sem_wait函数时，调用函数的线程将进入阻塞状态（因为函数未返回）。当然，此时如果有其他线程调用sem_post函数，信号量的值将变为1，而原本阻塞的线程可以将该信号量重新减为0并跳出阻塞状态。实际上就是通过这种特性完成临界区的同步操作，可以通过如下形式同步临界区（假设信号量的初始值为1）。

```
sem_wait(&sem);  // 信号量变为 0. . .
// 临界区的开始
// . . . . . .
// 临界区的结束
```

```
sem_post(&sem); // 信号量变为1. . .
```

上述代码结构中，调用sem_wait函数进入临界区的线程在调用sem_post函数前不允许其他线程进入临界区。信号量的值在0和1之间跳转，因此，具有这种特性的机制称为“二进制信号量”。接下来给出信号量相关示例。即将介绍的示例并非关于同时访问的同步，而是关于控制访问顺序的同步。该示例的场景如下：

> “线程A从用户输入得到值后存入全局变量num，此时线程B将取走该值并累加。该过程共进行5次，完成后输出总和并退出程序。”

为了按照上述要求构建程序，应按照线程A、线程B的顺序访问变量num，且需要线程同步。接下来给出示例，分析该示例可能需要花费一定时间。

❖ semaphore.c

```
1.  #include <stdio.h>
2.  #include <pthread.h>
3.  #include <semaphore.h>
4.
5.  void * read(void * arg);
6.  void * accu(void * arg);
7.  static sem_t sem_one;
8.  static sem_t sem_two;
9.  static int num;
10.
11. int main(int argc, char *argv[])
12. {
13.     pthread_t id_t1, id_t2;
14.     sem_init(&sem_one, 0, 0);
15.     sem_init(&sem_two, 0, 1);
16.
17.     pthread_create(&id_t1, NULL, read, NULL);
18.     pthread_create(&id_t2, NULL, accu, NULL);
19.
20.     pthread_join(id_t1, NULL);
21.     pthread_join(id_t2, NULL);
22.
23.     sem_destroy(&sem_one);
24.     sem_destroy(&sem_two);
25.     return 0;
26. }
27.
28. void * read(void * arg)
29. {
30.     int i;
31.     for(i=0; i<5; i++)
32.     {
33.         fputs("Input num: ", stdout);
34.
35.         sem_wait(&sem_two);
```

```
36.         scanf("%d", &num);
37.         sem_post(&sem_one);
38.     }
39.     return NULL;
40. }
41. void * accu(void * arg)
42. {
43.     int sum=0, i;
44.     for(i=0; i<5; i++)
45.     {
46.         sem_wait(&sem_one);
47.         sum+=num;
48.         sem_post(&sem_two);
49.     }
50.     printf("Result: %d \n", sum);
51.     return NULL;
52. }
```

- 第14、15行：生成2个信号量，一个信号量的值为0，另一个为1。一定要掌握需要2个信号量的原因。
- 第35、48行：利用信号量变量sem_two调用wait函数和post函数。这是为了防止在调用accu函数的线程还未取走数据的情况下，调用read函数的线程覆盖原值。
- 第37、46行：利用信号量变量sem_one调用wait和post函数。这是为了防止调用read函数的线程写入新值前，accu函数取走（再取走旧值）数据。

❖ 运行结果：semaphore.c

```
root@my_linux:/tcpip# gcc semaphore.c -D_REENTRANT -o sema -lpthread
root@my_linux:/tcpip# ./sema
Input num: 1
Input num: 2
Input num: 3
Input num: 4
Input num: 5
Result: 15
```

如果各位还不太理解为何需要2个信号量，可将代码中的注释部分去掉，再运行程序并观察运行结果。以上就是线程相关的全部理论知识，下面在此基础上编写服务器端。

18.5 线程的销毁和多线程并发服务器端的实现

我们之前只讨论了线程的创建和控制，而线程的销毁同样重要。下面先介绍线程的销毁，再实现多线程服务器端。

销毁线程的3种方法

Linux线程并不是在首次调用的线程main函数返回时自动销毁，所以用如下2种方法之一加以明确。否则由线程创建的内存空间将一直存在。

- 调用pthread_join函数。
- 调用pthread_detach函数。

之前调用过pthread_join函数。调用该函数时，不仅会等待线程终止，还会引导线程销毁。但该函数的问题是，线程终止前，调用该函数的线程将进入阻塞状态。因此，通常通过如下函数调用引导线程销毁。

```
#include <pthread.h>

int pthread_detach(pthread_t thread);

    → 成功时返回 0，失败时返回其他值。
```

- thread　终止的同时需要销毁的线程ID。

调用上述函数不会引起线程终止或进入阻塞状态，可以通过该函数引导销毁线程创建的内存空间。调用该函数后不能再针对相应线程调用pthread_join函数，这需要格外注意。虽然还有方法在创建线程时可以指定销毁时机，但与pthread_detach方式相比，结果上没有太大差异，故省略其说明。在下面的多线程并发服务器端的实现过程中，希望各位同样关注线程销毁的部分。

多线程并发服务器端的实现

本节并不打算介绍回声服务器端，而是介绍多个客户端之间可以交换信息的简单的聊天程序。希望各位通过本示例复习线程的使用方法及同步的处理方法，还可以再次思考临界区的处理方式。

无论服务器端还是客户端，代码量都不少，故省略可以从其他示例中得到或从源代码中下载的头文件声明。同时最大程度地减少异常处理的代码。

❖ chat_server.c

```
1.  #include <"头文件声明请参考源文件。">
2.  #define BUF_SIZE 100
3.  #define MAX_CLNT 256
4.
5.  void * handle_clnt(void * arg);
6.  void send_msg(char * msg, int len);
7.  void error_handling(char * msg);
8.
```

```
9.  int clnt_cnt=0;
10. int clnt_socks[MAX_CLNT];
11. pthread_mutex_t mutx;
12.
13. int main(int argc, char *argv[])
14. {
15.     int serv_sock, clnt_sock;
16.     struct sockaddr_in serv_adr, clnt_adr;
17.     int clnt_adr_sz;
18.     pthread_t t_id;
19.     if(argc!=2) {
20.         printf("Usage : %s <port>\n", argv[0]);
21.         exit(1);
22.     }
23.
24.     pthread_mutex_init(&mutx, NULL);
25.     serv_sock=socket(PF_INET, SOCK_STREAM, 0);
26.
27.     memset(&serv_adr, 0, sizeof(serv_adr));
28.     serv_adr.sin_family=AF_INET;
29.     serv_adr.sin_addr.s_addr=htonl(INADDR_ANY);
30.     serv_adr.sin_port=htons(atoi(argv[1]));
31.
32.     if(bind(serv_sock, (struct sockaddr*) &serv_adr, sizeof(serv_adr))==-1)
33.         error_handling("bind() error");
34.     if(listen(serv_sock, 5)==-1)
35.         error_handling("listen() error");
36.
37.     while(1)
38.     {
39.         clnt_adr_sz=sizeof(clnt_adr);
40.         clnt_sock=accept(serv_sock, (struct sockaddr*)&clnt_adr,&clnt_adr_sz);
41.
42.         pthread_mutex_lock(&mutx);
43.         clnt_socks[clnt_cnt++]=clnt_sock;
44.         pthread_mutex_unlock(&mutx);
45.
46.         pthread_create(&t_id, NULL, handle_clnt, (void*)&clnt_sock);
47.         pthread_detach(t_id);
48.         printf("Connected client IP: %s \n", inet_ntoa(clnt_adr.sin_addr));
49.     }
50.     close(serv_sock);
51.     return 0;
52. }
53.
54. void * handle_clnt(void * arg)
55. {
56.     int clnt_sock=*((int*)arg);
57.     int str_len=0, i;
58.     char msg[BUF_SIZE];
59.
60.     while((str_len=read(clnt_sock, msg, sizeof(msg)))!=0)
61.         send_msg(msg, str_len);
62.
```

```
63.     pthread_mutex_lock(&mutx);
64.     for(i=0; i<clnt_cnt; i++) // remove disconnected client
65.     {
66.         if(clnt_sock==clnt_socks[i])
67.         {
68.             while(i++<clnt_cnt-1)
69.                 clnt_socks[i]=clnt_socks[i+1];
70.             break;
71.         }
72.     }
73.     clnt_cnt--;
74.     pthread_mutex_unlock(&mutx);
75.     close(clnt_sock);
76.     return NULL;
77. }
78. void send_msg(char * msg, int len) // send to all
79. {
80.     int i;
81.     pthread_mutex_lock(&mutx);
82.     for(i=0; i<clnt_cnt; i++)
83.         write(clnt_socks[i], msg, len);
84.     pthread_mutex_unlock(&mutx);
85. }
86. void error_handling(char * msg)
87. {
88.     //与之前示例的error_handling函数一致。
89. }
```

- 第9、10行：用于管理接入的客户端套接字的变量和数组。访问这2个变量的代码将构成临界区。
- 第43行：每当有新连接时，将相关信息写入变量clnt_cnt和clnt_socks。
- 第46行：创建线程向新接入的客户端提供服务。由该线程执行第54行定义的函数。
- 第47行：调用pthread_detach函数从内存中完全销毁已终止的线程。
- 第78行：该函数负责向所有连接的客户端发送消息。

上述示例中，各位必须掌握的并不是聊天服务器端的实现方式，而是临界区的构成形式。上述示例中的临界区具有如下特点：

“访问全局变量clnt_cnt和数组clnt_socks的代码将构成临界区！”

添加或删除客户端时，变量clnt_cnt和数组clnt_socks同时发生变化。因此，在如下情形中均会导致数据不一致，从而引发严重错误。

- 线程A从数组clnt_socks中删除套接字信息，同时线程B读取clnt_cnt变量。
- 线程A读取变量clnt_cnt，同时线程B将套接字信息添加到clnt_socks数组。

因此，如上述示例所示，访问变量clnt_cnt和数组clnt_socks的代码应组织在一起并构成临界区。大家现在应该对我之前说过的这句话有同感了吧：

"此处的'访问'是指值的更改。产生问题的原因可能还有很多，因此需要准确理解。"

接下来介绍聊天客户端，客户端示例为了分离输入和输出过程而创建了线程。代码分析并不难，故省略源代码相关说明。

❖ chat_clnt.c

```
1.  #include <"头文件声明请参考源文件。">
2.  #define BUF_SIZE 100
3.  #define NAME_SIZE 20
4.
5.  void * send_msg(void * arg);
6.  void * recv_msg(void * arg);
7.  void error_handling(char * msg);
8.
9.  char name[NAME_SIZE]="[DEFAULT]";
10. char msg[BUF_SIZE];
11.
12. int main(int argc, char *argv[])
13. {
14.     int sock;
15.     struct sockaddr_in serv_addr;
16.     pthread_t snd_thread, rcv_thread;
17.     void * thread_return;
18.     if(argc!=4) {
19.         printf("Usage : %s <IP> <port> <name>\n", argv[0]);
20.         exit(1);
21.     }
22.
23.     sprintf(name, "[%s]", argv[3]);
24.     sock=socket(PF_INET, SOCK_STREAM, 0);
25.
26.     memset(&serv_addr, 0, sizeof(serv_addr));
27.     serv_addr.sin_family=AF_INET;
28.     serv_addr.sin_addr.s_addr=inet_addr(argv[1]);
29.     serv_addr.sin_port=htons(atoi(argv[2]));
30.
31.     if(connect(sock, (struct sockaddr*)&serv_addr, sizeof(serv_addr))==-1)
32.         error_handling("connect() error");
33.
34.     pthread_create(&snd_thread, NULL, send_msg, (void*)&sock);
35.     pthread_create(&rcv_thread, NULL, recv_msg, (void*)&sock);
36.     pthread_join(snd_thread, &thread_return);
37.     pthread_join(rcv_thread, &thread_return);
38.     close(sock);
39.     return 0;
40. }
41.
42. void * send_msg(void * arg)    // send thread main
43. {
44.     int sock=*((int*)arg);
45.     char name_msg[NAME_SIZE+BUF_SIZE];
```

```
46.     while(1)
47.     {
48.         fgets(msg, BUF_SIZE, stdin);
49.         if(!strcmp(msg,"q\n")||!strcmp(msg,"Q\n"))
50.         {
51.             close(sock);
52.             exit(0);
53.         }
54.         sprintf(name_msg,"%s %s", name, msg);
55.         write(sock, name_msg, strlen(name_msg));
56.     }
57.     return NULL;
58. }
59. void * recv_msg(void * arg)    // read thread main
60. {
61.     int sock=*((int*)arg);
62.     char name_msg[NAME_SIZE+BUF_SIZE];
63.     int str_len;
64.     while(1)
65.     {
66.         str_len=read(sock, name_msg, NAME_SIZE+BUF_SIZE-1);
67.         if(str_len==-1)
68.             return (void*)-1;
69.         name_msg[str_len]=0;
70.         fputs(name_msg, stdout);
71.     }
72.     return NULL;
73. }
74.
75. void error_handling(char *msg)
76. {
77.     //与之前示例的error_handling函数一致。
78. }
```

下面给出运行结果。接入服务器端的客户端IP均为127.0.0.1，因为服务器端和客户端均在同一台计算机中运行。

❖ 运行结果：chat_server.c

```
root@my_linux:/tcpip# gcc chat_serv.c -D_REENTRANT -o cserv -lpthread
root@my_linux:/tcpip# ./cserv 9190
Connected client IP: 127.0.0.1
Connected client IP: 127.0.0.1
Connected client IP: 127.0.0.1
```

❖ 运行结果：chat_clnt.c One [From Yoon]

```
root@my_linux:/tcpip# gcc chat_clnt.c -D_REENTRANT -o cclnt -lpthread
root@my_linux:/tcpip# ./cclnt 127.0.0.1 9190 Yoon
Hi everyone~
```

18

```
[Yoon] Hi everyone~
[Choi] Hi Yoon
[Hong] Hi~ friends
```

❖ 运行结果：chat_clnt.c Two [From Choi]

```
root@my_linux:/tcpip# ./cclnt 127.0.0.1 9190 Choi
[Yoon] Hi everyone~
Hi Yoon
[Choi] Hi Yoon
[Hong] Hi~ friends
```

❖ 运行结果：chat_clnt.c Three [From Hong]

```
root@my_linux:/tcpip# ./cclnt 127.0.0.1 9190 Hong
[Yoon] Hi everyone~
[Choi] Hi Yoon
Hi~ friends
[Hong] Hi~ friends
```

18.6　习题

(1) 单CPU系统中如何同时执行多个进程？请解释该过程中发生的上下文切换。

(2) 为何线程的上下文切换速度相对更快？线程间数据交换为何不需要类似IPC的特别技术？

(3) 请从执行流角度说明进程和线程的区别。

(4) 下列关于临界区的说法错误的是？

a. 临界区是多个线程同时访问时发生问题的区域。
b. 线程安全的函数中不存在临界区，即便多个线程同时调用也不会发生问题。
c. 1个临界区只能由1个代码块，而非多个代码块构成。换言之，线程A执行的代码块A和线程B执行的代码块B之间绝对不会构成临界区。
d. 临界区由访问全局变量的代码构成。其他变量中不会发生问题。

(5) 下列关于线程同步的描述错误的是？

a. 线程同步就是限制访问临界区。
b. 线程同步也具有控制线程执行顺序的含义。
c. 互斥量和信号量是典型的同步技术。
d. 线程同步是代替进程IPC的技术。

(6) 请说明完全销毁Linux线程的2种方法。

(7) 请利用多线程技术实现回声服务器端，但要让所有线程共享保存客户端消息的内存空间（char数组）。这么做只是为了应用本章的同步技术，其实不符合常理。

(8) 上一题要求所有线程共享保存回声消息的内存空间，如果采用这种方式，无论是否同步都会产生问题。请说明每种情况各产生哪些问题。

Part 03

基于Windows的编程

第 19 章

Windows平台下线程的使用

本章除了介绍 Windows 平台下创建线程的方法，还将介绍内核对象、所有者、计数器等 Windows 系统相关内容。这些内容是 Windows 编程的基础，各位若对 Windows 感兴趣就需重点学习本章。

19.1 内核对象

要想掌握Windows平台下的线程，应首先理解“内核对象”（Kernel Objects）的概念。如果仅介绍Windows平台下的线程使用技巧，则可以省略相对陌生的内核对象相关内容。但这非我所愿，而且这种方式对各位也没有帮助。

内核对象的定义

操作系统创建的资源（Resource）有很多种，如进程、线程、文件及即将介绍的信号量、互斥量等。其中大部分都是通过程序员的请求创建的，而且请求方式（请求中使用的函数）各不相同。虽然存在一些差异，但它们之间也有如下共同点：

“都是由Windows操作系统创建并管理的资源。”

不同资源类型在“管理”方式上也有差异。例如，文件管理中应注册并更新文件相关的数据I/O位置、文件的打开模式（read or write）等。如果是线程，则应注册并维护线程ID、线程所属进程等信息。操作系统为了以记录相关信息的方式管理各种资源，在其内部生成数据块（亦可视为结构体变量）。当然，每种资源需要维护的信息不同，所以每种资源拥有的数据块格式也有差异。这类数据块称为“内核对象”。

假设在Windows下创建了mydata.txt文件，此时Windows操作系统将生成1个数据块以便管理，该数据块就是内核对象。同理，Windows在创建进程、线程、线程同步信号量时也会生成相应的内核对象，用于管理操作系统资源。相信各位已经理解了内核对象的概念。

内核对象归操作系统所有

线程、文件等资源的创建请求均在进程内部完成，因此，很容易产生“此时创建的内核对象所有者就是进程”的错觉。其实，内核对象所有者是内核（操作系统）。“所有者是内核”具有如下含义：

“内核对象的创建、管理、销毁时机的决定等工作均由操作系统完成!”

内核对象就是为了管理线程、文件等资源而由操作系统创建的数据块，其创建者和所有者均为操作系统。

19.2 基于 Windows 的线程创建

如果各位学习过第18章，那应该已经掌握了线程的概念、同步的必要性等线程相关全部理论。如果之前跳过了第18章，希望大家先学习这些内容。

进程和线程的关系

既然在第18章学习过线程，那么请回答如下问题：

“程序开始运行后，调用main函数的主体是进程还是线程？”

调用main函数的主体是线程！实际上，过去的正确答案可能是进程（特别是在UNIX系列的操作系统中）。因为早期的操作系统并不支持线程，为了创建线程，经常需要特殊的库函数支持。换言之，操作系统无法意识到线程的存在，而进程实际上成为运行的最小单位。即便在这种情况下，需要线程的程序员们也会利用特殊的库函数，以拆分进程运行时间的方式创建线程。但归根结底，这仅仅是应用程序级别创建的线程，与现在讨论的操作系统级别的线程存在巨大差异。现代的Linux系列、Windows系列及各种规模不等的操作系统都在操作系统级别支持线程，因此，非显式创建线程的程序（如基于select的服务器端）可描述如下：

“单一线程模型的应用程序”

反之，显式创建单独线程的程序可描述如下：

“多线程模型的应用程序”

这就意味着main函数的运行同样基于线程完成，此时进程可以比喻为装有线程的篮子。实际的运行主体是线程。

Windows 中线程的创建方法

理解了线程的概念及工作原理后，下面介绍创建线程时使用的函数。调用该函数将创建线程，

19

操作系统为了管理这些资源也将同时创建内核对象。最后返回用于区分内核对象的整数型“句柄”(Handle)。第1章已介绍过，句柄相当于Linux的文件描述符。

```
#include <windows.h>

HANDLE CreateThread(
    LPSECURITY_ATTRIBUTES lpThreadAttributes,
    SIZE_T dwStackSize,
    LPTHREAD_START_ROUTINE lpStartAddress,
    LPVOID lpParameter,
    DWORD dwCreationFlags,
    LPDWORD lpThreadId
);
```

➔ 成功时返回线程句柄，失败时返回 NULL。

- lpThreadAttributes 线程安全相关信息，使用默认设置时传递NULL。
- dwStackSize 要分配给线程的栈大小，传递0时生成默认大小的栈。
- lpStartAddress 传递线程的main函数信息。
- lpParameter 调用main函数时传递的参数信息。
- dwCreationFlags 用于指定线程创建后的行为，传递0时，线程创建后立即进入可执行状态。
- lpThreadId 用于保存线程ID的变量地址值。

上述定义看起来有些复杂，其实只需要考虑lpStartAddress和lpParameter这2个参数，剩下的只需传递0或NULL即可。

提 示

Windows 线程的销毁时间点

Windows 线程在首次调用的线程 main 函数返回时销毁（销毁时间点和销毁方法与 Linux 不同）。还有其他方法可以终止线程，但最好的方法就是让线程 main 函数终止（返回），故省略其他说明。

编写多线程程序的环境设置

VC++环境下需要设置“C/C++ Runtime Library”（以下简称CRT），这是调用C/C++标准函数时必需的库。过去的VC++6.0版默认只包含支持单线程的（只能在单线程模型下正常工作的）库，需要自行配置。但各位使用的VC++ Express Edition 2005或更高版本中只有支持多线程的库，不用另行设置环境。即便如此，还是通过图19-1给出CRT的指定位置。在菜单中选择“项目”→“属性”，或使用快捷键Alt+F7打开库的配置页，即可看到相关界面。

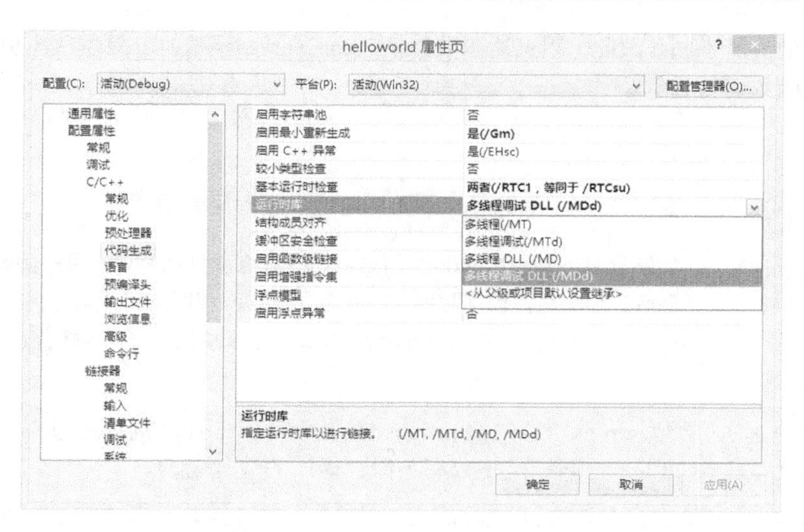

图19-1　指定CRT

从图19-1的“运行库”中可以看到，可选的4种库都与多线程有关。VC++6.0版的用户配置界面稍有区别。打开工程属性（也可以用Alt+F7）进入C/C++相关页，将“Use run-time library”区域改为“Multithread DLL”。

创建“使用线程安全标准 C 函数”的线程

之前介绍过创建线程时使用的CreateThread函数，如果线程要调用C/C++标准函数，需要通过如下方法创建线程。因为通过CreateThread函数调用创建出的线程在使用C/C++标准函数时并不稳定。

```
#include <process.h>

uintptr_t _beginthreadex(
    void * security,
    unsigned stack_size,
    unsigned (* start_address)(void *),
    void * arglist,
    unsigned initflag,
    unsigned * thrdaddr
);

    → 成功时返回线程句柄，失败时返回 0。
```

上述函数与之前的CreateThread函数相比，参数个数及各参数的含义和顺序均相同，只是变量名和参数类型有所不同。因此，用上述函数替换CreateThread函数时，只需适当更改数据类型。下面通过上述函数编写示例。

提　示

定义于_beginthreadex函数之前的_beginthread函数

如果查阅_beginthreadex函数相关资料，会发现还有更好用的_beginthread函数。但该函数的问题在于，它会让创建线程时返回的句柄失效，以防止访问内核对象。_beginthreadex就是为了解决这一问题而定义的函数。

上述函数的返回值类型uintptr_t是64位unsigned整数型。但下述示例将通过声明CreateThread函数的返回值类型HANDLE（这同样是整数型）保存返回的线程句柄。

❖ thread1_win.c

```
1.  #include <stdio.h>
2.  #include <windows.h>
3.  #include <process.h>    /* _beginthreadex, _endthreadex */
4.  unsigned WINAPI ThreadFunc(void *arg);
5.
6.  int main(int argc, char *argv[])
7.  {
8.      HANDLE hThread;
9.      unsigned threadID;
10.     int param=5;
11.
12.     hThread=(HANDLE)_beginthreadex(NULL, 0, ThreadFunc, (void*)&param, 0, &threadID);
13.     if(hThread==0)
14.     {
15.         puts("_beginthreadex() error");
16.         return -1;
17.     }
18.     Sleep(3000);
19.     puts("end of main");
20.     return 0;
21. }
22.
23. unsigned WINAPI ThreadFunc(void *arg)
24. {
25.     int i;
26.     int cnt=*((int*)arg);
27.     for(i=0; i<cnt; i++)
28.     {
29.         Sleep(1000); puts("running thread");
30.     }
31.     return 0;
32. }
```

- 第12行：将ThreadFunc作为线程的main函数，并向其传递变量param的地址值，同时请求创建线程。
- 第18行：Sleep函数以1/1000秒为单位进入阻塞状态，因此，传入3000时将等待3秒钟。
- 第23行：WINAPI是Windows固有的关键字，它用于指定参数传递方向、分配的栈返回方式等函数调用相关规定。插入它是为了遵守_beginthreadex函数要求的调用规定。

❖ 运行结果：thread1_win.c one

```
running thread
running thread
running thread
end of main
```

❖ 运行结果：thread1_win.c two

```
running thread
running thread
end of main
running thread
```

与Linux相同，Windows同样在main函数返回后终止进程，也同时终止其中包含的所有线程。因此，需要特殊方法解决该问题。另外，从上述运行结果中可以看到，最后输出的并非字符串“end of main”，而是“running thread”。但这是在main函数返回后、完全销毁进程前输出的字符串。

知识补给站 句柄、内核对象和ID间的关系

线程也属于操作系统管理的资源，因此会伴随着内核对象的创建，并为了引用内核对象而返回句柄。可以利用句柄发送如下请求：

“我会一直等到该句柄指向的线程终止。”

可以通过句柄区分内核对象，通过内核对象可以区分线程。最终，线程句柄成为区分线程的工具。那线程ID又是什么呢？如上述示例所示，通过_beginthreadex函数的最后一个参数可以获取线程ID。各位或许对句柄和ID的并存感到困惑，其实它们有如下显著特点：

“句柄的整数值在不同进程中可能出现重复，但线程ID在跨进程范围内不会出现重复。”

线程ID用于区分操作系统创建的所有线程，但通常没有这种需求。建议各位多关注句柄和内核对象。

19.3　内核对象的 2 种状态

资源类型不同，内核对象也含有不同信息。其中，应用程序实现过程中需要特别关注的信息被赋予某种“状态”（state）。例如，线程内核对象中需要重点关注线程是否已终止，所以终止状态又称“signaled状态”，未终止状态称为“non-signaled状态”。

内核对象的状态及状态查看

我们通常比较关注进程的终止时间和线程的终止时间，所以自然会问：“该进程何时终止？”或“该线程何时终止？”操作系统将这些重要信息保存到内核对象，同时给出如下约定：

“进程或线程终止时，我会把相应的内核对象改为signaled状态！”

这也意味着，进程和线程的内核对象初始状态是non-signaled状态。那么，内核对象的signaled、non-signaled状态究竟如何表示呢？非常简单！通过1个boolean变量表示。内核对象带有1个boolean变量，其初始值为FALSE，此时的状态就是non-signaled状态。如果发生约定的情况（“发生了事件”，以下会酌情使用这种表达），把该变量改为TRUE，此时的状态就是signaled状态。内核对象类型不同，进入signaled状态的情况也有所区别。关于这些细节，必要时再逐一介绍。

正常运行thread1_win.c示例前需要考虑如下问题：

“该内核对象当前是否为signaled状态？”

为回答类似问题，系统定义了WaitForSingleObject和WaitForMultipleObjects函数。

WaitForSingleObject & WaitForMultipleObjects

首先介绍WaitForSingleObject函数，该函数针对单个内核对象验证signaled状态。

```
#include <windows.h>

DWORD WaitForSingleObject(HANDLE hHandle, DWORD dwMilliseconds);
```

➔ 成功时返回事件信息，失败时返回 WAIT_FAILED。

- hHandle　查看状态的内核对象句柄。
- dwMilliseconds　以1/1000秒为单位指定超时，传递INFINITE时函数不会返回，直到内核对象变成signaled状态。
- 返回值　进入signaled状态返回WAIT_OBJECT_0，超时返回WAIT_TIMEOUT。

该函数由于发生事件（变为signaled状态）返回时，有时会把相应内核对象再次改为

non-signaled状态。这种可以再次进入non-signaled状态的内核对象称为“auto-reset模式”的内核对象，而不会自动跳转到non-signaled状态的内核对象称为“manual-reset模式”的内核对象。即将介绍的函数与上述函数不同，可以验证多个内核对象状态。

```
#include <windows.h>

DWORD WaitForMultipleObjects(
    DWORD nCount, const HANDLE * lpHandles, BOOL bWaitAll, DWORD dwMilliseconds);
```

➔ 成功时返回事件信息，失败时返回 WAIT_FAILED。

- nCount 需验证的内核对象数。
- lpHandles 存有内核对象句柄的数组地址值。
- bWaitAll 如果为TRUE，则所有内核对象全部变为signaled时返回；如果为FALSE，则只要有1个验证对象的状态变为signaled就会返回。
- dwMilliseconds 以1/1000秒为单位指定超时，传递INFINITE时函数不会返回，直到内核对象变为signaled状态。

下面利用WaitForSingleObject函数尝试解决示例thread1_win.c的问题。

❖ thread2_win.c

```
1.  #include <stdio.h>
2.  #include <windows.h>
3.  #include <process.h>    /* _beginthreadex, _endthreadex */
4.  unsigned WINAPI ThreadFunc(void *arg);
5.  
6.  int main(int argc, char *argv[])
7.  {
8.      HANDLE hThread;
9.      DWORD wr;
10.     unsigned threadID;
11.     int param=5;
12. 
13.     hThread=(HANDLE)_beginthreadex(NULL, 0, ThreadFunc, (void*)&param, 0, &threadID);
14.     if(hThread==0)
15.     {
16.         puts("_beginthreadex() error");
17.         return -1;
18.     }
19. 
20.     if((wr=WaitForSingleObject(hThread, INFINITE))==WAIT_FAILED)
21.     {
22.         puts("thread wait error");
23.         return -1;
24.     }
25. 
26.     printf("wait result: %s \n", (wr==WAIT_OBJECT_0) ? "signaled":"time-out");
```

```
27.     puts("end of main");
28.     return 0;
29. }
30.
31. unsigned WINAPI ThreadFunc(void *arg)
32. {
33.     int i;
34.     int cnt=*((int*)arg);
35.     for(i=0; i<cnt; i++)
36.     {
37.         Sleep(1000); puts("running thread");
38.     }
39.     return 0;
40. }
```

- 第20行：调用WaitForSingleObject函数等待线程终止。
- 第26行：利用WaitForSingleObject函数的返回值查看返回原因。

❖ 运行结果：thread2_win.c

```
running thread
running thread
running thread
running thread
running thread
wait result: signaled
end of main
```

运行结果显示，thread1_win.c中存在的问题得到解决。下列示例将涉及WaitForMultipleObjects函数的应用。但该函数与WaitForSingleObject相比没有太大区别，使用方法也相对简单。

WaitForSingleObject & WaitForMultipleObjects

第18章在Linux平台下分析了临界区问题，本章最后的内容将留给Windows平台下的临界区问题。该示例只是第18章thread4.c示例的Windows版（创建的线程数减少为50个），不再另做说明。

❖ thread3_win.c

```
1.  #include <stdio.h>
2.  #include <windows.h>
3.  #include <process.h>
4.
5.  #define NUM_THREAD  50
6.  unsigned WINAPI threadInc(void * arg);
7.  unsigned WINAPI threadDes(void * arg);
```

```
8.  long long num=0;
9.
10. int main(int argc, char *argv[])
11. {
12.     HANDLE tHandles[NUM_THREAD];
13.     int i;
14.
15.     printf("sizeof long long: %d \n", sizeof(long long));
16.     for(i=0; i<NUM_THREAD; i++)
17.     {
18.         if(i%2)
19.             tHandles[i]=(HANDLE)_beginthreadex(NULL, 0, threadInc, NULL, 0, NULL);
20.         else
21.             tHandles[i]=(HANDLE)_beginthreadex(NULL, 0, threadDes, NULL, 0, NULL);
22.     }
23.
24.     WaitForMultipleObjects(NUM_THREAD, tHandles, TRUE, INFINITE);
25.     printf("result: %lld \n", num);
26.     return 0;
27. }
28.
29. unsigned WINAPI threadInc(void * arg)
30. {
31.     int i;
32.     for(i=0; i<50000000; i++)
33.         num+=1;
34.     return 0;
35. }
36. unsigned WINAPI threadDes(void * arg)
37. {
38.     int i;
39.     for(i=0; i<50000000; i++)
40.         num-=1;
41.     return 0;
42. }
```

19

❖ **运行结果：thread3_win.c**

```
sizeof long long: 8
result: 71007761
```

即使多运行几次也无法得到正确结果，而且每次结果都不同。可以利用第20章的同步技术得到预想的结果。

19.4 习题

(1) 下列关于内核对象的说法错误的是？

a. 内核对象是操作系统保存各种资源信息的数据块。

b. 内核对象的所有者是创建该内核对象的进程。
c. 由用户进程创建并管理内核对象。
d. 无论操作系统创建和管理的资源类型是什么，内核对象的数据块结构都完全相同。

(2) 现代操作系统大部分都在操作系统级别支持线程。根据该情况判断下列描述中错误的是？

a. 调用main函数的也是线程。
b. 如果进程不创建线程，则进程内不存在任何线程。
c. 多线程模型是进程内可以创建额外线程的程序类型。
d. 单一线程模型是进程内只额外创建1个线程的程序模型。

(3) 请比较从内存中完全销毁Windows线程和Linux线程的方法。

(4) 通过线程创建过程解释内核对象、线程、句柄之间的关系。

(5) 判断下列关于内核对象描述的正误。

- 内核对象只有signaled和non-signaled这2种状态。(　)
- 内核对象需要转为signaled状态时，需要程序员亲自将内核对象的状态改为signaled状态。(　)
- 线程的内核对象在线程运行时处于signaled状态，线程终止则进入non-signaled状态。(　)

(6) 请解释"auto-reset模式"和"manual-reset模式"的内核对象。区分二者的内核对象特征是什么？

第 20 章

Windows中的线程同步

20

本章不再重复介绍第 18 章关于“临界区”和“同步”的理论，而主要介绍 Windows 中的线程同步方法，这些技术对应于 Linux 平台下的互斥量和信号量等线程同步技术。

20.1 同步方法的分类及 CRITICAL_SECTION 同步

Windows中存在多种同步技术，它们的基本概念大同小异，相互间也有一定联系，所以不难掌握。

用户模式（User mode）和内核模式（Kernal mode）

Windows操作系统的运行方式（程序运行方式）是“双模式操作”（Dual-mode Operation），这意味着Windows在运行过程中存在如下2种模式。

- 用户模式：运行应用程序的基本模式，禁止访问物理设备，而且会限制访问的内存区域。
- 内核模式：操作系统运行时的模式，不仅不会限制访问的内存区域，而且访问的硬件设备也不会受限。

内核是操作系统的核心模块，可以简单定义为如下形式。

- 用户模式：应用程序的运行模式。
- 内核模式：操作系统的运行模式。

实际上，在应用程序运行过程中，Windows操作系统不会一直停留在用户模式，而是在用户模式和内核模式之间切换。例如，各位可以在Windows中创建线程。虽然创建线程的请求是由应用程序的函数调用完成，但实际创建线程的是操作系统。因此，创建线程的过程中无法避免向内核模式的转换。

定义这2种模式主要是为了提高安全性。应用程序的运行时错误会破坏操作系统及各种资源。

特别是C/C++可以进行指针运算，很容易发生这类问题。例如，因为错误的指针运算覆盖了操作系统中存有重要数据的内存区域，这很可能引起操作系统崩溃。但实际上各位从未经历过这类事件，因为用户模式会保护与操作系统有关的内存区域。因此，即使遇到错误的指针运算也仅停止应用程序的运行，而不会影响操作系统。总之，像线程这种伴随着内核对象创建的资源创建过程中，都要默认经历如下模式转换过程：

用户模式→内核模式→用户模式

从用户模式切换到内核模式是为了创建资源，从内核模式再次切换到用户模式是为了执行应用程序的剩余部分。不仅是资源的创建，与内核对象有关的所有事务都在内核模式下进行。模式切换对系统而言其实也是一种负担，频繁的模式切换会影响性能。

用户模式同步

用户模式同步是用户模式下进行的同步，即无需操作系统的帮助而在应用程序级别进行的同步。用户模式同步的最大优点是——速度快。无需切换到内核模式，仅考虑这一点也比经历内核模式切换的其他方法要快。而且使用方法相对简单，因此，适当运用用户模式同步并无坏处。但因为这种同步方法不会借助操作系统的力量，其功能上存在一定局限性。稍后将介绍属于用户模式同步的、基于“CRITICAL_SECTION”的同步方法。

内核模式同步

前面已介绍过用户模式同步，即使不另作说明，相信各位也能大概说出内核模式同步的特性及优缺点。下面给出内核模式同步的优点。

- 比用户模式同步提供的功能更多。
- 可以指定超时，防止产生死锁。

因为都是通过操作系统的帮助完成同步的，所以提供更多功能。特别是在内核模式同步中，可以跨越进程进行线程同步。与此同时，由于无法避免用户模式和内核模式之间的切换，所以性能上会受到一定影响。

大家此时很可能想到：“因为是基于内核对象的操作，所以可以进行不同进程之间的同步！”因为内核对象并不属于某一进程，而是操作系统拥有并管理的。

知识补给站　死锁

我在第18章中把临界区比喻为洗手间。那么请考虑如下情况。有人进入洗手间后把门锁上，一会儿又来人开始在门外等待。本来里面的人应该先解锁再离开，但现在不知何种原因，里面的人通过小窗户爬出了洗手间。当然谁都不得而知，那在外面等的人该怎么办呢？本来应该询问里面的情况，并决定是否去其他洗手间，但此人一直在等待，直到洗手间被强行关闭（程序强行退出）。

虽然多少有些荒诞，但这种情况描述的就是死锁。发生死锁时，等待进入临界区的阻塞状态的线程无法退出。死锁发生的原因有很多，以第18章的Mutex为例，调用pthread_mutex_lock函数进入临界区的线程如果不调用pthread_mutex_unlock函数，将发生死锁。这其实是极为简单的情形，大部分情况下发生死锁的原因都很难确认。

基于 CRITICAL_SECTION 的同步

基于CRITICAL_SECTION的同步中将创建并运用“CRITICAL_SECTION对象”，但这并非内核对象。与其他同步对象相同，它是进入临界区的一把“钥匙”（Key）。因此，为了进入临界区，需要得到CRITICAL_SECTION对象这把“钥匙”。相反，离开时应上交CRITICAL_SECTION对象（以下简称CS）。下面介绍CS对象的初始化及销毁相关函数。

```
#include <windows.h>

void InitializeCriticalSection(LPCRITICAL_SECTION lpCriticalSection);
void DeleteCriticalSection(LPCRITICAL_SECTION lpCriticalSection);
```

● lpCriticalSection Init...函数中传入需要初始化的CRITICAL_SECTION对象的地址值，反之，Del...函数中传入需要解除的CRITICAL_SECTION对象的地址值。

上述函数的参数类型LPCRITICAL_SECTION是CRITICAL_SECTION指针类型。另外DeleteCriticalSection并不是销毁CRITICAL_SECTION对象的函数。该函数的作用是销毁CRITICAL_SECTION对象使用过的（CRITICAL_SECTION对象相关的）资源。接下来介绍获取（拥有）及释放CS对象的函数，可以简单理解为获取和释放“钥匙”的函数。

```
#include <windows.h>

void EnterCriticalSection(LPCRITICAL_SECTION lpCriticalSection);
void LeaveCriticalSection(LPCRITICAL_SECTION lpCriticalSection);
```

● lpCriticalSection 获取（拥有）和释放的CRITICAL_SECTION对象的地址值。

与Linux部分中介绍过的互斥量类似，相信大部分人仅靠这些函数介绍也能写出示例程序（我的个人经验）。下面利用CS对象将第19章的示例thread3_win.c改为同步程序。

❖ SyncCS_win.c

```
1.  #include <stdio.h>
2.  #include <windows.h>
3.  #include <process.h>
4.  
5.  #define NUM_THREAD  50
6.  unsigned WINAPI threadInc(void * arg);
7.  unsigned WINAPI threadDes(void * arg);
8.  
9.  long long num=0;
10. CRITICAL_SECTION cs;
11. 
12. int main(int argc, char *argv[])
13. {
14.     HANDLE tHandles[NUM_THREAD];
15.     int i;
16. 
17.     InitializeCriticalSection(&cs);
18.     for(i=0; i<NUM_THREAD; i++)
19.     {
20.         if(i%2)
21.             tHandles[i]=(HANDLE)_beginthreadex(NULL, 0, threadInc, NULL, 0, NULL);
22.         else
23.             tHandles[i]=(HANDLE)_beginthreadex(NULL, 0, threadDes, NULL, 0, NULL);
24.     }
25. 
26.     WaitForMultipleObjects(NUM_THREAD, tHandles, TRUE, INFINITE);
27.     DeleteCriticalSection(&cs);
28.     printf("result: %lld \n", num);
29.     return 0;
30. }
31. 
32. unsigned WINAPI threadInc(void * arg)
33. {
34.     int i;
35.     EnterCriticalSection(&cs);
36.     for(i=0; i<50000000; i++)
37.         num+=1;
38.     LeaveCriticalSection(&cs);
39.     return 0;
40. }
41. unsigned WINAPI threadDes(void * arg)
42. {
43.     int i;
44.     EnterCriticalSection(&cs);
45.     for(i=0; i<50000000; i++)
46.         num-=1;
47.     LeaveCriticalSection(&cs);
48.     return 0;
49. }
```

- 第17、27行：CS对象的初始化和解除代码。
- 第35~38、44~47行：第35~38行与第44~47行之间构成1个临界区，防止同时访问。为了尽快得到结果，将整个循环当做临界区。

❖ 运行结果：SyncCS_win.c

```
result: 0
```

程序中将整个循环纳入临界区，主要是为了减少运行时间。如果只将访问num的语句纳入临界区，那将不知何时才能得到运行结果（如果时间充裕可以一试，但运行时间会长得让人怀疑是否发生了死锁），因为这将导致大量获取和释放CS对象。另外，上述示例仅仅是为了学习同步机制而编写的，没有任何现实意义（如此编写程序的情况本身并不现实）。

20.2　内核模式的同步方法

典型的内核模式同步方法有基于事件（Event）、信号量、互斥量等内核对象的同步，下面从互斥量开始逐一介绍。

基于互斥量（Mutual Exclusion）对象的同步

基于互斥量对象的同步方法与基于CS对象的同步方法类似，因此，互斥量对象同样可以理解为“钥匙”。首先介绍创建互斥量对象的函数。

```
#include <windows.h>

HANDLE CreateMutex(
    LPSECURITY_ATTRIBUTES lpMutexAttributes, BOOL bInitialOwner, LPCTSTR lpName);
```

➔ 成功时返回创建的互斥量对象句柄，失败时返回 NULL。

- lpMutexAttributes　传递安全相关的配置信息，使用默认安全设置时可以传递NULL。
- bInitialOwner　如果为TRUE，则创建出的互斥量对象属于调用该函数的线程，同时进入non-signaled状态；如果为FALSE，则创建出的互斥量对象不属于任何线程，此时状态为signaled。
- lpName　用于命名互斥量对象。传入NULL时创建无名的互斥量对象。

从上述参数说明中可以看到，如果互斥量对象不属于任何拥有者，则将进入signaled状态。利用该特点进行同步。另外，互斥量属于内核对象，所以通过如下函数销毁。

20

```
#include <windows.h>

BOOL CloseHandle(HANDLE hObject);

    → 成功时返回 TRUE，失败时返回 FALSE。
```

● hObject　要销毁的内核对象的句柄。

上述函数是销毁内核对象的函数，所以同样可以销毁即将介绍的信号量及事件。下面介绍获取和释放互斥量的函数，但我认为只需介绍释放的函数，因为获取是通过各位熟悉的WaitForSingleObject函数完成的。

```
#include <windows.h>

BOOL ReleaseMutex(HANDLE hMutex);

    → 成功时返回 TRUE，失败时返回 FALSE。
```

● hMutex　需要释放（解除拥有）的互斥量对象句柄。

接下来分析获取和释放互斥量的过程。互斥量被某一线程获取时（拥有时）为non-signaled状态，释放时（未拥有时）进入signaled状态。因此，可以使用WaitForSingleObject函数验证互斥量是否已分配。该函数的调用结果有如下2种。

- 调用后进入阻塞状态：互斥量对象已被其他线程获取，现处于non-signaled状态。
- 调用后直接返回：其他线程未占用互斥量对象，现处于signaled状态。

互斥量在WaitForSingleObject函数返回时自动进入non-signaled状态，因为它是第19章介绍过的“auto-reset”模式的内核对象。结果，WaitForSingleObject函数成为申请互斥量时调用的函数。因此，基于互斥量的临界区保护代码如下。

```
WaitForSingleObject(hMutex, INFINITE);
// 临界区的开始
// . . . . . . .
// 临界区的结束
ReleaseMutex(hMutex);
```

WaitForSingleObject函数使互斥量进入non-signaled状态，限制访问临界区，所以相当于临界区的门禁系统。相反，ReleaseMutex函数使互斥量重新进入signal状态，所以相当于临界区的出口。下面将之前介绍过的SyncCS_win.c示例改为互斥量对象的实现方式。更改后的程序与SyncCS_win.c没有太大区别，故省略相关说明。

❖ SyncMutex_win.c

```
1.  #include <stdio.h>
2.  #include <windows.h>
3.  #include <process.h>
4.
5.  #define NUM_THREAD  50
6.  unsigned WINAPI threadInc(void * arg);
7.  unsigned WINAPI threadDes(void * arg);
8.
9.  long long num=0;
10. HANDLE hMutex;
11.
12. int main(int argc, char *argv[])
13. {
14.     HANDLE tHandles[NUM_THREAD];
15.     int i;
16.
17.     hMutex=CreateMutex(NULL, FALSE, NULL);
18.     for(i=0; i<NUM_THREAD; i++)
19.     {
20.         if(i%2)
21.             tHandles[i]=(HANDLE)_beginthreadex(NULL, 0, threadInc, NULL, 0, NULL);
22.         else
23.             tHandles[i]=(HANDLE)_beginthreadex(NULL, 0, threadDes, NULL, 0, NULL);
24.     }
25.
26.     WaitForMultipleObjects(NUM_THREAD, tHandles, TRUE, INFINITE);
27.     CloseHandle(hMutex);
28.     printf("result: %lld \n", num);
29.     return 0;
30. }
31.
32. unsigned WINAPI threadInc(void * arg)
33. {
34.     int i;
35.     WaitForSingleObject(hMutex, INFINITE);
36.     for(i=0; i<50000000; i++)
37.         num+=1;
38.     ReleaseMutex(hMutex);
39.     return 0;
40. }
41. unsigned WINAPI threadDes(void * arg)
42. {
43.     int i;
44.     WaitForSingleObject(hMutex, INFINITE);
45.     for(i=0; i<50000000; i++)
46.         num-=1;
47.     ReleaseMutex(hMutex);
48.     return 0;
49. }
```

❖ 运行结果：SyncMutex_win.c

```
result: 0
```

基于信号量对象的同步

Windows中基于信号量对象的同步也与Linux下的信号量类似，二者都是利用名为“信号量值”（Semaphore Value）的整数值完成同步的，而且该值都不能小于0。当然，Windows的信号量值注册于内核对象。

下面介绍创建信号量对象的函数，当然，其销毁同样是利用CloseHandle函数进行的。

```
#include <windows.h>

HANDLE CreateSemaphore(
    LPSECURITY_ATTRIBUTES lpSemaphoreAttributes, LONG lInitialCount,
        LONG lMaximumCount, LPCTSTR lpName);
```

→ 成功时返回创建的信号量对象的句柄，失败时返回 NULL。

- lpSemaphoreAttributes　安全配置信息，采用默认安全设置时传递NULL。
- lInitialCount　指定信号量的初始值，应大于0小于lMaximumCount。
- lMaximumCount　信号量的最大值。该值为1时，信号量变为只能表示0和1的二进制信号量。
- lpName　用于命名信号量对象。传递NULL时创建无名的信号量对象。

可以利用“信号量值为0时进入non-signaled状态，大于0时进入signaled状态”的特性进行同步。向lInitialCount参数传递0时，创建non-signaled状态的信号量对象。而向lMaximumCount传入3时，信号量最大值为3，因此可以实现3个线程同时访问临界区时的同步。下面介绍释放信号量对象的函数。

```
#include <windows.h>

BOOL ReleaseSemaphore(HANDLE hSemaphore, LONG lReleaseCount, LPLONG
lpPreviousCount);
```

→ 成功时返回 TRUE，失败时返回 FALSE。

- hSemaphore　传递需要释放的信号量对象。
- lReleaseCount　释放意味着信号量值的增加，通过该参数可以指定增加的值。超过最大值则不增加，返回FALSE。
- lpPreviousCount　用于保存修改之前值的变量地址，不需要时可传递NULL。

信号量对象的值大于0时成为signaled状态，为0时成为non-signaled状态。因此，调用WaitForSingleObject函数时，信号量大于0的情况下才会返回。返回的同时将信号量值减1，同时进入non-signaled状态（当然，仅限于信号量减1后等于0的情况）。可以通过如下程序结构保护临界区。

```
WaitForSingleObject(hSemaphore, INFINITE);
// 临界区的开始
// . . . . . . .
// 临界区的结束
ReleaseSemaphore(hSemaphore, 1, NULL);
```

下面给出信号量对象相关示例，该示例只是第18章semaphore.c的Windows移植版。关于程序流说明请参考之前的内容，本示例中主要补充说明调用同步函数的部分。

❖ SyncSema_win.c

```
1.  #include <stdio.h>
2.  #include <windows.h>
3.  #include <process.h>
4.  unsigned WINAPI Read(void * arg);
5.  unsigned WINAPI Accu(void * arg);
6.
7.  static HANDLE semOne;
8.  static HANDLE semTwo;
9.  static int num;
10.
11. int main(int argc, char *argv[])
12. {
13.     HANDLE hThread1, hThread2;
14.     semOne=CreateSemaphore(NULL, 0, 1, NULL);
15.     semTwo=CreateSemaphore(NULL, 1, 1, NULL);
16.
17.     hThread1=(HANDLE)_beginthreadex(NULL, 0, Read, NULL, 0, NULL);
18.     hThread2=(HANDLE)_beginthreadex(NULL, 0, Accu, NULL, 0, NULL);
19.
20.     WaitForSingleObject(hThread1, INFINITE);
21.     WaitForSingleObject(hThread2, INFINITE);
22.
23.     CloseHandle(semOne);
24.     CloseHandle(semTwo);
25.     return 0;
26. }
27.
28. unsigned WINAPI Read(void * arg)
29. {
30.     int i;
31.     for(i=0; i<5; i++)
32.     {
```

```
33.         fputs("Input num: ", stdout);
34.         WaitForSingleObject(semTwo, INFINITE);
35.         scanf("%d", &num);
36.         ReleaseSemaphore(semOne, 1, NULL);
37.     }
38.     return 0;
39. }
40. unsigned WINAPI Accu(void * arg)
41. {
42.     int sum=0, i;
43.     for(i=0; i<5; i++)
44.     {
45.         WaitForSingleObject(semOne, INFINITE);
46.         sum+=num;
47.         ReleaseSemaphore(semTwo, 1, NULL);
48.     }
49.     printf("Result: %d \n", sum);
50.     return 0;
51. }
```

- 第14、15行：创建2个信号量对象。第14行将信号量值设置为0进入non-signaled状态，第15行将信号量值设置为1进入signaled状态。第三个参数均为1，因此，2个信号量都是值为0或1的二进制信号量。
- 第34~36行、45~47行：本示例的特点是必须在循环内部构建临界区。但无论何种示例，通常都要尽量缩小临界区的范围以提高程序性能。

❖ 运行结果：SyncSema_win.c

```
Input num: 1
Input num: 2
Input num: 3
Input num: 4
Input num: 5
Result: 15
```

基于事件对象的同步

事件同步对象与前2种同步方法相比有很大不同，区别就在于，该方式下创建对象时，可以在自动以non-signaled状态运行的auto-reset模式和与之相反的manual-reset模式中任选其一。而事件对象的主要特点是可以创建manual-reset模式的对象，我也将对此进行重点讲解。首先介绍用于创建事件对象的函数。

```
#include <windows.h>

HANDLE CreateEvent(
    LPSECURITY_ATTRIBUTES lpEventAttributes, BOOL bManualReset,
    BOOL bInitialState, LPCTSTR lpName);
```

→ 成功时返回创建的事件对象句柄，失败时返回 NULL。

- lpEventAttributes　安全配置相关参数，采用默认安全配置时传入NULL。
- bManualReset　传入TRUE时创建manual-reset模式的事件对象，传入FALSE时创建auto-reset模式的事件对象。
- bInitialState　传入TRUE时创建signaled状态的事件对象，传入FALSE时创建non-signaled状态的事件对象。
- lpName　用于命名事件对象。传递NULL时创建无名的事件对象。

相信各位也发现了，上述函数中需要重点关注的是第二个参数。传入TRUE时创建manual-reset模式的事件对象，此时即使WaitForSingleObject函数返回也不会回到non-signaled状态。因此，在这种情况下，需要通过如下2个函数明确更改对象状态。

```
#include <windows.h>

BOOL ResetEvent(HANDLE hEvent);  //to the non-signaled
BOOL SetEvent(HANDLE hEvent);    //to the signaled
```

→ 成功时返回 TRUE，失败时返回 FALSE。

20

传递事件对象句柄并希望改为non-signaled状态时，应调用ResetEvent函数。如果希望改为signaled状态，则可以调用SetEvent函数。通过如下示例介绍事件对象的具体使用方法，该示例中的2个线程将同时等待输入字符串。

❖ SyncEvent_win.c

```
1.  #include <stdio.h>
2.  #include <windows.h>
3.  #include <process.h>
4.  #define STR_LEN    100
5.
6.  unsigned WINAPI NumberOfA(void *arg);
7.  unsigned WINAPI NumberOfOthers(void *arg);
8.
9.  static char str[STR_LEN];
10. static HANDLE hEvent;
11.
12. int main(int argc, char *argv[])
```

```
13. {
14.     HANDLE hThread1, hThread2;
15.     hEvent=CreateEvent(NULL, TRUE, FALSE, NULL);
16.     hThread1=(HANDLE)_beginthreadex(NULL, 0, NumberOfA, NULL, 0, NULL);
17.     hThread2=(HANDLE)_beginthreadex(NULL, 0, NumberOfOthers, NULL, 0, NULL);
18.
19.     fputs("Input string: ", stdout);
20.     fgets(str, STR_LEN, stdin);
21.     SetEvent(hEvent);
22.
23.     WaitForSingleObject(hThread1, INFINITE);
24.     WaitForSingleObject(hThread2, INFINITE);
25.     ResetEvent(hEvent);
26.     CloseHandle(hEvent);
27.     return 0;
28. }
29.
30. unsigned WINAPI NumberOfA(void *arg)
31. {
32.     int i, cnt=0;
33.     WaitForSingleObject(hEvent, INFINITE);
34.     for(i=0; str[i]!=0; i++)
35.     {
36.         if(str[i]=='A')
37.             cnt++;
38.     }
39.     printf("Num of A: %d \n", cnt);
40.     return 0;
41. }
42. unsigned WINAPI NumberOfOthers(void *arg)
43. {
44.     int i, cnt=0;
45.     WaitForSingleObject(hEvent, INFINITE);
46.     for(i=0; str[i]!=0; i++)
47.     {
48.         if(str[i]!='A')
49.             cnt++;
50.     }
51.     printf("Num of others: %d \n", cnt-1);
52.     return 0;
53. }
```

- 第15行：以non-signaled状态创建manual-reset模式的事件对象。
- 第16、17行：创建以NumberOfA和NumberOfOther函数为main函数的线程。这2个线程通过调用第20行的函数进入等待输入的状态。同时，第33、45行调用WaitForSingleObject函数。
- 第21行：读入字符串后将事件对象改为signaled状态。第33、45行中正在等待的2个线程将摆脱等待状态，开始执行。2个线程之所以能同时摆脱等待状态是因为事件对象仍处于signaled状态。
- 第25行：虽然本示例中没有太大的必要，但还是把事件对象的状态改为non-signaled。如果不进行明确更改，对象将继续停留在signaled状态。

❖ 运行结果：SyncEvent_win.c

```
Input string: ABCDABC
Num of A: 2
Num of others: 5
```

上述简单示例演示的是2个线程同时退出等待状态的情景。在这种情况下，以manual-reset模式创建事件对象应该是更好的选择。

20.3 Windows 平台下实现多线程服务器端

第18章讲完线程的创建和同步方法后，最终实现了多线程聊天服务器端和客户端。按照这种顺序，本章最后也将在Windows平台下实现聊天服务器端和客户端。首先给出聊天服务器端的源代码。该程序是第18章chat_serv.c的Windows移植版，故省略其说明。

❖ chat_serv_win.c

```
1.  #include <stdio.h>
2.  #include <stdlib.h>
3.  #include <string.h>
4.  #include <windows.h>
5.  #include <process.h>
6.
7.  #define BUF_SIZE 100
8.  #define MAX_CLNT 256
9.
10. unsigned WINAPI HandleClnt(void * arg);
11. void SendMsg(char * msg, int len);
12. void ErrorHandling(char * msg);
13.
14. int clntCnt=0;
15. SOCKET clntSocks[MAX_CLNT];
16. HANDLE hMutex;
17.
18. int main(int argc, char *argv[])
19. {
20.     WSADATA wsaData;
21.     SOCKET hServSock, hClntSock;
22.     SOCKADDR_IN servAdr, clntAdr;
23.     int clntAdrSz;
24.     HANDLE hThread;
25.     if(argc!=2) {
26.         printf("Usage : %s <port>\n", argv[0]);
27.         exit(1);
28.     }
29.     if(WSAStartup(MAKEWORD(2, 2), &wsaData)!=0)
30.         ErrorHandling("WSAStartup() error!");
31.
32.     hMutex=CreateMutex(NULL, FALSE, NULL);
33.     hServSock=socket(PF_INET, SOCK_STREAM, 0);
```

20

```
34.
35.     memset(&servAdr, 0, sizeof(servAdr));
36.     servAdr.sin_family=AF_INET;
37.     servAdr.sin_addr.s_addr=htonl(INADDR_ANY);
38.     servAdr.sin_port=htons(atoi(argv[1]));
39.
40.     if(bind(hServSock, (SOCKADDR*) &servAdr, sizeof(servAdr))==SOCKET_ERROR)
41.         ErrorHandling("bind() error");
42.     if(listen(hServSock, 5)==SOCKET_ERROR)
43.         ErrorHandling("listen() error");
44.
45.     while(1)
46.     {
47.         clntAdrSz=sizeof(clntAdr);
48.         hClntSock=accept(hServSock, (SOCKADDR*)&clntAdr,&clntAdrSz);
49.
50.         WaitForSingleObject(hMutex, INFINITE);
51.         clntSocks[clntCnt++]=hClntSock;
52.         ReleaseMutex(hMutex);
53.
54.         hThread=
55.             (HANDLE)_beginthreadex(NULL, 0, HandleClnt, (void*)&hClntSock, 0, NULL);
56.         printf("Connected client IP: %s \n", inet_ntoa(clntAdr.sin_addr));
57.     }
58.     closesocket(hServSock);
59.     WSACleanup();
60.     return 0;
61. }
62.
63. unsigned WINAPI HandleClnt(void * arg)
64. {
65.     SOCKET hClntSock=*((SOCKET*)arg);
66.     int strLen=0, i;
67.     char msg[BUF_SIZE];
68.
69.     while((strLen=recv(hClntSock, msg, sizeof(msg), 0))!=0)
70.         SendMsg(msg, strLen);
71.
72.     WaitForSingleObject(hMutex, INFINITE);
73.     for(i=0; i<clntCnt; i++)   // remove disconnected client
74.     {
75.         if(hClntSock==clntSocks[i])
76.         {
77.             while(i++<clntCnt-1)
78.                 clntSocks[i]=clntSocks[i+1];
79.             break;
80.         }
81.     }
82.     clntCnt--;
83.     ReleaseMutex(hMutex);
84.     closesocket(hClntSock);
85.     return 0;
86. }
87. void SendMsg(char * msg, int len)   // send to all
```

```
88. {
89.     int i;
90.     WaitForSingleObject(hMutex, INFINITE);
91.     for(i=0; i<clntCnt; i++)
92.         send(clntSocks[i], msg, len, 0);
93.     ReleaseMutex(hMutex);
94. }
95. void ErrorHandling(char * msg)
96. {
97.     fputs(msg, stderr);
98.     fputc('\n', stderr);
99.     exit(1);
100.}
```

下面介绍聊天客户端。该示例是第18章的chat_clnt.c的Windows移植版，故同样省略其说明。

❖ chat_clnt_win.c

```
1.  #include <"头文件声明与chat_serv_win.c一致，故省略。">
2.  #define BUF_SIZE 100
3.  #define NAME_SIZE 20
4.
5.  unsigned WINAPI SendMsg(void * arg);
6.  unsigned WINAPI RecvMsg(void * arg);
7.  void ErrorHandling(char * msg);
8.
9.  char name[NAME_SIZE]="[DEFAULT]";
10. char msg[BUF_SIZE];
11.
12. int main(int argc, char *argv[])
13. {
14.     WSADATA wsaData;
15.     SOCKET hSock;
16.     SOCKADDR_IN servAdr;
17.     HANDLE hSndThread, hRcvThread;
18.     if(argc!=4) {
19.         printf("Usage : %s <IP> <port> <name>\n", argv[0]);
20.         exit(1);
21.     }
22.     if(WSAStartup(MAKEWORD(2, 2), &wsaData)!=0)
23.         ErrorHandling("WSAStartup() error!");
24.
25.     sprintf(name, "[%s]", argv[3]);
26.     hSock=socket(PF_INET, SOCK_STREAM, 0);
27.
28.     memset(&servAdr, 0, sizeof(servAdr));
29.     servAdr.sin_family=AF_INET;
30.     servAdr.sin_addr.s_addr=inet_addr(argv[1]);
31.     servAdr.sin_port=htons(atoi(argv[2]));
32.
33.     if(connect(hSock, (SOCKADDR*)&servAdr, sizeof(servAdr))==SOCKET_ERROR)
34.         ErrorHandling("connect() error");
```

```
35.
36.     hSndThread=
37.         (HANDLE)_beginthreadex(NULL, 0, SendMsg, (void*)&hSock, 0, NULL);
38.     hRcvThread=
39.         (HANDLE)_beginthreadex(NULL, 0, RecvMsg, (void*)&hSock, 0, NULL);
40.
41.     WaitForSingleObject(hSndThread, INFINITE);
42.     WaitForSingleObject(hRcvThread, INFINITE);
43.     closesocket(hSock);
44.     WSACleanup();
45.     return 0;
46. }
47.
48. unsigned WINAPI SendMsg(void * arg)      // send thread main
49. {
50.     SOCKET hSock=*((SOCKET*)arg);
51.     char nameMsg[NAME_SIZE+BUF_SIZE];
52.     while(1)
53.     {
54.         fgets(msg, BUF_SIZE, stdin);
55.         if(!strcmp(msg,"q\n")||!strcmp(msg,"Q\n"))
56.         {
57.             closesocket(hSock);
58.             exit(0);
59.         }
60.         sprintf(nameMsg,"%s %s", name, msg);
61.         send(hSock, nameMsg, strlen(nameMsg), 0);
62.     }
63.     return 0;
64. }
65.
66. unsigned WINAPI RecvMsg(void * arg)      // read thread main
67. {
68.     int hSock=*((SOCKET*)arg);
69.     char nameMsg[NAME_SIZE+BUF_SIZE];
70.     int strLen;
71.     while(1)
72.     {
73.         strLen=recv(hSock, nameMsg, NAME_SIZE+BUF_SIZE-1, 0);
74.         if(strLen==-1)
75.             return -1;
76.         nameMsg[strLen]=0;
77.         fputs(nameMsg, stdout);
78.     }
79.     return 0;
80. }
81.
82. void ErrorHandling(char *msg)
83. {
84.     //与示例chat_serv_clnt.c的ErrorHandling一致。
85. }
```

运行结果同样与chat_serv.c、chat_clnt.c的运行结果相同，故省略。之前已省略了不少内容，我对此感到很抱歉。这是为了减少多余或重复内容而做出的决定，希望各位理解。

20.4 习题

(1) 关于Windows操作系统的用户模式和内核模式的说法中正确的是？

a. 用户模式是应用程序运行的基本模式，虽然访问的内存空间没有限制，但无法访问物理设备。

b. 应用程序运行过程中绝对不会进入内核模式。应用程序只在用户模式中运行。

c. Windows为了有效使用内存空间，分别定义了用户模式和内核模式。

d. 应用程序运行过程中也有可能切换到内核模式。只是切换到内核模式后，进程将一直保持该状态。

(2) 判断下列关于用户模式同步和内核模式同步描述的正误。

- 用户模式的同步中不会切换到内核模式。即非操作系统级别的同步。(　)
- 内核模式的同步是由操作系统提供的功能，比用户模式同步提供更多功能。(　)
- 需要在用户模式和内核模式之间切换，这是内核模式同步的缺点。(　)
- 除特殊情况外，原则上应使用内核模式同步。用户模式同步是操作系统提供内核模式同步机制前使用的同步方法。(　)

(3) 本章示例SyncSema_win.c的Read函数中，退出临界区需要较长时间，请给出解决方案并实现。

(4) 请将本章SyncEvent_win.c示例改为基于信号量的同步方式，并得出相同运行结果。

第 21 章 异步通知I/O模型

从本章开始将分 3 个章节介绍 Windows 提供的扩展 I/O 模型。第 21 章~第 23 章之间的联系非常紧密，不能理解本章内容就无法掌握其他章节，希望各位认真学习这几章。

21.1 理解异步通知 I/O 模型

各位应该还记得之前介绍过的select函数，它是实现并发服务器端的方法之一。本章内容可以理解为select模型的改进方式。

理解同步和异步

首先解释“异步”（Asynchronous）的含义。异步主要指“不一致”，它在数据I/O中非常有用。之前的Windows示例中主要通过send & recv函数进行同步I/O。调用send函数时，完成数据传输后才能从函数返回（确切地说，只有把数据完全传输到输出缓冲后才能返回）；而调用recv函数时，只有读到期望大小的数据后才能返回。因此，相当于同步方式的I/O处理。

“究竟哪些部分是同步的？”

各位或许有这种疑问，但我想反问大家：“哪些部分进行了同步处理？”同步的关键是函数的调用及返回时刻，以及数据传输的开始和完成时刻。

“调用send函数的瞬间开始传输数据，send函数执行完（返回）的时刻完成数据传输。”

“调用recv函数的瞬间开始接收数据，recv函数执行完（返回）的时刻完成数据接收。”

可以通过图21-1解释上述两句话的含义（上述语句和图中的“完成传输”都是指数据完全传输到输出缓冲）。

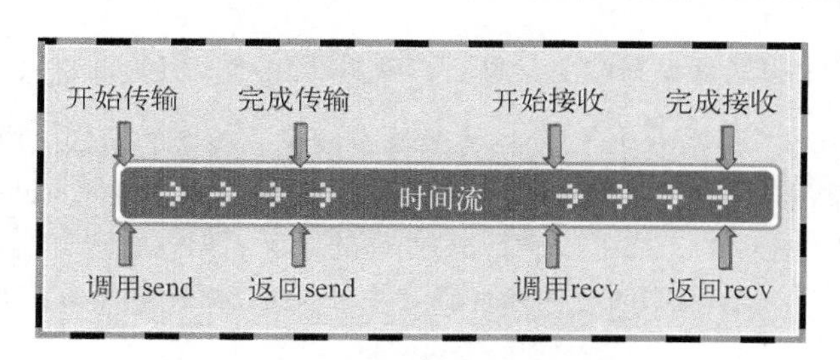

图21-1 调用同步的I/O函数

相信各位能够通过上述图文理解同步的关键所在。那异步I/O的含义又是什么呢？图21-2给出解释，希望大家与图21-1进行对比。

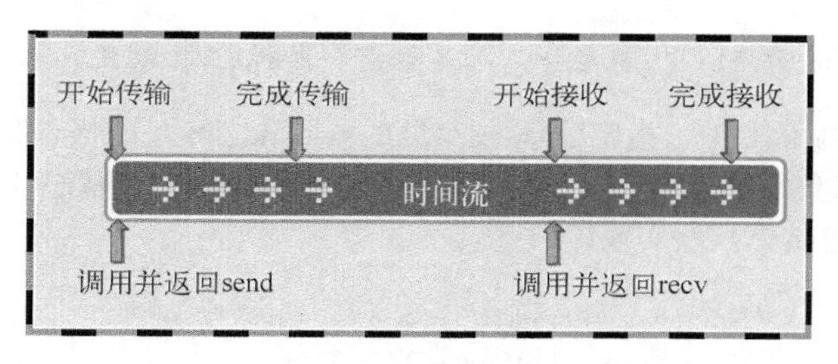

图21-2 调用异步I/O函数

从图21-2中可以看到，异步I/O是指I/O函数的返回时刻与数据收发的完成时刻不一致。如此看来，我们接触过异步I/O。如果记不清这些内容，可以回顾第17章epoll的异步I/O部分。

同步 I/O 的缺点及异步方式的解决方案

异步I/O就是为了克服同步I/O的缺点而设计的模型。同步I/O有哪些缺点？异步方式又是如何解决的呢？其实，第17章的最后部分“条件触发和边缘触发孰优孰劣”中给出过答案。各位可能因为忘记这些内容而感到沮丧，考虑到这一点，我将以不同的、更简单的方式解释。从图21-1中很容易找到同步I/O的缺点：“进行I/O的过程中函数无法返回，所以不能执行其他任务！”而图21-2中，无论数据是否完成交换都返回函数，这就意味着可以执行其他任务。所以说“异步方式能够比同步方式更有效地使用CPU”。

理解异步通知 I/O 模型

之前分析了同步和异步方式的I/O函数，确切地说，分析了同步和异步方式下I/O函数返回时间点的差异。下面我希望扩展讨论的对象（同步和异步并不局限于I/O）。

本章题目为“异步通知I/O模型”，意为“通知I/O”是以异步方式工作的。首先了解一下“通知I/O”的含义：

“通知输入缓冲收到数据并需要读取，以及输出缓冲为空故可以发送数据。”

顾名思义，“通知I/O”是指发生了I/O相关的特定情况。典型的通知I/O模型是select方式。还记得select监视的3种情况吗？其中具代表性的就是“收到数据的情况”。select函数就是从返回调用的函数时通知需要I/O处理的，或可以进行I/O处理的情况。但这种通知是以同步方式进行的，原因在于，需要I/O或可以进行I/O的时间点（简言之就是I/O相关事件发生的时间点）与select函数的返回时间点一致。

相信各位已理解通知I/O模型的含义。与“select函数只在需要或可以进行I/O的情况下返回”不同，异步通知I/O模型中函数的返回与I/O状态无关。本章的WSAEventSelect函数就是select函数的异步版本。

“既然函数的返回与I/O状态无关，那是否需要监视I/O状态变化？”

当然需要！异步通知I/O中，指定I/O监视对象的函数和实际验证状态变化的函数是相互分离的。因此，指定监视对象后可以离开执行其他任务，最后再回来验证状态变化。以上就是通知I/O的所有理论，下面通过具体函数实现该模型。

提 示

select 函数中也可以设置超时时间

设置超时时间可以在未发生 I/O 状态变化的情况下防止函数阻塞，所以可编写类似异步方式的代码。但之后为了验证 I/O 的状态变化需要再次集中句柄（文件描述符），以便再次调用 select 函数。换言之，select 函数默认为同步方式的通知 I/O 模型，只是为了弥补缺点才定义为可设置超时的方式。

21.2 理解和实现异步通知 I/O 模型

异步通知I/O模型的实现方法有2种：一种是使用本书介绍的WSAEventSelect函数，另一种是使用WSAAsyncSelect函数。使用WSAAsyncSelect函数时需要指定Windows句柄以获取发生的事件（UI相关内容），因此本书不会涉及，但大家要知道有这个函数。

WSAEventSelect 函数和通知

如前所述，告知I/O状态变化的操作就是“通知”。I/O的状态变化可以分为不同情况。

- 套接字的状态变化：套接字的I/O状态变化。
- 发生套接字相关事件：发生套接字I/O相关事件。

这2种情况都意味着发生了需要或可以进行I/O的事件，我将根据上下文适当混用这些概念。

首先介绍WSAEventSelect函数，该函数用于指定某一套接字为事件监视对象。

```
#include <winsock2.h>

int WSAEventSelect(SOCKET s, WSAEVENT hEventObject, long lNetworkEvents);
```

➔ 成功时返回 0，失败时返回 SOCKET_ERROR。

- s 监视对象的套接字句柄。
- hEventObject 传递事件对象句柄以验证事件发生与否。
- lNetworkEvents 希望监视的事件类型信息。

传入参数s的套接字内只要发生lNetworkEvents中指定的事件之一，WSAEventSelect函数就将hEventObject句柄所指内核对象改为signaled状态。因此，该函数又称“连接事件对象和套接字的函数”。

另外一个重要的事实是，无论事件发生与否，WSAEventSelect函数调用后都会直接返回，所以可以执行其他任务。也就是说，该函数以异步通知方式工作。下面介绍作为该函数第三个参数的事件类型信息，可以通过位或运算同时指定多个信息。

- FD_READ：是否存在需要接收的数据？
- FD_WRITE：能否以非阻塞方式传输数据？
- FD_OOB：是否收到带外数据？
- FD_ACCEPT：是否有新的连接请求？
- FD_CLOSE：是否有断开连接的请求？

以上就是WSAEventSelect函数的调用方法。各位或许有如下疑问（很好的问题）：

> “啊？select函数可以针对多个套接字对象调用，但WSAEventSelect函数只能针对1个套接字对象调用！”

的确，仅从概念上看，WSAEventSelect函数的功能偏弱。但使用该函数时，没必要针对多个套接字进行调用。从select函数返回时，为了验证事件的发生需要再次针对所有句柄（文件描述符）调用函数，但通过调用WSAEventSelect函数传递的套接字信息已注册到操作系统，所以无需再次调用。这反而是WSAEventSelect函数比select函数的优势所在。

提 示

epoll 和 WSAEventSelect

如上所述，无需针对已注册的套接字再次调用 WSAEventSelect 函数，这种特性在 Linux 的 epoll 中首次介绍过。回顾这部分内容可以更详细地了解这种方式带来的好处。

从前面关于WSAEventSelect函数的说明中可以看出，需要补充如下内容。

- WSAEventSelect函数的第二个参数中用到的事件对象的创建方法。
- 调用WSAEventSelect函数后发生事件的验证方法。
- 验证事件发生后事件类型的查看方法。

上述过程中只要插入WSAEventSelect函数的调用就与服务器端的实现过程完全一致，下面分别讲解。

manual-reset 模式事件对象的其他创建方法

我们之前利用CreateEvent函数创建了事件对象。CreateEvent函数在创建事件对象时，可以在auto-reset模式和manual-reset模式中任选其一。但我们只需要manual-reset模式non-signaled状态的事件对象，所以利用如下函数创建较为方便。

```
#include <winsock2.h>

WSAEVENT WSACreateEvent(void);
    → 成功时返回事件对象句柄，失败时返回 WSA_INVALID_EVENT。
```

上述声明中返回类型WSAEVENT的定义如下：

```
#define WSAEVENT HANDLE
```

实际上就是我们熟悉的内核对象句柄，这一点需要注意。另外，为了销毁通过上述函数创建的事件对象，系统提供了如下函数。

```
#include <winsock2.h>

BOOL WSACloseEvent(WSAEVENT hEvent);
    → 成功时返回 TRUE，失败时返回 FALSE。
```

验证是否发生事件

既然介绍了WSACreateEvent函数，那调用WSAEventSelect函数应该不成问题。接下来就要考虑调用WSAEventSelect函数后的处理。为了验证是否发生事件，需要查看事件对象。完成该任务的函数如下，除了多1个参数外，其余部分与WaitForMultipleObjects函数完全相同。

```
#include <winsock2.h>

DWORD WSAWaitForMultipleEvents(
    DWORD cEvents, const WSAEVENT * lphEvents, BOOL fWaitAll, DWORD dwTimeout,
BOOL fAlertable);
```

→ 成功时返回发生事件的对象信息，失败时返回 WSA_INVALID_EVENT。

- cEvents 需要验证是否转为signaled状态的事件对象的个数。
- lphEvents 存有事件对象句柄的数组地址值。
- fWaitAll 传递TRUE时，所有事件对象在signaled状态时返回；传递FALSE时，只要其中1个变为signaled状态就返回。
- dwTimeout 以1/1000秒为单位指定超时，传递WSA_INFINITE时，直到变为signaled状态时才会返回。
- fAlertable 传递TRUE时进入alertable wait（可警告等待）状态（第22章）。
- 返回值 返回值减去常量WSA_WAIT_EVENT_0时，可以得到转变为signaled状态的事件对象句柄对应的索引，可以通过该索引在第二个参数指定的数组中查找句柄。如果有多个事件对象变为signaled状态，则会得到其中较小的值。发生超时将返回WSA_WAIT_TIMEOUT。

由于发生套接字事件，事件对象转为signaled状态后该函数才返回，所以它非常有利于确认事件发生与否。但由于最多可传递64个事件对象，如果需要监视更多句柄，就只能创建线程或扩展保存句柄的数组，并多次调用上述函数。

提 示

最大句柄数

可通过以宏的方式声明的 WSA_MAXIMUM_WAIT_EVENTS 常量得知 WSAWaitForMultipleEvents 函数可以同时监视的最大事件对象数。该常量值为 64，所以最大句柄数为 64 个。但可以更改这一限制，日后发布新版本的操作系统时可能更改该常量。

对于WSAWaitForMultipleEvents函数，各位可能产生如下疑问：

"WSAWaitForMultipleEvents函数如何得到转为signaled状态的所有事件对象句柄的信息？"

答案是：只通过1次函数调用无法得到转为signaled状态的所有事件对象句柄的信息。通过该函数可以得到转为signaled状态的事件对象中的第一个（按数组中的保存顺序）索引值。但可以利用"事件对象为manual-reset模式"的特点，通过如下方式获得所有signaled状态的事件对象。

```
int posInfo, startIdx, i;
. . . . . .
```

```
posInfo = WSAWaitForMultipleEvents(numOfSock, hEventArray, FALSE, WSA_INFINITE,
FALSE);
startIdx = posInfo - WSA_WAIT_EVENT_0;
. . . . . .
for(i = startIdx; i < numOfSock; i++)
{
    int sigEventIdx = WSAWaitForMultipleEvents(1, &hEventArray[i], TRUE, 0, FALSE);
    . . . . . .
}
```

注意观察上述代码中的循环。循环中从第一个事件对象到最后一个事件对象逐一依序验证是否转为signaled状态（超时信息为0，所以调用函数后立即返回）。之所以能做到这一点，完全是因为事件对象为manual-reset模式，这也解释了为何在异步通知I/O模型中事件对象必须为manual-reset模式。

区分事件类型

既然已经通过WSAWaitForMultipleEvents函数得到了转为signaled状态的事件对象，最后就要确定相应对象进入signaled状态的原因。为完成该任务，我们引入如下函数。调用此函数时，不仅需要signaled状态的事件对象句柄，还需要与之连接的（由WSAEventSelect函数调用引发的）发生事件的套接字句柄。

```
#include <winsock2.h>

int WSAEnumNetworkEvents(
    SOCKET s, WSAEVENT hEventObject, LPWSANETWORKEVENTS lpNetworkEvents);

    → 成功时返回 0，失败时返回 SOCKET_ERROR。
```

- s　发生事件的套接字句柄。
- hEventObject　与套接字相连的(由WSAEventSelect函数调用引发的)signaled状态的事件对象句柄。
- lpNetworkEvents　保存发生的事件类型信息和错误信息的WSANETWORKEVENTS结构体变量地址值。

上述函数将manual-reset模式的事件对象改为non-signaled状态，所以得到发生的事件类型后，不必单独调用ResetEvent函数。下面介绍与上述函数有关的WSANETWORKEVENTS结构体。

```
typedef struct _WSANETWORKEVENTS
{
    long lNetworkEvents;
    int iErrorCode[FD_MAX_EVENTS];
```

```
} WSANETWORKEVENTS, * LPWSANETWORKEVENTS;
```

上述结构体的lNetworkEvents成员将保存发生的事件信息。与WSAEventSelect函数的第三个参数相同，需要接收数据时，该成员为FD_READ；有连接请求时，该成员为FD_ACCEPT。因此，可通过如下方式查看发生的事件类型。

```
WSANETWORKEVENTS netEvents;
. . . . .
WSAEnumNetworkEvents(hSock, hEvent, &netEvents);
if(netEvents.lNetworkEvents & FD_ACCEPT)
{
    //FD_ACCEPT 事件的处理
}
if(netEvents.lNetworkEvents & FD_READ)
{
    //FD_READ 事件的处理
}
if(netEvents.lNetworkEvents & FD_CLOSE)
{
    //FD_CLOSE 事件的处理
}
```

另外，错误信息将保存到声明为成员的iErrorCode数组（发生错误的原因可能很多，因此用数组声明）。验证方法如下。

21

- 如果发生FD_READ相关错误，则在iErrorCode[FD_READ_BIT]中保存除0以外的其他值。
- 如果发生FD_WRITE相关错误，则在iErrorCode[FD_WRITE_BIT]中保存除0以外的其他值。

可通过如下描述理解上述内容。

> "如果发生FD_XXX相关错误，则在iErrorCode[FD_XXX_BIT]中保存除0以外的其他值"

因此可以用如下方式检查错误。

```
WSANETWORKEVENTS netEvents;
. . . . .
WSAEnumNetworkEvents(hSock, hEvent, &netEvents);
. . . . .
if(netEvents.iErrorCode[FD_READ_BIT] != 0)
{
```

```
    //发生 FD_READ 事件相关错误
}
```

以上就是异步通知I/O模型的全部内容，下面利用这些知识编写示例。

> **提示**
>
> **本来就是较难理解的部分**
>
> 理解并应用异步通知 I/O 模型是很难的，也许各位在阅读过程中没少叹气。函数调用关系也较为复杂，而且需要理解更多内容。但这是每个人都需要经历的过程，希望大家放松心态，经过一段时间后就能完全掌握。

利用异步通知 I/O 模型实现回声服务器端

下面要介绍的回声服务器端代码相对偏长，所以将分为几个部分逐个介绍。

❖ AsynNotiEchoServ_win.c One

```
#include <stdio.h>
#include <string.h>
#include <winsock2.h>

#define BUF_SIZE 100

void CompressSockets(SOCKET hSockArr[], int idx, int total);
void CompressEvents(WSAEVENT hEventArr[], int idx, int total);
void ErrorHandling(char *msg);

int main(int argc, char *argv[])
{
    WSADATA wsaData;
    SOCKET hServSock, hClntSock;
    SOCKADDR_IN servAdr, clntAdr;

    SOCKET hSockArr[WSA_MAXIMUM_WAIT_EVENTS];
    WSAEVENT hEventArr[WSA_MAXIMUM_WAIT_EVENTS];
    WSAEVENT newEvent;
    WSANETWORKEVENTS netEvents;

    int numOfClntSock=0;
    int strLen, i;
    int posInfo, startIdx;
    int clntAdrLen;
    char msg[BUF_SIZE];

    if(argc!=2) {
```

```
        printf("Usage: %s <port>\n", argv[0]);
        exit(1);
    }
    if(WSAStartup(MAKEWORD(2, 2), &wsaData) != 0)
        ErrorHandling("WSAStartup() error!");
```

首先是一些通用的声明和初始化部分，这不需要特别说明，只不过是把稍后用到的变量集中到了一起。下面介绍后续代码。

❖ AsynNotiEchoServ_win.c Two

```
    hServSock=socket(PF_INET, SOCK_STREAM, 0);
    memset(&servAdr, 0, sizeof(servAdr));
    servAdr.sin_family=AF_INET;
    servAdr.sin_addr.s_addr=htonl(INADDR_ANY);
    servAdr.sin_port=htons(atoi(argv[1]));

    if(bind(hServSock, (SOCKADDR*) &servAdr, sizeof(servAdr))==SOCKET_ERROR)
        ErrorHandling("bind() error");

    if(listen(hServSock, 5)==SOCKET_ERROR)
        ErrorHandling("listen() error");

    newEvent=WSACreateEvent();
    if(WSAEventSelect(hServSock, newEvent, FD_ACCEPT)==SOCKET_ERROR)
        ErrorHandling("WSAEventSelect() error");

    hSockArr[numOfClntSock]=hServSock;
    hEventArr[numOfClntSock]=newEvent;
    numOfClntSock++;
```


上述代码创建了用于接收客户端连接请求的服务器端套接字（监听套接字）。为了完成监听任务，针对FD_ACCEPT事件调用了WSAEventSelect函数。此处需要注意如下2条语句。

```
hSockArr[numOfClntSock] = hServSock;
hEventArr[numOfClntSock] = newEvent;
```

这段代码把通过WSAEventSelect函数连接的套接字和事件对象的句柄分别存入hSockArr和hEventArr数组，但应该维持它们之间的关系。也就是说，应该可以通过hSockArr[idx]找到连接到套接字的事件对象，反之，也可以通过hEventArr[idx]找到连接到事件对象的套接字。因此，该示例将套接字和事件对象句柄保存到数组时统一了保存位置。也就有了下列公式（程序中应该遵守该公式）。

- 与hSockArr[n]中的套接字相连的事件对象应保存到hEventArr[n]。
- 与hEventArr[n]中的事件对象相连的套接字应保存到hSockArr[n]。

下面介绍后续的while循环部分，之前学习的大部分知识都集中于此。特别是验证转为signaled

状态的事件对象句柄的方法、查看发生事件类型的方法、检查错误的方法等，希望各位在此基础上分析下列代码。

❖ AsynNotiEchoServ_win.c Three

```
while(1)
{
    posInfo=WSAWaitForMultipleEvents(
        numOfClntSock, hEventArr, FALSE, WSA_INFINITE, FALSE);
    startIdx=posInfo-WSA_WAIT_EVENT_0;

    for(i=startIdx; i<numOfClntSock; i++)
    {
        int sigEventIdx=
            WSAWaitForMultipleEvents(1, &hEventArr[i], TRUE, 0, FALSE);
        if((sigEventIdx==WSA_WAIT_FAILED || sigEventIdx==WSA_WAIT_TIMEOUT))
        {
            continue;
        }
        else
        {
            sigEventIdx=i;
            WSAEnumNetworkEvents(
                hSockArr[sigEventIdx], hEventArr[sigEventIdx], &netEvents);
            if(netEvents.lNetworkEvents & FD_ACCEPT) //请求连接时
            {
                if(netEvents.iErrorCode[FD_ACCEPT_BIT]!=0)
                {
                    puts("Accept Error");
                    break;
                }
                clntAdrLen=sizeof(clntAdr);
                hClntSock=accept(
                    hSockArr[sigEventIdx], (SOCKADDR*)&clntAdr, &clntAdrLen);
                newEvent=WSACreateEvent();
                WSAEventSelect(hClntSock, newEvent, FD_READ|FD_CLOSE);

                hEventArr[numOfClntSock]=newEvent;
                hSockArr[numOfClntSock]=hClntSock;
                numOfClntSock++;
                puts("connected new client...");
            }

            if(netEvents.lNetworkEvents & FD_READ) // 接收数据时
            {
                if(netEvents.iErrorCode[FD_READ_BIT]!=0)
                {
                    puts("Read Error");
                    break;
                }
                strLen=recv(hSockArr[sigEventIdx], msg, sizeof(msg), 0);
                send(hSockArr[sigEventIdx], msg, strLen, 0);
```

```
                }

                if(netEvents.lNetworkEvents & FD_CLOSE) // 断开连接时
                {
                    if(netEvents.iErrorCode[FD_CLOSE_BIT]!=0)
                    {
                        puts("Close Error");
                        break;
                    }
                    WSACloseEvent(hEventArr[sigEventIdx]);
                    closesocket(hSockArr[sigEventIdx]);

                    numOfClntSock--;
                    CompressSockets(hSockArr, sigEventIdx, numOfClntSock);
                    CompressEvents(hEventArr, sigEventIdx, numOfClntSock);
                }
            }
        }
    }
    WSACleanup();
    return 0;
} // end of main function
```

最后给出上述代码中调用的2个函数CompressSockets和CompressEvents。

❖ AsynNotiEchoServ_win.c Four

```
void CompressSockets(SOCKET hSockArr[], int idx, int total)
{
    int i;
    for(i=idx; i<total; i++)
        hSockArr[i]=hSockArr[i+1];
}

void CompressEvents(WSAEVENT hEventArr[], int idx, int total)
{
    int i;
    for(i=idx; i<total; i++)
        hEventArr[i]=hEventArr[i+1];
}

void ErrorHandling(char *msg)
{
    fputs(msg, stderr);
    fputc('\n', stderr);
    exit(1);
}
```


断开连接并从数组中删除套接字及与之相连的事件对象时调用上述2个函数（以Compress…开头），它们主要用于填充数组空间，只有同时调用才能维持套接字和事件对象之间的关系。

既然分析了所有代码，本应给出运行结果，但因其与之前的回声服务器端/客户端并无差异，故省略。另外，上述示例可以与任意回声客户端配合运行，各位可以选择Windows平台下的回声客户端作为配套程序。

21.3 习题

(1) 结合send & recv函数解释同步和异步方式的I/O。并请说明同步I/O的缺点，以及怎样通过异步I/O进行解决。

(2) 异步I/O并不是所有情况下的最佳选择。它具有哪些缺点？何种情况下同步I/O更优？可以参考异步I/O相关源代码，亦可结合线程进行说明。

(3) 判断下列关于select模型描述的正误。

- select模型通过函数的返回值通知I/O相关事件，故可视为通知I/O模型。(　)
- select模型中I/O相关事件的发生时间点和函数返回的时间点一致，故不属于异步模型。(　)
- WSAEventSelect函数可视为select方式的异步模型，因为该函数的I/O相关事件的通知方式为异步方式。(　)

(4) 请从源代码的角度说明select函数和WSAEventSelect函数在使用上的差异。

(5) 第17章的epoll可以在条件触发和边缘触发这2种方式下工作。哪种方式更适合异步I/O模型？为什么？请概括说明。

(6) Linux中的epoll同样属于异步I/O模型。请说明原因。

(7) 如何获取WSAWaitForMultipleEvents函数可以监视的最大句柄数？请编写代码读取该值。

(8) 为何异步通知I/O模型中的事件对象必须是manual-reset模式？

(9) 请在本章的通知I/O模型的基础上编写聊天服务器端。要求该服务器端能够结合第20章的聊天客户端chat_clnt_win.c运行。

第22章

重叠I/O模型

22

本章的重叠I/O与异步有很大关系，若各位尚未完全理解异步的含义，请尽快复习，并掌握不同环境下区分同步和异步的能力。

22.1 理解重叠 I/O 模型

第21章异步处理的并非I/O，而是“通知”。本章讲解的才是以异步方式处理I/O的方法。只有理解了二者的区别和各自的优势，才能更轻松地学习第23章的IOCP。

重叠 I/O

其实各位对于重叠I/O并不陌生。大家已经掌握了异步I/O。我通过图21-2说明过异步I/O模型，实际上，这种异步I/O就相当于重叠I/O。下面我将讲解重叠I/O，各位可自行判断二者是否相似。图22-1给出重叠I/O的原理。

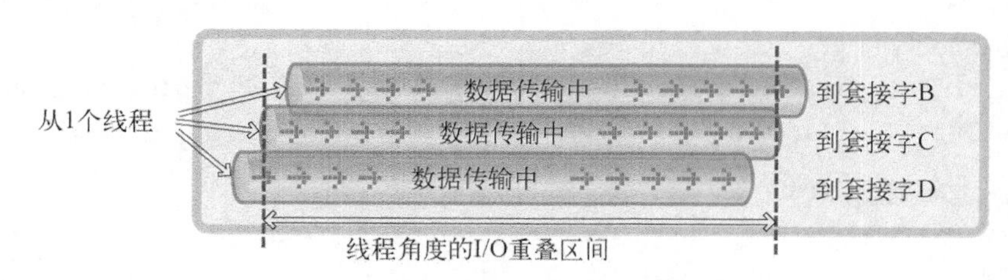

图22-1　重叠I/O模型

如图22-1所示，同一线程内部向多个目标传输（或从多个目标接收）数据引起的I/O重叠现象称为“重叠I/O”。为了完成这项任务，调用的I/O函数应立即返回，只有这样才能发送后续数据。从结果上看，利用上述模型收发数据时，最重要的前提条件就是异步I/O。而且，为了完成异步I/O，调用的I/O函数应以非阻塞模式工作。

接下来的判断交给各位。异步I/O和重叠I/O之间是否存在差异众说纷纭，关键是要理解二者关系。异步方式进行I/O处理时，即使不采用本章介绍的方式，也可以通过其他方法构造如图22-1所示的I/O处理方式。因此，我认为不用明确区分。

本章讨论的重叠 I/O 的重点不在于 I/O

前面对异步I/O和重叠I/O进行了比较，这些内容看似是本章的全部理论说明，但其实还未进入重叠I/O的正题。因为Windows中重叠I/O的重点并非I/O本身，而是如何确认I/O完成时的状态。不管是输入还是输出，只要是非阻塞模式的，就要另外确认执行结果。关于这种确认方法我们还一无所知。确认执行结果前需要经过特殊的处理过程，这就是本章要讲述的内容。Windows中的重叠I/O不仅包含图22-1所示的I/O（这是基础），还包含确认IO完成状态的方法。

> **提示**
>
> **后文中的重叠 I/O**
>
> 后面提到的“重叠 I/O”不仅包含图 22-1 中的 I/O 模型（再次强调，这是基础），还包含确认 I/O 完成状态的方法，同时也指 Windows 平台下的重叠 I/O 模型。

创建重叠 I/O 套接字

首先要创建适用于重叠I/O的套接字，可以通过如下函数完成。

```
#include <winsock2.h>

SOCKET WSASocket(
    int af, int type, int protocol, LPWSAPROTOCOL_INFO lpProtocolInfo, GROUP g,
DWORD dwFlags);
```

➔ 成功时返回套接字句柄，失败时返回 INVALID_SOCKET。

- af　协议族信息。
- type　套接字数据传输方式。
- protocol　2个套接字之间使用的协议信息。
- lpProtocolInfo　包含创建的套接字信息的WSAPROTOCOL_INFO结构体变量地址值，不需要时传递NULL。
- g　为扩展函数而预约的参数，可以使用0。
- dwFlags　套接字属性信息。

各位对前3个参数比较熟悉，第四个和第五个参数与目前的工作无关，可以简单设置为NULL和0。可以向最后一个参数传递WSA_FLAG_OVERLAPPED，赋予创建出的套接字重叠I/O特性。总之，可以通过如下函数调用创建出可以进行重叠I/O的非阻塞模式的套接字。

```
WSASocket(PF_INET, SOCK_STREAM, 0, NULL, 0, WSA_FLAG_OVERLAPPED);
```

执行重叠 I/O 的 WSASend 函数

创建出具有重叠I/O属性的套接字后，接下来2个套接字（服务器端/客户端之间的）连接过程与一般的套接字连接过程相同，但I/O数据时使用的函数不同。先介绍重叠I/O中使用的数据输出函数。

```
#include <winsock2.h>

int WSASend(
    SOCKET s, LPWSABUF lpBuffers, DWORD dwBufferCount,
    LPDWORD lpNumberOfBytesSent, DWORD dwFlags, LPWSAOVERLAPPED
lpOverlapped,LPWSAOVERLAPPED_COMPLETION_ROUTINE lpCompletionRoutine);
```

➔ 成功时返回 0，失败时返回 SOCKET_ERROR。

- s　套接字句柄，传递具有重叠I/O属性的套接字句柄时，以重叠I/O模型输出。
- lpBuffers　WSABUF结构体变量数组的地址值，WSABUF中存有待传输数据。
- dwBufferCount　第二个参数中数组的长度。
- lpNumberOfBytesSent　用于保存实际发送字节数的变量地址值（稍后进行说明）。
- dwFlags　用于更改数据传输特性，如传递MSG_OOB时发送OOB模式的数据。
- lpOverlapped　WSAOVERLAPPED结构体变量的地址值，使用事件对象，用于确认完成数据传输。
- lpCompletionRoutine　传入Completion Routine函数的入口地址值，可以通过该函数确认是否完成数据传输。

接下来介绍上述函数的第二个结构体参数类型，该结构体中存有待传输数据的地址和大小等信息。

```
typedef struct __WSABUF
{
    u_long len;      // 待传输数据的大小
    char FAR * buf; // 缓冲地址值
} WSABUF, * LPWSABUF;
```

下面给出上述函数的调用示例。利用上述函数传输数据时可以按如下方式编写代码。

```
WSAEVENT event;
```

```
WSAOVERLAPPED overlapped;
WSABUF dataBuf;
char buf[BUF_SIZE] = {"待传输的数据"};
int recvBytes = 0;
. . . . .
event = WSACreateEvent();
memset(&overlapped, 0, sizeof(overlapped)); // 所有位初始化为 0!
overlapped.hEvent = event;
dataBuf.len = sizeof(buf);
dataBuf.buf = buf;
WSASend(hSocket, &dataBuf, 1, &recvBytes, 0, &overlapped, NULL);
. . . . .
```

调用WSASend函数时将第三个参数设置为1，因为第二个参数中待传输数据的缓冲个数为1。另外，多余参数均设置为NULL或0，其中需要注意第六个和第七个参数（稍后将具体解释，现阶段只需留意即可）。第六个参数中的WSAOVERLAPPED结构体定义如下。

```
typedef struct _WSAOVERLAPPED
{
    DWORD Internal;
    DWORD InternalHigh;
    DWORD Offset;
    DWORD OffsetHigh;
    WSAEVENT hEvent;
} WSAOVERLAPPED, * LPWSAOVERLAPPED;
```

Internal、InternalHigh成员是进行重叠I/O时操作系统内部使用的成员，而Offset、OffsetHigh同样属于具有特殊用途的成员。所以各位实际只需要关注hEvent成员，稍后将介绍该成员的使用方法。

> "为了进行重叠I/O，WSASend函数的lpOverlapped参数中应该传递有效的结构体变量地址值，而不是NULL。"

如果向lpOverlapped传递NULL，WSASend函数的第一个参数中的句柄所指的套接字将以阻塞模式工作。还需要了解以下这个事实，否则也会影响开发。

> "利用WSASend函数同时向多个目标传输数据时，需要分别构建传入第六个参数的WSAOVERLAPPED结构体变量。"

这是因为，进行重叠I/O的过程中，操作系统将使用WSAOVERLAPPED结构体变量。

关于 WSASend 再补充一点

前面谈到，通过WSASend函数的lpNumberOfBytesSent参数可以获得实际传输的数据大小。各位关于这一点不感到困惑吗？

“既然WSASend函数在调用后立即返回，那如何得到传输的数据大小呢？”

实际上，WSASend函数调用过程中，函数返回时间点和数据传输完成时间点并非总不一致。如果输出缓冲是空的，且传输的数据并不大，那么函数调用后可以立即完成数据传输。此时，WSASend函数将返回0，而lpNumberOfBytesSent中将保存实际传输的数据大小的信息。反之，WSASend函数返回后仍需要传输数据时，将返回SOCKET_ERROR，并将WSA_IO_PENDING注册为错误代码，该代码可以通过WSAGetLastError函数（稍后再介绍）得到。这时应该通过如下函数获取实际传输的数据大小。

```
#include <winsock2.h>

BOOL WSAGetOverlappedResult(
  SOCKET s, LPWSAOVERLAPPED lpOverlapped, LPDWORD lpcbTransfer, BOOL fWait,
LPDWORD lpdwFlags);

    → 成功时返回 TRUE，失败时返回 FALSE。
```

- s　进行重叠I/O的套接字句柄。
- lpOverlapped　进行重叠I/O时传递的WSAOVERLAPPED结构体变量的地址值。
- lpcbTransfer　用于保存实际传输的字节数的变量地址值。
- fWait　如果调用该函数时仍在进行I/O，fWait为TRUE时等待I/O完成，fWait为FALSE时将返回FALSE并跳出函数。
- lpdwFlags　调用WSARecv函数时，用于获取附加信息（例如OOB消息）。如果不需要，可以传递NULL。

通过此函数不仅可以获取数据传输结果，还可以验证接收数据的状态。如果给出示例前进行过多理论说明会使人感到乏味，所以稍后将通过示例讲解此函数的使用方法。

进行重叠 I/O 的 WSARecv 函数

有了WSASend函数的基础，WSARecv函数将不难理解。因为它们大同小异，只是在功能上有接收和传输之分。

```
#include <winsock2.h>

int WSARecv(
    SOCKETS, LPWSABUF lpBuffers, DWORD dwBufferCount,
    LPDWORD lpNumberOfBytesRecvd, LPDWORD lpFlags, LPWSAOVERLAPPED lpOverlapped,
    LPWSAOVERLAPPED_COMPLETION_ROUTINE lpCompletionRoutine
);
```

➔ 成功时返回0，失败时返回SOCKET_ERROR。

- s　　赋予重叠I/O属性的套接字句柄。
- lpBuffers　　用于保存接收数据的WSABUF结构体数组地址值。
- dwBufferCount　　向第二个参数传递的数组的长度。
- lpNumberOfBytesRecvd　　保存接收的数据大小信息的变量地址值。
- lpFlags　　用于设置或读取传输特性信息。
- lpOverlapped　　WSAOVERLAPPED结构体变量地址值。
- lpCompletionRoutine　　Completion Routine函数地址值。

关于上述函数的使用方法将同样结合示例进行说明。

以上就是重叠I/O中的数据I/O方法，下一节将介绍I/O完成及如何确认结果。

知识补给站　Gather/Scatter I/O

Gather/Scatter I/O是指，将多个缓冲中的数据累积到一定程度后一次性传输(Gather输出)，将接收的数据分批保存(Scatter输入)。第13章的writev & readv函数具有Gather/Scatter I/O功能，但Windows下并没有这些函数的定义。不过，可以通过重叠I/O中的WSASend和WSARecv函数获得类似功能。刚才讲了这2个函数，从它们的第二个和第三个参数中可以判断其具有Gather/Scatter I/O功能。

22.2　重叠I/O的I/O完成确认

重叠I/O中有2种方法确认I/O的完成并获取结果。

- ❑ 利用WSASend、WSARecv函数的第六个参数，基于事件对象。
- ❑ 利用WSASend、WSARecv函数的第七个参数，基于Completion Routine。

只有理解了这2种方法，才能算是掌握了重叠I/O（其实比22.1节更重要）。首先介绍利用第六个参数的方法。

使用事件对象

之前已经介绍了WSASend、WSARecv函数的第六个参数——WSAOVERLAPPED结构体，因此直接给出示例。希望各位通过该示例验证如下2点。

- 完成I/O时，WSAOVERLAPPED结构体变量引用的事件对象将变为signaled状态。
- 为了验证I/O的完成和完成结果，需要调用WSAGetOverlappedResult函数。

需要说明的是，该示例的目的在于整理之前的一系列知识点。因此，推荐各位在此基础上自行编写可以体现重叠I/O优点的示例。

❖ OverlappedSend_win.c

```
1.  #include <stdio.h>
2.  #include <stdlib.h>
3.  #include <winsock2.h>
4.  void ErrorHandling(char *msg);
5.
6.  int main(int argc, char *argv[])
7.  {
8.      WSADATA wsaData;
9.      SOCKET hSocket;
10.     SOCKADDR_IN sendAdr;
11.
12.     WSABUF dataBuf;
13.     char msg[]="Network is Computer!";
14.     int sendBytes=0;
15.
16.     WSAEVENT evObj;
17.     WSAOVERLAPPED overlapped;
18.
19.     if(argc!=3) {
20.         printf("Usage: %s <IP> <port>\n", argv[0]);
21.         exit(1);
22.     }
23.     if(WSAStartup(MAKEWORD(2, 2), &wsaData)!=0)
24.         ErrorHandling("WSAStartup() error!");
25.
26.     hSocket=WSASocket(PF_INET, SOCK_STREAM, 0, NULL, 0, WSA_FLAG_OVERLAPPED);
27.     memset(&sendAdr, 0, sizeof(sendAdr));
28.     sendAdr.sin_family=AF_INET;
29.     sendAdr.sin_addr.s_addr=inet_addr(argv[1]);
30.     sendAdr.sin_port=htons(atoi(argv[2]));
31.
32.     if(connect(hSocket, (SOCKADDR*)&sendAdr, sizeof(sendAdr))==SOCKET_ERROR)
33.         ErrorHandling("connect() error!");
34.
35.     evObj=WSACreateEvent();
36.     memset(&overlapped, 0, sizeof(overlapped));
37.     overlapped.hEvent=evObj;
38.     dataBuf.len=strlen(msg)+1;
39.     dataBuf.buf=msg;
```

```
40.
41.     if(WSASend(hSocket, &dataBuf, 1, &sendBytes, 0, &overlapped, NULL)
42.         ==SOCKET_ERROR)
43.     {
44.         if(WSAGetLastError()==WSA_IO_PENDING)
45.         {
46.             puts("Background data send");
47.             WSAWaitForMultipleEvents(1, &evObj, TRUE, WSA_INFINITE, FALSE);
48.             WSAGetOverlappedResult(hSocket, &overlapped, &sendBytes, FALSE, NULL);
49.         }
50.         else
51.         {
52.             ErrorHandling("WSASend() error");
53.         }
54.     }
55.
56.     printf("Send data size: %d \n", sendBytes);
57.     WSACloseEvent(evObj);
58.     closesocket(hSocket);
59.     WSACleanup();
60.     return 0;
61. }
62.
63. void ErrorHandling(char *msg)
64. {
65.     fputs(msg, stderr);
66.     fputc('\n', stderr);
67.     exit(1);
68. }
```

- 第35~39行：创建事件对象并初始化待传输数据的缓冲。
- 第41行：该语句中调用的WSASend函数若不返回SOCKET_ERROR，则说明数据传输完成，所以sendBytes中的值有意义。
- 第44行：第41行调用的WSASend函数返回SOCKET_ERROR，第44行的WSAGetLastError函数返回WSA_IO_PENDING时，意味着数据传输尚未完成，仍处于传输状态。此时，sendBytes中的数据没有意义。
- 第47、48行：完成数据传输时，通过第37行注册的事件对象进入signaled状态，故可通过第47行的函数调用等待数据传输完成。完成数据传输后，可以通过第48行的函数调用获取传输结果。

上述示例的第44行调用的WSAGetLastError函数的定义如下。调用套接字相关函数后，可以通过该函数获取错误信息。

```
#include <winsock2.h>

int WSAGetLastError(void);
```

→ 返回错误代码（表示错误原因）。

上述示例中该函数的返回值为WSA_IO_PENDING，由此可以判断WSASend函数的调用结果并非发生了错误，而是尚未完成（Pending）的状态。下面介绍与上述示例配套使用的Receiver，该示例的结构与之前的Sender类似。

❖ OverlappedRecv_win.c

```
1.  #include <stdio.h>
2.  #include <stdlib.h>
3.  #include <winsock2.h>
4.  
5.  #define BUF_SIZE 1024
6.  void ErrorHandling(char *message);
7.  
8.  int main(int argc, char* argv[])
9.  {
10.     WSADATA wsaData;
11.     SOCKET hLisnSock, hRecvSock;
12.     SOCKADDR_IN lisnAdr, recvAdr;
13.     int recvAdrSz;
14. 
15.     WSABUF dataBuf;
16.     WSAEVENT evObj;
17.     WSAOVERLAPPED overlapped;
18. 
19.     char buf[BUF_SIZE];
20.     int recvBytes=0, flags=0;
21.     if(argc!=2) {
22.         printf("Usage : %s <port>\n", argv[0]);
23.         exit(1);
24.     }
25.     if(WSAStartup(MAKEWORD(2, 2), &wsaData)!=0)
26.         ErrorHandling("WSAStartup() error!");
27. 
28.     hLisnSock=WSASocket(PF_INET, SOCK_STREAM, 0, NULL, 0, WSA_FLAG_OVERLAPPED);
29.     memset(&lisnAdr, 0, sizeof(lisnAdr));
30.     lisnAdr.sin_family=AF_INET;
31.     lisnAdr.sin_addr.s_addr=htonl(INADDR_ANY);
32.     lisnAdr.sin_port=htons(atoi(argv[1]));
33. 
34.     if(bind(hLisnSock, (SOCKADDR*) &lisnAdr, sizeof(lisnAdr))==SOCKET_ERROR)
35.         ErrorHandling("bind() error");
36.     if(listen(hLisnSock, 5)==SOCKET_ERROR)
37.         ErrorHandling("listen() error");
38. 
39.     recvAdrSz=sizeof(recvAdr);
40.     hRecvSock=accept(hLisnSock, (SOCKADDR*)&recvAdr,&recvAdrSz);
41. 
42.     evObj=WSACreateEvent();
43.     memset(&overlapped, 0, sizeof(overlapped));
44.     overlapped.hEvent=evObj;
45.     dataBuf.len=BUF_SIZE;
46.     dataBuf.buf=buf;
```

```
47.
48.     if(WSARecv(hRecvSock, &dataBuf, 1, &recvBytes, &flags, &overlapped, NULL)
49.         ==SOCKET_ERROR)
50.     {
51.         if(WSAGetLastError()==WSA_IO_PENDING)
52.         {
53.             puts("Background data receive");
54.             WSAWaitForMultipleEvents(1, &evObj, TRUE, WSA_INFINITE, FALSE);
55.             WSAGetOverlappedResult(hRecvSock, &overlapped, &recvBytes, FALSE, NULL);
56.         }
57.         else
58.         {
59.             ErrorHandling("WSARecv() error");
60.         }
61.     }
62.
63.     printf("Received message: %s \n", buf);
64.     WSACloseEvent(evObj);
65.     closesocket(hRecvSock);
66.     closesocket(hLisnSock);
67.     WSACleanup();
68.     return 0;
69. }
70.
71. void ErrorHandling(char *message)
72. {
73.     //与示例Overlappedsend_win.c的ErrorHandling函数一致。
74. }
```

- 第48行：若WSARecv函数没有返回SOCKET_ERROR，则说明已完成数据接收。此时，recvBytes中保存的值是有意义的。
- 第51行：WSARecv函数返回SOCKET_ERROR、WSAGetLastError函数返回WSA_IO_PENDING时，说明正在接收数据。
- 第54、55行：通过第54行的函数调用验证是否完成数据接收，通过第55行的函数调用获取接收数据的结果。

各位若分析过OverlappedSend_win.c示例，应该很容易理解上述Receiver代码。下面给出运行结果。如果在1台计算机上同时运行Sender和Receiver，即使交换足够多的数据量也很难观察到I/O的Pending（未完成I/O的）情况。因此，大家更应该理解上述示例演示的内容，而非运行结果。

❖ 运行结果：OverlappedSend_win.c

```
Send data size: 21
```

❖ 运行结果：OverlappedRecv_win.c

```
Received messsage: Network is Computer!
```

使用 Completion Routine 函数

前面的示例通过事件对象验证了I/O完成与否，下面介绍如何通过WSASend、WSARecv函数的最后一个参数中指定的Completion Routine（以下简称CR）函数验证I/O完成情况。“注册CR”具有如下含义：

“Pending的I/O完成时调用此函数！”

I/O完成时调用注册过的函数进行事后处理，这就是Completion Routine的运作方式。如果执行重要任务时突然调用Completion Routine，则有可能破坏程序的正常执行流。因此，操作系统通常会预先定义规则：

“只有请求I/O的线程处于alertable wait状态时才能调用Completion Routine函数！”

“alertable wait状态”是等待接收操作系统消息的线程状态。调用下列函数时进入alertable wait状态。

- WaitForSingleObjectEx
- WaitForMultipleObjectsEx
- WSAWaitForMultipleEvents
- SleepEx

第一、第二、第四个函数提供的功能与WaitForSingleObject、WaitForMultipleObjects、Sleep函数相同。上述函数只增加了1个参数，如果该参数为TRUE，则相应线程将进入alertable wait状态。另外，第21章介绍过以WSA为前缀的函数，该函数的最后一个参数设置为TRUE时，线程同样进入alertable wait状态。因此，启动I/O任务后，执行完紧急任务时可以调用上述任一函数验证I/O完成与否。此时操作系统知道线程进入alertable wait状态，如果有已完成的I/O，则调用相应Completion Routine函数。 调用后，上述函数将全部返回WAIT_IO_COMPLETION，并开始执行接下来的程序。

以上就是Completion Routine函数相关的全部理论说明。下面将之前的OverlappedRecv_win.c改为Completion Routine方式。

❖ CmplRoutinesRecv_win.c

```
1.  #include <stdio.h>
2.  #include <stdlib.h>
3.  #include <winsock2.h>
4.
5.  #define BUF_SIZE 1024
6.  void CALLBACK CompRoutine(DWORD, DWORD, LPWSAOVERLAPPED, DWORD);
7.  void ErrorHandling(char *message);
8.
9.  WSABUF dataBuf;
```

```
10. char buf[BUF_SIZE];
11. int recvBytes=0;
12.
13. int main(int argc, char* argv[])
14. {
15.     WSADATA wsaData;
16.     SOCKET hLisnSock, hRecvSock;
17.     SOCKADDR_IN lisnAdr, recvAdr;
18.
19.     WSAOVERLAPPED overlapped;
20.     WSAEVENT evObj;
21.
22.     int idx, recvAdrSz, flags=0;
23.     if(argc!=2) {
24.         printf("Usage: %s <port>\n", argv[0]);
25.         exit(1);
26.     }
27.     if(WSAStartup(MAKEWORD(2, 2), &wsaData) != 0)
28.         ErrorHandling("WSAStartup() error!");
29.
30.     hLisnSock=WSASocket(PF_INET, SOCK_STREAM, 0, NULL, 0, WSA_FLAG_OVERLAPPED);
31.     memset(&lisnAdr, 0, sizeof(lisnAdr));
32.     lisnAdr.sin_family=AF_INET;
33.     lisnAdr.sin_addr.s_addr=htonl(INADDR_ANY);
34.     lisnAdr.sin_port=htons(atoi(argv[1]));
35.
36.     if(bind(hLisnSock, (SOCKADDR*) &lisnAdr, sizeof(lisnAdr))==SOCKET_ERROR)
37.         ErrorHandling("bind() error");
38.     if(listen(hLisnSock, 5)==SOCKET_ERROR)
39.         ErrorHandling("listen() error");
40.
41.     recvAdrSz=sizeof(recvAdr);
42.     hRecvSock=accept(hLisnSock, (SOCKADDR*)&recvAdr,&recvAdrSz);
43.     if(hRecvSock==INVALID_SOCKET)
44.         ErrorHandling("accept() error");
45.
46.     memset(&overlapped, 0, sizeof(overlapped));
47.     dataBuf.len=BUF_SIZE;
48.     dataBuf.buf=buf;
49.     evObj=WSACreateEvent();          // Dummy event object
50.
51.     if(WSARecv(hRecvSock, &dataBuf, 1, &recvBytes, &flags, &overlapped, CompRoutine)
52.         ==SOCKET_ERROR)
53.     {
54.         if(WSAGetLastError()==WSA_IO_PENDING)
55.             puts("Background data receive");
56.     }
57.
58.     idx=WSAWaitForMultipleEvents(1, &evObj, FALSE, WSA_INFINITE, TRUE);
59.     if(idx==WAIT_IO_COMPLETION)
60.         puts("Overlapped I/O Completed");
61.     else    // If error occurred!
62.         ErrorHandling("WSARecv() error");
63.
```

```
64.     WSACloseEvent(evObj);
65.     closesocket(hRecvSock);
66.     closesocket(hLisnSock);
67.     WSACleanup();
68.     return 0;
69. }
70.
71. void CALLBACK CompRoutine(
72.     DWORD dwError, DWORD szRecvBytes, LPWSAOVERLAPPED lpOverlapped, DWORD flags)
73. {
74.     if(dwError!=0)
75.     {
76.         ErrorHandling("CompRoutine error");
77.     }
78.     else
79.     {
80.         recvBytes=szRecvBytes;
81.         printf("Received message: %s \n", buf);
82.     }
83. }
84.
85. void ErrorHandling(char *message)
86. {
87.     // 与之前示例的ErrorHandling函数一致，故省略。
88. }
```

- 第51行：调用WSARecv函数的同时向第七个参数传递Completion Routine函数的地址值。可在第71行找到Completion Routine函数的定义。需要注意，即使采用Completion Routine方式，也必须指定第六个参数WSAOVERLAPPED结构体变量的地址值。但不必为了hEvent成员的初始化而创建事件对象。
- 第54行：用于验证接收数据的操作是否为Pending状态。
- 第58行：为了使main线程进入alertable wait状态而调用的函数。为了调用此函数，第49行创建了多余的事件对象——Dummy Object。使用SleepEx函数即可避免Dummy Object的产生。
- 第59行：返回常量WAIT_IO_COMPLETION意味着I/O正常结束。
- 第71行：Completion Routine函数原型固定不变（返回值、参数及参数个数）。

22

下面给出结合OverlappedSend_win.c运行时的结果。由于在1台计算机中运行，且交换的数据量不大，所以I/O不会进入Pending状态。

❖ 运行结果：OverlappedSend_win.c

```
Send data size: 21
```

❖ 运行结果：CmplRoutinesRecv_win.c

```
Received message: Network is Computer!
Overlapped I/O Completed
```

下面给出传入WSARecv函数的最后一个参数的Completion Routine函数原型。

```
void CALLBACK CompletionROUTINE(
    DWORD dwError, DWORD cbTransferred, LPWSAOVERLAPPED lpOverlapped,
        DWORD dwFlags);
```

其中第一个参数中写入错误信息（正常结束时写入0），第二个参数中写入实际收发的字节数。第三个参数中写入WSASend、WSARecv函数的参数lpOverlapped，dwFlags中写入调用I/O函数时传入的特性信息或0。另外，返回值类型void后插入的CALLBACK关键字与main函数中声明的关键字WINAPI相同，都是用于声明函数的调用规范，所以定义Completion Routine函数时必须添加。

本章介绍了不少内容，这些都是为了理解第23章的IOCP而讲解的。可以说，本章是学习第23章的必要条件，请各位务必掌握本章内容。

> **提　示**
>
> **重叠 I/O 的讲解尚未结束**
>
> 第 23 章将利用本章介绍的重叠 I/O 编写回声服务器端，并讲解重叠 I/O 的改进方案——IOCP。

22.3　习题

(1) 异步通知I/O模型与重叠I/O模型在异步处理方面有哪些区别？

(2) 请分析非阻塞I/O、异步I/O、重叠I/O之间的关系。

(3) 阅读如下代码，请指出问题并给出解决方案。

```
while(1) {
    hRecvSock = accept(hLisnSock, (SOCKADDR * ) & recvAdr, &recvAdrSz);
    evObj = WSACreateEvent();
    memset(&overlapped, 0, sizeof(overlapped));
    overlapped.hEvent = evObj;
    dataBuf.len = BUF_SIZE;
    dataBuf.buf = buf;
    WSARecv(hRecvSock, &dataBuf, 1, &recvBytes, &flags, &overlapped, NULL);
}
```

虽然并不完整，但足以通过这部分代码片段发现结构上存在的问题。

(4) 请从源代码角度说明调用WSASend函数后如何验证I/O是否进入Pending状态。

(5) 线程的“alertable wait状态”的含义是什么？说出能使线程进入这种状态的2个函数。

第 23 章 IOCP

23

本章将介绍最后一个 Windows 扩展 I/O 模型，它是性能最好的 Windows 平台 I/O 模型，同时也是最难学习的模型。但有了第 22 章内容的铺垫，相信各位也能轻松驾驭。

23.1 通过重叠 I/O 理解 IOCP

本章的IOCP（Input Output Completion Port，输入输出完成端口）服务器端模型是很多Windows程序员关注的焦点。各位若急于求成而跳过了第21章的内容，建议大家最好回顾一下。因为第21章和第22章介绍了本章的背景知识，而且，关于IOCP的内容实际上是从第22章开始的。

热门话题：epoll 和 IOCP 的性能比较

为了突破select等传统I/O模型的极限，每种操作系统（内核级别）都会提供特有的I/O模型以提高性能。其中最具代表性的有Linux的epoll、BSD的kqueue及本章的Windows的IOCP。它们都在操作系统级别提供支持并完成功能，但此处有一个持续性的争论热点：

“epoll快还是IOCP快？”

对此的争论仍然可以在雅虎网站上看到，有时甚至会走入极端。因为服务器端的响应时间和并发服务数是衡量服务器端好坏的重要因素，所以存在这种争论也可以理解。但对于像我这种普通人来讲，这2种模型已经非常优秀了，因此几乎不会发生如下这种情况。至少我和我周围的开发人员之间未曾有过这类讨论。

“基于epoll实现的服务器端在并发数量上有缺陷，但换成IOCP后没有任何问题！”
“IOCP的响应时间太慢是个问题，换成epoll后就解决了！”

另外，在硬件性能和分配带宽充足的情况下，如果响应时间和并发数量出了问题，我会首先怀疑如下两点，修正后通常会解决大部分问题。

- 低效的I/O结构或低效的CPU使用
- 数据库设计和查询语句（Query）的结构

如果有人问为何IOCP相对更优（通常是网上的言论），我会回答：“不太清楚。”虽然IOCP拥有其他I/O模型不具备的优点，但这并非左右服务器端性能的绝对因素，而且不可能在任何情况下都体现这种优点。它们之间的差异主要在于操作系统内部的工作机制。当然，最终还是要靠各位自行判断。我只是想说，周围也有不少开发人员与我观点一致。

实现非阻塞模式的套接字

第22章中只介绍了执行重叠I/O的Sender和Receiver，但还未利用该模型实现过服务器端。因此，我们先利用重叠I/O模型实现回声服务器端。首先介绍创建非阻塞模式套接字的方法。我们曾在第17章创建过非阻塞模式的套接字，与之类似，在Windows中通过如下函数调用将套接字属性改为非阻塞模式。

```
SOCKET hLisnSock,
int mode = 1;
. . . . .
hListSock = WSASocket(PF_INET, SOCK_STREAM, 0, NULL, 0, WSA_FLAG_OVERLAPPED);
ioctlsocket(hLisnSock, FIONBIO, &mode); //for non-blocking socket
. . . . .
```

上述代码中调用的ioctlsocket函数负责控制套接字I/O方式，其调用具有如下含义：

“将hLisnSock句柄引用的套接字I/O模式（FIONBIO）改为变量mode中指定的形式。”

也就是说，FIONBIO是用于更改套接字I/O模式的选项，该函数的第三个参数中传入的变量中若存有0，则说明套接字是阻塞模式的；如果存有非0值，则说明已将套接字模式改为非阻塞模式。改为非阻塞模式后，除了以非阻塞模式进行I/O外，还具有如下特点。

- 如果在没有客户端连接请求的状态下调用accept函数，将直接返回INVALID_SOCKET。调用WSAGetLastError函数时返回WSAEWOULDBLOCK。
- 调用accept函数时创建的套接字同样具有非阻塞属性。

因此，针对非阻塞套接字调用accept函数并返回INVALID_SOCKET时，应该通过WSAGetLastError函数确认返回INVALID_SOCKET的理由，再进行适当处理。

以纯重叠 I/O 方式实现回声服务器端

要想实现基于重叠I/O的服务器端，必须具备非阻塞套接字，所以先介绍了其创建方法。实际上，因为有IOCP模型，所以很少有人只用重叠I/O实现服务器端。但我认为：“为了正确理解

IOCP，应当尝试用纯重叠I/O方式实现服务器端。”

即使坚持不用IOCP，也应具备仅用重叠I/O方式实现类似IOCP的服务器端的能力。这样就可以在其他操作系统平台实现类似IOCP方式的服务器端，而且不会因IOCP的限制而忽略服务器端功能的实现。

下面用纯重叠I/O模型实现回声服务器端，希望各位亲自动手一试。接下来介绍示例，由于代码量较大，我们分3个部分学习。

❖ CmplRouEchoServ_win.c：main函数之前

```
1.  #include <stdio.h>
2.  #include <stdlib.h>
3.  #include <winsock2.h>
4.  
5.  #define BUF_SIZE 1024
6.  void CALLBACK ReadCompRoutine(DWORD, DWORD, LPWSAOVERLAPPED, DWORD);
7.  void CALLBACK WriteCompRoutine(DWORD, DWORD, LPWSAOVERLAPPED, DWORD);
8.  void ErrorHandling(char *message);
9.  
10. typedef struct
11. {
12.     SOCKET hClntSock;
13.     char buf[BUF_SIZE];
14.     WSABUF wsaBuf;
15. } PER_IO_DATA, *LPPER_IO_DATA;
```

- 第10行：请注意观察此处的结构体。该结构体中包含套接字句柄、缓冲及缓冲相关信息。

该结构体中的信息足够进行数据交换，下列代码将介绍该结构体的填充及使用方法。

❖ CmplRouEchoServ_win.c：main函数

```
1.  int main(int argc, char* argv[])
2.  {
3.      WSADATA wsaData;
4.      SOCKET hLisnSock, hRecvSock;
5.      SOCKADDR_IN lisnAdr, recvAdr;
6.      LPWSAOVERLAPPED lpOvLp;
7.      DWORD recvBytes;
8.      LPPER_IO_DATA hbInfo;
9.      int mode=1, recvAdrSz, flagInfo=0;
10. 
11.     if(argc!=2) {
12.         printf("Usage: %s <port>\n", argv[0]);
13.         exit(1);
14.     }
```

```
15.
16.     if(WSAStartup(MAKEWORD(2, 2), &wsaData) != 0)
17.         ErrorHandling("WSAStartup() error!");
18.
19.     hLisnSock=WSASocket(PF_INET, SOCK_STREAM, 0, NULL, 0, WSA_FLAG_OVERLAPPED);
20.     ioctlsocket(hLisnSock, FIONBIO, &mode);   // for non-blocking mode socket
21.
22.     memset(&lisnAdr, 0, sizeof(lisnAdr));
23.     lisnAdr.sin_family=AF_INET;
24.     lisnAdr.sin_addr.s_addr=htonl(INADDR_ANY);
25.     lisnAdr.sin_port=htons(atoi(argv[1]));
26.
27.     if(bind(hLisnSock, (SOCKADDR*) &lisnAdr, sizeof(lisnAdr))==SOCKET_ERROR)
28.         ErrorHandling("bind() error");
29.     if(listen(hLisnSock, 5)==SOCKET_ERROR)
30.         ErrorHandling("listen() error");
31.
32.     recvAdrSz=sizeof(recvAdr);
33.     while(1)
34.     {
35.         SleepEx(100, TRUE);         // for alertable wait state
36.         hRecvSock=accept(hLisnSock, (SOCKADDR*)&recvAdr,&recvAdrSz);
37.         if(hRecvSock==INVALID_SOCKET)
38.         {
39.             if(WSAGetLastError()==WSAEWOULDBLOCK)
40.                 continue;
41.             else
42.                 ErrorHandling("accept() error");
43.         }
44.         puts("Client connected.....");
45.
46.         lpOvLp=(LPWSAOVERLAPPED)malloc(sizeof(WSAOVERLAPPED));
47.         memset(lpOvLp, 0, sizeof(WSAOVERLAPPED));
48.
49.         hbInfo=(LPPER_IO_DATA)malloc(sizeof(PER_IO_DATA));
50.         hbInfo->hClntSock=(DWORD)hRecvSock;
51.         (hbInfo->wsaBuf).buf=hbInfo->buf;
52.         (hbInfo->wsaBuf).len=BUF_SIZE;
53.
54.         lpOvLp->hEvent=(HANDLE)hbInfo;
55.         WSARecv(hRecvSock, &(hbInfo->wsaBuf),
56.             1, &recvBytes, &flagInfo, lpOvLp, ReadCompRoutine);
57.     }
58.     closesocket(hRecvSock);
59.     closesocket(hLisnSock);
60.     WSACleanup();
61.     return 0;
62. }
```

- 第19、20行：第20行将第19行创建的套接字改为非阻塞模式。套接字创建后默认为阻塞模式，故需要转换。
- 第33、36行：第33行的while循环中调用accept函数。套接字是非阻塞模式的，因此特别需要注意返回INVALID_SOCKET时的处理过程。
- 第46、47行：申请重叠I/O中需要使用的结构体变量的内存空间并初始化。之所以在循环内部申请WSAOVERLAPPED结构体空间，是因为每个客户端都需要独立的WSAOVERLAPPED结构体变量。
- 第49~52行：动态分配PER_IO_DATA结构体内存空间，并写入第36行创建的套接字句柄。该套接字在I/O过程中将使用第51行和第52行初始化的缓冲。
- 第54行：WSAOVERLAPPED结构体变量的hEvent成员中将写入第49行分配过空间的变量地址值。基于Completion Routine函数的重叠I/O中不需要事件对象，因此，hEvent中可以写入其他信息。
- 第55行：调用WSARecv函数时将ReadCompRoutine函数指定为Completion Routine。其中第六个参数WSAOVERLAPPED结构体变量地址值将传递到Completion Routine的第三个参数。因此，Completion Routine函数内可以访问完成I/O的套接字句柄和缓冲。另外，为了运行Completion Routine函数，第35行循环调用SleepEx函数。

最后介绍2个Completion Routine函数。实际的回声服务是通过这2个函数完成的，希望各位仔细观察提供服务的过程。

❖ CmplRouEchoServ_win.c：2个Completion Routine函数和错误处理函数

```
1.  void CALLBACK ReadCompRoutine(
2.      DWORD dwError, DWORD szRecvBytes, LPWSAOVERLAPPED lpOverlapped, DWORD flags)
3.  {
4.      LPPER_IO_DATA hbInfo=(LPPER_IO_DATA)(lpOverlapped->hEvent);
5.      SOCKET hSock=hbInfo->hClntSock;
6.      LPWSABUF bufInfo=&(hbInfo->wsaBuf);
7.      DWORD sentBytes;
8.  
9.      if(szRecvBytes==0)
10.     {
11.         closesocket(hSock);
12.         free(lpOverlapped->hEvent); free(lpOverlapped);
13.         puts("Client disconnected.....");
14.     }
15.     else    // echo!
16.     {
17.         bufInfo->len=szRecvBytes;
18.         WSASend(hSock, bufInfo, 1, &sentBytes, 0, lpOverlapped, WriteCompRoutine);
19.     }
20. }
21. 
22. void CALLBACK WriteCompRoutine(
23.     DWORD dwError, DWORD szSendBytes, LPWSAOVERLAPPED lpOverlapped, DWORD flags)
24. {
```

```
25.     LPPER_IO_DATA hbInfo=(LPPER_IO_DATA)(lpOverlapped->hEvent);
26.     SOCKET hSock=hbInfo->hClntSock;
27.     LPWSABUF bufInfo=&(hbInfo->wsaBuf);
28.     DWORD recvBytes;
29.     int flagInfo=0;
30.     WSARecv(hSock, bufInfo,
31.         1, &recvBytes, &flagInfo, lpOverlapped, ReadCompRoutine);
32. }
33.
34. void ErrorHandling(char *message)
35. {
36.     fputs(message, stderr);
37.     fputc('\n', stderr);
38.     exit(1);
39. }
```

- 第1行：该函数的调用意味着已完成数据输入，此时需要将接收的数据发送给回声客户端。
- 第4~6行：提取完成输入的套接字句柄和缓冲信息，因为WSAOVERLAPPED结构体变量的hEvent成员中保存了PER_IO_DATA结构体变量地址值。
- 第9行：变量szRecvBytes的值为0就意味着收到了EOF，因此需要进行相应处理。
- 第17、18行：将WriteCompRoutine函数指定为Completion Routine，同时调用WSASend函数。程序通过该语句向客户端发送回声消息。
- 第22、30行：发送回声消息后调用该函数。但需要再次接收数据，所以执行第30行的函数调用。

上述示例的工作原理整理如下。

- ❑ 有新的客户端连接时调用WSARecv函数，并以非阻塞模式接收数据，接收完成后调用ReadCompRoutine函数。
- ❑ 调用ReadCompRoutine函数后调用WSASend函数，并以非阻塞模式发送数据，发送完成后调用WriteCompRoutine函数。
- ❑ 此时调用的WriteCompRoutine函数将再次调用WSARecv函数，并以非阻塞模式等待接收数据。

通过交替调用ReadCompRoutine函数和WriteCompRoutine函数，反复执行数据的接收和发送操作。另外，每次增加1个客户端都会定义PER_IO_DATA结构体，以便将新创建的套接字句柄和缓冲信息传递给ReadCompRoutine函数和WriteCompRoutine函数。同时将该结构体地址值写入WSAOVERLAPPED结构体成员hEvent，并传递给Completion Routine函数。这非常重要，可概括如下：

> “使用WSAOVERLAPPED结构体成员hEvent向完成I/O时自动调用的Completion Routine函数内部传递客户端信息（套接字和缓冲）。”

接下来需要验证运行结果，先要编写回声客户端，因为使用第4章的回声客户端会无法得到预想的结果。

重新实现客户端

其实第4章实现并使用至今的回声客户端存在一些问题，关于这些问题及解决方案已在第5章进行了充分讲解。虽然在目前为止的各种模型的服务器端中使用稍有缺陷的回声客户端也不会引起太大问题，但本章的回声服务器端则不同。因此，需要按照第5章的提示解决客户端存在的问题，并结合改进后的客户端运行本章服务器端。之前已介绍过解决方法，故只给出代码。

❖ StableEchoClnt_win.c

```
1.  #include <"头声明与第23章的示例CmplRoutinesRecv_win.c一致。">
2.  #define BUF_SIZE 1024
3.  void ErrorHandling(char *message);
4.  
5.  int main(int argc, char *argv[])
6.  {
7.      WSADATA wsaData;
8.      SOCKET hSocket;
9.      SOCKADDR_IN servAdr;
10.     char message[BUF_SIZE];
11.     int strLen, readLen;
12. 
13.     if(argc!=3) {
14.         printf("Usage: %s <IP> <port>\n", argv[0]);
15.         exit(1);
16.     }
17.     if(WSAStartup(MAKEWORD(2, 2), &wsaData)!=0)
18.         ErrorHandling("WSAStartup() error!");
19. 
20.     hSocket=socket(PF_INET, SOCK_STREAM, 0);
21.     if(hSocket==INVALID_SOCKET)
22.         ErrorHandling("socket() error");
23. 
24.     memset(&servAdr, 0, sizeof(servAdr));
25.     servAdr.sin_family=AF_INET;
26.     servAdr.sin_addr.s_addr=inet_addr(argv[1]);
27.     servAdr.sin_port=htons(atoi(argv[2]));
28. 
29.     if(connect(hSocket, (SOCKADDR*)&servAdr, sizeof(servAdr))==SOCKET_ERROR)
30.         ErrorHandling("connect() error!");
31.     else
32.         puts("Connected...........");
33. 
34.     while(1)
35.     {
36.         fputs("Input message(Q to quit): ", stdout);
37.         fgets(message, BUF_SIZE, stdin);
38.         if(!strcmp(message,"q\n") || !strcmp(message,"Q\n"))
39.             break;
40. 
41.         strLen=strlen(message);
```

```
42.         send(hSocket, message, strLen, 0);
43.         readLen=0;
44.         while(1)
45.         {
46.             readLen+=recv(hSocket, &message[readLen], BUF_SIZE-1-readLen, 0);
47.             if(readLen>=strLen)
48.                 break;
49.         }
50.         message[strLen]=0;
51.         printf("Message from server: %s", message);
52.     }
53. 
54.     closesocket(hSocket);
55.     WSACleanup();
56.     return 0;
57. }
58. 
59. void ErrorHandling(char *message)
60. {
61.     // 与其他Windows相关示例一致，故省略。
62. }
```

上述代码第44行的循环语句考虑到TCP的传输特性而重复调用了recv函数，直至接收完所有数据。将上述客户端结合之前的回声服务器端运行可以得到正确的运行结果，具体结果与一般的回声服务器端/客户端没有区别，故省略。

从重叠 I/O 模型到 IOCP 模型

下面分析重叠I/O模型回声服务器端的缺点。

> “重复调用非阻塞模式的accept函数和以进入alertable wait状态为目的的SleepEx函数将影响性能!”

如果正确理解了之前的示例，应该不难发现这一点。既不能为了处理连接请求而只调用accept函数，也不能为了Completion Routine而只调用SleepEx函数，因此轮流调用了非阻塞模式的accept函数和SleepEx函数（设置较短的超时时间）。这恰恰是影响性能的代码结构。

我也不知该如何弥补这一缺点，这属于重叠I/O结构固有的缺陷，但可以考虑如下方法：

> “让main线程（在main函数内部）调用accept函数，再单独创建1个线程负责客户端I/O。”

其实这就是IOCP中采用的服务器端模型。换言之，IOCP将创建专用的I/O线程，该线程负责与所有客户端进行I/O。

知识补给站 负责全部I/O

有些读者会误认为IOCP就是创建专职I/O线程的一种模型。IOCP为了负责全部I/O工作，的确需要创建至少1个线程。但"在服务器端负责全部I/O"实质上相当于负责服务器端的全部工作，因此，它并不是仅负责I/O工作，而是至少创建1个线程并使其负责全部I/O的前后处理。尝试理解IOCP时不要把焦点集中于线程，而是注意观察如下2点。

- I/O是否以非阻塞模式工作？
- 如何确定非阻塞模式的I/O是否完成？

之前讲过的所有I/O模型及本章的IOCP模型都可以按上述标准进行区分。各位会发现，我讲解IOCP时也不会刻意强调创建线程的事实。

23.2 分阶段实现 IOCP 程序

本节我们编写最后一种服务器模型IOCP，比阅读代码更重要的是理解IOCP本身。

创建"完成端口"

IOCP中已完成的I/O信息将注册到完成端口对象（Completion Port，简称CP对象），但这个过程并非单纯的注册，首先需要经过如下请求过程：

"该套接字的I/O完成时，请把状态信息注册到指定CP对象。"

该过程称为"套接字和CP对象之间的连接请求"。因此，为了实现基于IOCP模型的服务器端，需要做如下2项工作。

- 创建完成端口对象。
- 建立完成端口对象和套接字之间的联系。

此时的套接字必须被赋予重叠属性。上述2项工作可以通过1个函数完成，但为了创建CP对象，先介绍如下函数。

```
#include <windows.h>

HANDLE CreateIoCompletionPort(
    HANDLE FileHandle, HANDLE ExistingCompletionPort, ULONG_PTR CompletionKey,
    DWORD NumberOfConcurrentThreads);
```

➔ 成功时返回 CP 对象句柄，失败时返回 NULL。

- FileHandle　创建CP对象时传递INVALID_HANDLE_VALUE。
- ExistingCompletionPort　创建CP对象时传递NULL。
- CompletionKey　创建CP对象时传递0。
- NumberOfConcurrentThreads　分配给CP对象的用于处理I/O的线程数。例如，该参数为2时，说明分配给CP对象的可以同时运行的线程数最多为2个；如果该参数为0，系统中CPU个数就是可同时运行的最大线程数。

以创建CP对象为目的调用上述函数时，只有最后一个参数才真正具有含义。可以用如下代码段将分配给CP对象的用于处理I/O的线程数指定为2。

```
HANDLE hCpObject;
. . . . .
hCpObject = CreateIoCompletionPort(INVALID_HANDLE_VALUE, NULL, 0, 2);
```

连接完成端口对象和套接字

既然有了CP对象，接下来就要将该对象连接到套接字，只有这样才能使已完成的套接字I/O信息注册到CP对象。下面以建立连接为目的再次介绍CreateIoCompletionPort函数。

```
#include <windows.h>

HANDLE CreateIoCompletionPort(
    HANDLE FileHandle, HANDLE ExistingCompletionPort, ULONG_PTR CompletionKey,
    DWORD NumberOfConcurrentThreads);
```

➔ 成功时返回 CP 对象句柄，失败时返回 NULL。

- FileHandle　要连接到CP对象的套接字句柄。
- ExistingCompletionPort　要连接套接字的CP对象句柄。
- CompletionKey　传递已完成I/O相关信息，关于该参数将在稍后介绍的GetQueued-CompletionStatus函数中共同讨论。
- NumberOfConcurrentThreads　无论传递何值，只要该函数的第二个参数非NULL就会忽略。

上述函数的第二种功能就是将FileHandle句柄指向的套接字和ExistingCompletionPort指向的CP对象相连。该函数的调用方式如下。

```
HANDLE hCpObject;
SOCKET hSock;
. . . . .
CreateIoCompletionPort((HANDLE)hSock, hCpObject, (DWORD)ioInfo, 0);
```

调用CreateIoCompletionPort函数后，只要针对hSock的I/O完成，相关信息就将注册到hCpObject指向的CP对象。

确认完成端口已完成的 I/O 和线程的 I/O 处理

我们已经掌握了CP对象的创建及其与套接字建立连接的方法，接下来就要学习如何确认CP中注册的已完成的I/O。完成该功能的函数如下。

```
#include <windows.h>

BOOL GetQueuedCompletionStatus(
    HANDLE CompletionPort, LPDWORD lpNumberOfBytes, PULONG_PTR lpCompletionKey,
    LPOVERLAPPED * lpOverlapped, DWORD dwMilliseconds);

    → 成功时返回 TRUE，失败时返回 FALSE。
```

- CompletionPort　注册有已完成I/O信息的CP对象句柄。
- lpNumberOfBytes　用于保存I/O过程中传输的数据大小的变量地址值。
- lpCompletionKey　用于保存CreateIoCompletionPort函数的第三个参数值的变量地址值。
- lpOverlapped　用于保存调用WSASend、WSARecv函数时传递的OVERLAPPED结构体地址的变量地址值。
- dwMilliseconds　超时信息，超过该指定时间后将返回FALSE并跳出函数。传递INFINITE时，程序将阻塞，直到已完成I/O信息写入CP对象。

虽然只介绍了2个IOCP相关函数，但依然有些复杂，特别是上述函数的第三个和第四个参数更是如此。其实这2个参数主要是为了获取需要的信息而设置的，下面介绍这2种信息的含义。

> "通过GetQueuedCompletionStatus函数的第三个参数得到的是以连接套接字和CP对象为目的而调用的CreateIoCompletionPort函数的第三个参数值。"

> "通过GetQueueCompletionStatus函数的第四个参数得到的是调用WSASend、WSARecv函数时传入的WSAOVERLAPPED结构体变量地址值。"

各位需要通过示例理解这2个参数的使用方法。接下来讨论其调用主体，究竟由谁（何时）调用上述函数比较合理呢？如各位所料，应该由处理IOCP中已完成I/O的线程调用。

> "那I/O如何分配给线程呢？"

如前所述，IOCP中将创建全职I/O线程，由该线程针对所有客户端进行I/O。而且CreateIoCompletionPort函数中也有参数用于指定分配给CP对象的最大线程数，所以各位或许会有如下疑问：

“是否自动创建线程并处理I/O？”

当然不是！应该由程序员自行创建调用WSASend、WSARecv等I/O函数的线程，只是该线程为了确认I/O的完成会调用GetQueuedCompletionStatus函数。虽然任何线程都能调用GetQueued-CompletionStatus函数，但实际得到I/O完成信息的线程数不会超过调用CreateIoCompletionPort函数时指定的最大线程数。相信大家也理解了分配给CP对象的线程具有的含义。

以上就是IOCP服务器端实现时需要的全部函数及其理论说明，下面通过源代码理解程序的整体结构。

知识补给站　**分配给完成端口的合理的线程个数**

分配给CP对象的合理的线程数应该与CPU个数相同，这是MSDN中的说明。但现在主流的CPU核数（具有运算功能的内核）大部分都是2个或更多。核数和CPU在概念上有差异，但如果是双核则可以同时运行2个线程，因此，分配给CP对象的合理的线程数可以理解为CPU中的核数。一般人不会刻意区分核与CPU，而是把双核视为2个CPU。在多核技术相当成熟的背景下，这种看法不失为一种合理的选择。若想准确掌握发挥最佳性能的线程数，只能通过大量实验得到。

实现基于IOCP的回声服务器端

虽然介绍了IOCP相关的理论知识，但离开示例很难真正掌握IOCP的使用方法。因此，我将介绍便于理解和运用的（极为普通的）基于IOCP的回声服务器端。首先给出IOCP回声服务器端的main函数之前的部分。

❖ IOCPEchoServ_win.c：main函数之前

```
1.  #include <stdio.h>
2.  #include <stdlib.h>
3.  #include <process.h>
4.  #include <winsock2.h>
5.  #include <windows.h>
6.
7.  #define BUF_SIZE 100
8.  #define READ    3
9.  #define WRITE   5
10.
11. typedef struct      // socket info
12. {
13.     SOCKET hClntSock;
14.     SOCKADDR_IN clntAdr;
15. } PER_HANDLE_DATA, *LPPER_HANDLE_DATA;
```

```
16.
17. typedef struct      // buffer info
18. {
19.     OVERLAPPED overlapped;
20.     WSABUF wsaBuf;
21.     char buffer[BUF_SIZE];
22.     int rwMode;      // READ or WRITE
23. } PER_IO_DATA, *LPPER_IO_DATA;
24.
25. DWORD WINAPI EchoThreadMain(LPVOID CompletionPortIO);
26. void ErrorHandling(char *message);
```

- 第11行：保存与客户端相连套接字的结构体。请各位注意观察该结构体何时被分配空间、如何被传递、如何被使用。
- 第17行：将I/O中使用的缓冲和重叠I/O中需要的OVERLAPPED结构体变量封装到同一结构体中进行定义。该结构体变量同样属于重点观察对象。

观察第17行结构体的使用方法前，应该明确如下事实：

“结构体变量地址值与结构体第一个成员的地址值相同。”

这也意味着下列代码段将输出EQUAL。

```
PER_IO_DATA ioData;
if(&ioData == &(ioData.overlapped))
    puts("EQUAL");
else
    puts("NOT EQUAL");
```

下列示例正是利用这种特性编写的，务必牢记。接下来介绍main函数部分。

❖ IOCPEchoServ_win.c：main函数

```
1.  int main(int argc, char* argv[])
2.  {
3.      WSADATA wsaData;
4.      HANDLE hComPort;
5.      SYSTEM_INFO sysInfo;
6.      LPPER_IO_DATA ioInfo;
7.      LPPER_HANDLE_DATA handleInfo;
8.
9.      SOCKET hServSock;
10.     SOCKADDR_IN servAdr;
11.     int recvBytes, i, flags=0;
12.     if(WSAStartup(MAKEWORD(2, 2), &wsaData) != 0)
13.         ErrorHandling("WSAStartup() error!");
14.
```

```
15.     hComPort=CreateIoCompletionPort(INVALID_HANDLE_VALUE, NULL, 0, 0);
16.     GetSystemInfo(&sysInfo);
17.     for(i=0; i<sysInfo.dwNumberOfProcessors; i++)
18.         _beginthreadex(NULL, 0, EchoThreadMain, (LPVOID)hComPort, 0, NULL);
19.
20.     hServSock=WSASocket(AF_INET, SOCK_STREAM, 0, NULL, 0, WSA_FLAG_OVERLAPPED);
21.     memset(&servAdr, 0, sizeof(servAdr));
22.     servAdr.sin_family=AF_INET;
23.     servAdr.sin_addr.s_addr=htonl(INADDR_ANY);
24.     servAdr.sin_port=htons(atoi(argv[1]));
25.
26.     bind(hServSock, (SOCKADDR*)&servAdr, sizeof(servAdr));
27.     listen(hServSock, 5);
28.
29.     while(1)
30.     {
31.         SOCKET hClntSock;
32.         SOCKADDR_IN clntAdr;
33.         int addrLen=sizeof(clntAdr);
34.
35.         hClntSock=accept(hServSock, (SOCKADDR*)&clntAdr, &addrLen);
36.         handleInfo=(LPPER_HANDLE_DATA)malloc(sizeof(PER_HANDLE_DATA));
37.         handleInfo->hClntSock=hClntSock;
38.         memcpy(&(handleInfo->clntAdr), &clntAdr, addrLen);
39.
40.         CreateIoCompletionPort((HANDLE)hClntSock, hComPort, (DWORD)handleInfo, 0);
41.
42.         ioInfo=(LPPER_IO_DATA)malloc(sizeof(PER_IO_DATA));
43.         memset(&(ioInfo->overlapped), 0, sizeof(OVERLAPPED));
44.         ioInfo->wsaBuf.len=BUF_SIZE;
45.         ioInfo->wsaBuf.buf=ioInfo->buffer;
46.         ioInfo->rwMode=READ;
47.         WSARecv(handleInfo->hClntSock,  &(ioInfo->wsaBuf),
48.             1, &recvBytes, &flags, &(ioInfo->overlapped), NULL);
49.     }
50.     return 0;
51. }
```

- 第15行：创建CP对象。最后一个参数可以用非0值，所以可以向CP对象分配相当于核数（CPU数）的线程。
- 第16行：调用GetSystemInfo函数以获取当前系统信息。
- 第17、18行：成员变量dwNumberOfProcessors中将写入CPU个数（双核CPU时写入2）。通过这2行创建了与CPU个数相当的线程。另外，创建线程时传递第15行创建的CP对象句柄。线程将通过该句柄访问CP对象。换言之，CP对象将通过该句柄分配到线程。
- 第36~38行：动态分配PER_HANDLE_DATA结构体，并写入客户端相连套接字和客户端地址信息。

- 第40行：连接第15行创建的CP对象和第35行创建的套接字。针对该套接字的重叠I/O完成时，已完成信息将写入连接的CP对象，这会引起GetQueue...函数的返回。请注意观察第三个参数的值。该值是第36~38行中声明并初始化的结构体变量地址值，它同样是在GetQueued...函数返回时得到的。
- 第42行：动态分配PER_IO_DATA结构体变量空间。相当于同时准备了WSARecv函数中需要的OVERLAPPED结构体变量、WSABUF结构体变量及缓冲。
- 第46行：IOCP本身不会帮我们区分输入完成和输出完成的状态。无论输入还是输出，只通知完成I/O的状态，因此需要通过额外的变量区分这2种I/O。PER_IO_DATA结构体中的rwMode就用于完成该功能。
- 第47行：WSARecv函数的第七个参数为OVERLAPPED结构体变量地址值，该值可以在GetQueue...函数返回时得到。但结构体变量地址值与第一个成员的地址值相同，也就相当于传入了PER_IO_DATA结构体变量地址值。

各位有必要整理并思考上述代码说明中提到的"GetQueued...函数返回时得到的2个值"。最后给出线程main函数，这部分代码需要结合之前的main函数进行分析。

❖ IOCPEchoServ_win.c：线程的main函数和错误处理函数

```
1.  DWORD WINAPI EchoThreadMain(LPVOID pComPort)
2.  {
3.      HANDLE hComPort=(HANDLE)pComPort;
4.      SOCKET sock;
5.      DWORD bytesTrans;
6.      LPPER_HANDLE_DATA handleInfo;
7.      LPPER_IO_DATA ioInfo;
8.      DWORD flags=0;
9.  
10.     while(1)
11.     {
12.         GetQueuedCompletionStatus(hComPort, &bytesTrans,
13.             (LPDWORD)&handleInfo, (LPOVERLAPPED*)&ioInfo, INFINITE);
14.         sock=handleInfo->hClntSock;
15. 
16.         if(ioInfo->rwMode==READ)
17.         {
18.             puts("message received!");
19.             if(bytesTrans==0)  //传输EOF时
20.             {
21.                 closesocket(sock);
22.                 free(handleInfo); free(ioInfo);
23.                 continue;
24.             }
25. 
26.             memset(&(ioInfo->overlapped), 0, sizeof(OVERLAPPED));
27.             ioInfo->wsaBuf.len=bytesTrans;
28.             ioInfo->rwMode=WRITE;
29.             WSASend(sock, &(ioInfo->wsaBuf),
30.                 1, NULL, 0, &(ioInfo->overlapped), NULL);
31. 
```

```
32.             ioInfo=(LPPER_IO_DATA)malloc(sizeof(PER_IO_DATA));
33.             memset(&(ioInfo->overlapped), 0, sizeof(OVERLAPPED));
34.             ioInfo->wsaBuf.len=BUF_SIZE;
35.             ioInfo->wsaBuf.buf=ioInfo->buffer;
36.             ioInfo->rwMode=READ;
37.             WSARecv(sock, &(ioInfo->wsaBuf),
38.                 1, NULL, &flags, &(ioInfo->overlapped), NULL);
39.         }
40.         else
41.         {
42.             puts("message sent!");
43.             free(ioInfo);
44.         }
45.     }
46.     return 0;
47. }
48.
49. void ErrorHandling(char *message)
50. {
51.     fputs(message, stderr);
52.     fputc('\n', stderr);
53.     exit(1);
54. }
```

- 第1行：由线程运行EchoThreadMain函数。从该函数的第12行可以看到，调用了GetQueued...函数。调用GetQueued...函数的线程就是分配给CP对象的线程。
- 第12行：GetQueued...函数在I/O完成且已注册相关信息时返回（因为最后一个参数为INFINITE）。另外，返回时可以通过第三个和第四个参数得到之前提过的2个信息（若不太清楚，可以回顾main函数的代码说明）。
- 第16行：指针ioInfo中保存的既是OVERLAPPED结构体变量地址值，也是PER_IO_DATA结构体变量地址值。因此，可以通过检查rwMode成员中的值判断是输入完成还是输出完成。
- 第26~30行：将服务器端收到的消息发送给客户端。
- 第32~38行：再次发送消息后接收客户端消息。
- 第40行：完成的I/O为输出时执行的else区域。

关于IOCP的讲解到此结束。该示例可以结合StableEchoClnt_win.c运行，运行结果与普通回声服务器端/客户端没有区别，故省略。

IOCP 性能更优的原因

盲目地认为“因为是IOCP，所以性能更好”的想法并不可取。之前已介绍了Linux和Windows下多种服务器端模型，各位应该可以分析出它们在性能上的优势。将其在代码级别与select进行对比，可以发现如下特点。

- 因为是非阻塞模式的I/O，所以不会由I/O引发延迟。

- ❑ 查找已完成I/O时无需添加循环。
- ❑ 无需将作为I/O对象的套接字句柄保存到数组进行管理。
- ❑ 可以调整处理I/O的线程数，所以可在实验数据的基础上选用合适的线程数。

仅凭这些特点也能判断IOCP属于高性能模型，IOCP是Windows特有的功能，所以很大程度上要归功于操作系统。无需怀疑它提供的性能，我认为IOCP和Linux的epoll都是非常优秀的服务器端模型。

23.3 习题

(1) 完成端口对象将分配多个线程用于处理I/O。如何创建这些线程？如何分配？请从源代码级别进行说明。

(2) CreateIoCompletionPort函数与其他函数不同，提供2种功能。请问是哪2种？

(3) 完成端口对象和套接字之间的连接意味着什么？如何连接？

(4) 下列关于IOCP的说法错误的是？

a. 以最少的线程处理多数I/O的结构，因此可以减少上下文切换引起的性能低下。
b. 执行I/O的过程中，服务器端无需等待I/O完成，可以执行其他任务，故能提高CPU效率。
c. I/O完成时会自动调用相关Completion Routine函数，因此没必要调用特定函数以等待I/O完成。
d. 除Windows外，其他操作系统同样支持IOCP，所以这种模型具有良好的移植性。

(5) 判断下列关于IOCP中选择合理线程数的方法是否合适。

- ❑ 通常会选择与CPU数同样数量的线程。(　)
- ❑ 最好在条件允许的范围内通过实验决定线程数。(　)
- ❑ 分配的线程数越多越好。例如，1个线程就足够的情况下应该多分配几个，比如创建3个线程分配给IOCP。(　)

(6) 利用本章的IOCP模型实现聊天服务器端，该聊天服务器端应当结合第20章的聊天客户端chat_clnt_win.c正常运行。编写程序时不必刻意套用本章IOCP示例中的框架，那样反而会加大实现难度。

Part 04

结束网络编程

第 24 章

制作HTTP服务器端

各位已学习了大量编程知识，即便如此，大家脑海中浮现的大部分还是回声服务器端/客户端，最多也就是聊天程序。但掌握了这些基础程序的编写方法，就相当于具备了开发应用层网络程序的基本能力。我们已经能够编写服务器端和客户端进行数据交换，接下来应该学习应用程序的编写方法。

24.1　HTTP 概要

本章以编写真实应用程序为目标，在所学理论知识的基础上，编写HTTP（Hypertext Transfer Protocol，超文本传输协议）服务器端，即Web服务器端。

理解 Web 服务器端

互联网的普及使Web服务器端为大众熟知。下面是我对Web服务器端的定义：

"基于HTTP协议，将网页对应文件传输给客户端的服务器端。"

HTTP是Hypertext Transfer Protocol的缩写，Hypertext（超文本）是可以根据客户端请求而跳转的结构化信息。例如，各位通过浏览器访问图灵社区的主页时，首页文件将传输到浏览器并展现给大家，此时各位可以点击鼠标跳转到任意页面。这种可跳转的文本（Text）称为超文本。

HTTP协议又是什么呢？HTTP是以超文本传输为目的而设计的应用层协议，这种协议同样属于基于TCP/IP实现的协议，因此，我们也可以直接实现HTTP。从结果上看，实现该协议相当于实现Web服务器端。另外，浏览器也属于基于套接字的客户端，因为连接到任意Web服务器端时，浏览器内部也会创建套接字。只不过浏览器多了一项功能，它将服务器端传输的HTML格式的超文本解析为可读性较强的视图。总之，Web服务器端是以HTTP协议为基础传输超文本的服务器端。

提 示

HTTP是专用名词

HTTP中的P是Protocol（协议）的缩写，所以“HTTP协议”这种表示其实重复表达了“协议”一词。但 HTTP 属于专用名词，因此通常直接表述为“HTTP协议”。

HTTP

下面详细讨论HTTP协议。虽然它相对简单，但要完全驾驭也并非易事。接下来只介绍编写Web服务器端时的必要内容。

无状态的Stateless协议

为了在网络环境下同时向大量客户端提供服务，HTTP协议的请求及响应方式设计如图24-1所示。

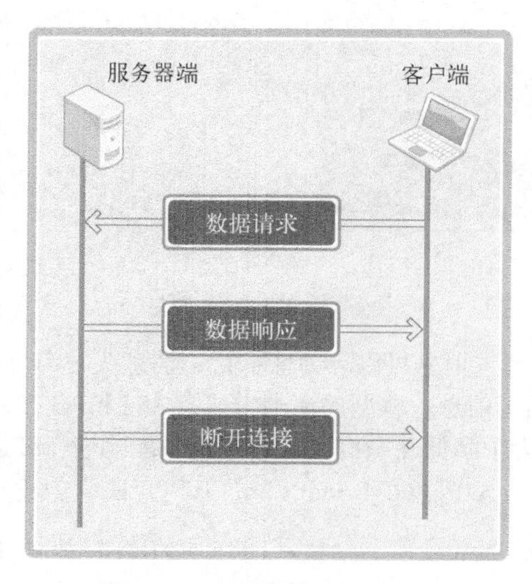

图24-1 HTTP请求/响应过程

从图24-1中可以看到，服务器端响应客户端请求后立即断开连接。换言之，服务器端不会维持客户端状态。即使同一客户端再次发送请求，服务器端也无法辨认出是原先那个，而会以相同方式处理新请求。因此，HTTP又称“无状态的Stateless协议”。

提　示

Cookie & Session

为了弥补 HTTP 无法保持连接的缺点，Web 编程中通常会使用 Cookie 和 Session 技术。相信各位都接触过购物网站的购物车功能，即使关闭浏览器也不会丢失购物车内的信息（甚至不用登录）。这种保持状态的功能都是通过 Cookie 和 Session 技术实现的。

请求消息（Request Message）的结构

下面介绍客户端向服务器端发送的请求消息的结构。Web服务器端需要解析并响应客户端请求，客户端和服务器端之间的数据请求方式标准如图24-2所示。

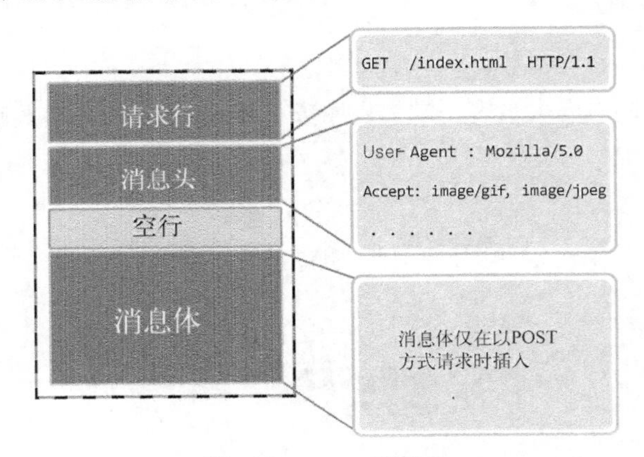

图24-2　HTTP请求头

从图24-2中可以看到，请求消息可以分为请求行、消息头、消息体等3个部分。其中，请求行含有请求方式（请求目的）信息。典型的请求方式有GET和POST，GET主要用于请求数据，POST主要用于传输数据。为了降低复杂度，我们实现只能响应GET请求的Web服务器端。下面解释图24-2中的请求行信息。其中“GET /index.html HTTP/1.1”具有如下含义：

“请求（GET）index.html文件，希望以1.1版本的HTTP协议进行通信。”

请求行只能通过1行（line）发送，因此，服务器端很容易从HTTP请求中提取第一行，并分析请求行中的信息。

请求行下面的消息头中包含发送请求的（将要接收响应信息的）浏览器信息、用户认证信息等关于HTTP消息的附加信息。最后的消息体中装有客户端向服务器端传输的数据，为了装入数据，需要以POST方式发送请求。但我们的目标是实现GET方式的服务器端，所以可以忽略这部分内容。另外，消息体和消息头之间以空行分开，因此不会发生边界问题。

响应消息（Response Message）的结构

下面介绍Web服务器端向客户端传递的响应信息的结构。从图24-3中可以看到，该响应消息由状态行、头信息、消息体等3个部分构成。状态行中含有关于请求的状态信息，这是其与请求消息相比最为显著的区别。

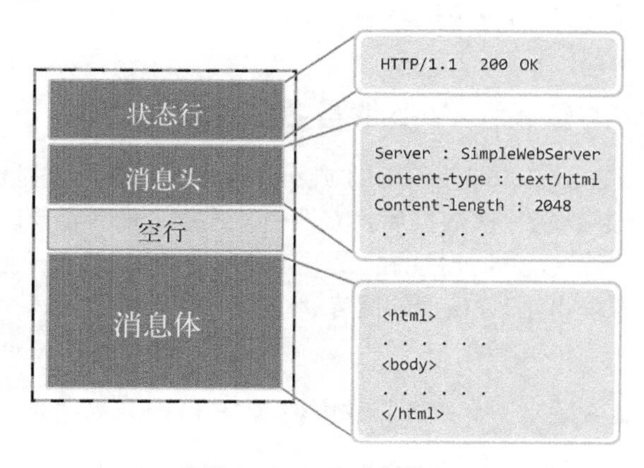

图24-3 HTTP响应头

从图24-3中可以看到，第一个字符串状态行中含有关于客户端请求的处理结果。例如，客户端请求index.html文件时，表示index.html文件是否存在、服务器端是否发生问题而无法响应等不同情况的信息将写入状态行。图24-3中的“HTTP/1.1 200 OK”具有如下含义：

“我想用HTTP1.1版本进行响应，你的请求已正确处理（200 OK）。”

表示“客户端请求的执行结果”的数字称为状态码，典型的有以下几种。

- 200 OK：成功处理了请求！
- 404 Not Found：请求的文件不存在！
- 400 Bad Request：请求方式错误，请检查！

消息头中含有传输的数据类型和长度等信息。图24-3中的消息头含有如下信息：

“服务器端名为SimpleWebServer，传输的数据类型为text/html（html格式的文本数据）。数据长度不超过2048字节。”

最后插入1个空行后，通过消息体发送客户端请求的文件数据。以上就是实现Web服务器端过程中必要的HTTP协议。要编写完整的Web服务器端还需要更多HTTP协议相关知识，而对于我们的目标而言，这些内容已经足够了。

24.2　实现简单的 Web 服务器端

现在开始在HTTP协议的基础上编写Web服务器端。先给出Windows平台下的示例，再给出Linux下的示例。前面介绍了HTTP协议的相关背景知识，有了这些基础就不难分析源代码。因此，除了一些简单的注释外，不再另行说明代码。

实现基于 Windows 的多线程 Web 服务器端

Web服务器端采用HTTP协议，即使用IOCP或epoll模型也不会大幅提升性能（当然并不是完全没有）。客户端和服务器端交换1次数据后将立即断开连接，没有足够时间发挥IOCP或epoll的优势。在服务器端和客户端保持较长连接的前提下频繁发送大小不一的消息时（最典型的就是网游服务器端），才能真正发挥出这2种模型的优势。

提　示

能否通过 Web 服务器端比较 IOCP 和 epoll 的性能

利用 IOCP 和 epoll 实现 Web 服务器端"本身没有问题，现实中有时也会通过 IOCP 或 epoll 实现类似的服务器端，但无法通过这种服务器端完全体会到 IOCP 和 epoll 的优点。我从事过软件性能评估相关工作，当时，客户公司的工程师向我展示过 Web 服务器端中 IOCP 和 epoll 的性能分析结果，我也耐心解释了为何分析结果没有太大意义。

因此，我通过多线程模型实现Web服务器端。也就是说，客户端每次请求时，都创建1个新线程响应客户端请求。

❖ webserv_win.c

```
#include <stdio.h>
#include <stdlib.h>
#include <string.h>
#include <winsock2.h>
#include <process.h>

#define BUF_SIZE 2048
#define BUF_SMALL 100

unsigned WINAPI RequestHandler(void* arg);
char* ContentType(char* file);
void SendData(SOCKET sock, char* ct, char* fileName);
void SendErrorMSG(SOCKET sock);
void ErrorHandling(char *message);

int main(int argc, char *argv[])
```

```
{
    WSADATA wsaData;
    SOCKET hServSock, hClntSock;
    SOCKADDR_IN servAdr, clntAdr;

    HANDLE hThread;
    DWORD dwThreadID;
    int clntAdrSize;

    if(argc!=2) {
        printf("Usage : %s <port>\n", argv[0]);
        exit(1);
    }

    if(WSAStartup(MAKEWORD(2, 2), &wsaData)!=0)
        ErrorHandling("WSAStartup() error!");

    hServSock=socket(PF_INET, SOCK_STREAM, 0);
    memset(&servAdr, 0, sizeof(servAdr));
    servAdr.sin_family=AF_INET;
    servAdr.sin_addr.s_addr=htonl(INADDR_ANY);
    servAdr.sin_port=htons(atoi(argv[1]));

    if(bind(hServSock, (SOCKADDR*) &servAdr, sizeof(servAdr))==SOCKET_ERROR)
        ErrorHandling("bind() error");
    if(listen(hServSock, 5)==SOCKET_ERROR)
        ErrorHandling("listen() error");

    /*请求及响应*/
    while(1)
    {
        clntAdrSize=sizeof(clntAdr);
        hClntSock=accept(hServSock, (SOCKADDR*)&clntAdr, &clntAdrSize);
        printf("Connection Request : %s:%d\n",
            inet_ntoa(clntAdr.sin_addr), ntohs(clntAdr.sin_port));
            hThread=(HANDLE)_beginthreadex(
                NULL, 0, RequestHandler, (void*)hClntSock, 0, (unsigned *)&dwThreadID);
    }
    closesocket(hServSock);
    WSACleanup();
    return 0;
}

unsigned WINAPI RequestHandler(void *arg)
{
    SOCKET hClntSock=(SOCKET)arg;
    char buf[BUF_SIZE];
    char method[BUF_SMALL];
    char ct[BUF_SMALL];
    char fileName[BUF_SMALL];

    recv(hClntSock, buf, BUF_SIZE, 0);
    if(strstr(buf, "HTTP/")==NULL)      // 查看是否为HTTP提出的请求
    {
```

```
        SendErrorMSG(hClntSock);
        closesocket(hClntSock);
        return 1;
    }

    strcpy(method, strtok(buf, " /"));
    if(strcmp(method, "GET"))        // 查看是否为GET方式的请求
        SendErrorMSG(hClntSock);

    strcpy(fileName, strtok(NULL, " /"));   // 查看请求文件名
    strcpy(ct, ContentType(fileName));      // 查看Content-type
    SendData(hClntSock, ct, fileName);      // 响应
    return 0;
}

void SendData(SOCKET sock, char* ct, char* fileName)
{
    char protocol[]="HTTP/1.0 200 OK\r\n";
    char servName[]="Server:simple web server\r\n";
    char cntLen[]="Content-length:2048\r\n";
    char cntType[BUF_SMALL];
    char buf[BUF_SIZE];
    FILE* sendFile;

    sprintf(cntType, "Content-type:%s\r\n\r\n", ct);
    if((sendFile=fopen(fileName, "r"))==NULL)
    {
        SendErrorMSG(sock);
        return;
    }

    /*传输头信息*/
    send(sock, protocol, strlen(protocol), 0);
    send(sock, servName, strlen(servName), 0);
    send(sock, cntLen, strlen(cntLen), 0);
    send(sock, cntType, strlen(cntType), 0);

    /*传输请求数据*/
    while(fgets(buf, BUF_SIZE, sendFile)!=NULL)
        send(sock, buf, strlen(buf), 0);

    closesocket(sock);    // 由HTTP协议响应后断开
}

void SendErrorMSG(SOCKET sock)        // 发生错误时传递消息
{
    char protocol[]="HTTP/1.0 400 Bad Request\r\n";
    char servName[]="Server:simple web server\r\n";
    char cntLen[]="Content-length:2048\r\n";
    char cntType[]="Content-type:text/html\r\n\r\n";
    char content[]="<html><head><title>NETWORK</title></head>"
        "<body><font size=+5><br> 发生错误！查看请求文件名和请求方式！"
        "</font></body></html>";
```

```
    send(sock, protocol, strlen(protocol), 0);
    send(sock, servName, strlen(servName), 0);
    send(sock, cntLen, strlen(cntLen), 0);
    send(sock, cntType, strlen(cntType), 0);
    send(sock, content, strlen(content), 0);
    closesocket(sock);
}

char* ContentType(char* file)  // 区分Content-type
{
    char extension[BUF_SMALL];
    char fileName[BUF_SMALL];
    strcpy(fileName, file);
    strtok(fileName, ".");
    strcpy(extension, strtok(NULL, "."));
    if(!strcmp(extension, "html")||!strcmp(extension, "htm"))
        return "text/html";
    else
        return "text/plain";
}

void ErrorHandling(char* message)
{
    fputs(message, stderr);
    fputc('\n', stderr);
    exit(1);
}
```

图24-4给出上述示例的运行结果。首先启动该服务器端，再启动Web浏览器进行连接。

图24-4　运行结果1

从图24-4的运行结果可以看出，地址栏中输入了如下地址：

```
http://localhost:9190/index.html
```

该请求相当于连接到IP为127.0.0.1、端口为9190的套接字，并请求获取index.html文件。可以用回送地址127.0.0.1代替“localhost”。通过图24-5观察客户端，可以看出未找到请求的文件。

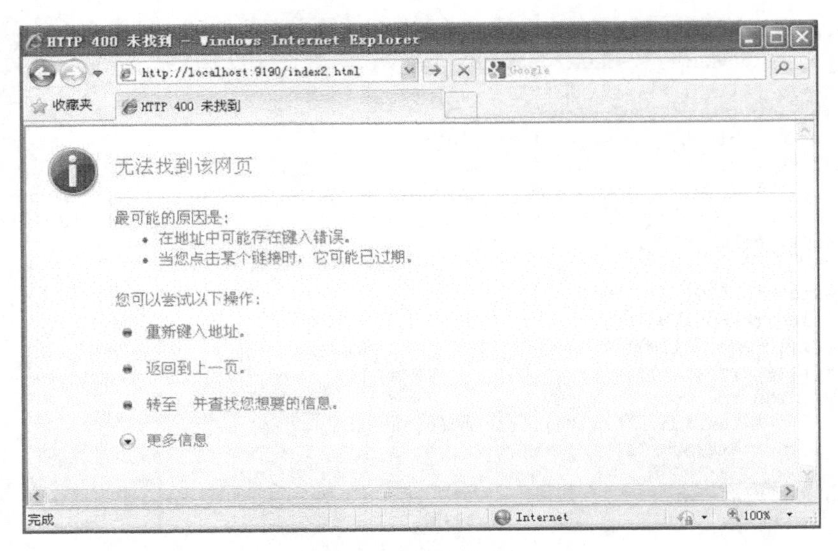

图24-5　运行结果2

可以在页面上半部分找到状态码400，因为地址栏中输入的index2.html文件不存在。

实现基于 Linux 的多线程 Web 服务器端

Linux下的Web服务器端与上述示例不同，将使用标准I/O函数。在此列出的目的主要是为了让各位多复习各种知识点，没有任何特殊含义。

❖ webserv_linux.c

```
#include <stdio.h>
#include <stdlib.h>
#include <unistd.h>
#include <string.h>
#include <arpa/inet.h>
#include <sys/socket.h>
#include <pthread.h>

#define BUF_SIZE 1024
#define SMALL_BUF 100

void* request_handler(void* arg);
void send_data(FILE* fp, char* ct, char* file_name);
char* content_type(char* file);
void send_error(FILE* fp);
void error_handling(char* message);

int main(int argc, char *argv[])
{
```

```
    int serv_sock, clnt_sock;
    struct sockaddr_in serv_adr, clnt_adr;
    int clnt_adr_size;
    char buf[BUF_SIZE];
    pthread_t t_id;
    if(argc!=2) {
        printf("Usage : %s <port>\n", argv[0]);
        exit(1);
    }

    serv_sock=socket(PF_INET, SOCK_STREAM, 0);
    memset(&serv_adr, 0, sizeof(serv_adr));
    serv_adr.sin_family=AF_INET;
    serv_adr.sin_addr.s_addr=htonl(INADDR_ANY);
    serv_adr.sin_port = htons(atoi(argv[1]));
    if(bind(serv_sock, (struct sockaddr*)&serv_adr, sizeof(serv_adr))==-1)
        error_handling("bind() error");
    if(listen(serv_sock, 20)==-1)
        error_handling("listen() error");

    while(1)
    {
        clnt_adr_size=sizeof(clnt_adr);
        clnt_sock=accept(serv_sock, (struct sockaddr*)&clnt_adr, &clnt_adr_size);
        printf("Connection Request : %s:%d\n",
            inet_ntoa(clnt_adr.sin_addr), ntohs(clnt_adr.sin_port));
        pthread_create(&t_id, NULL, request_handler, &clnt_sock);
        pthread_detach(t_id);
    }
    close(serv_sock);
    return 0;
}

void* request_handler(void *arg)
{
    int clnt_sock=*((int*)arg);
    char req_line[SMALL_BUF];
    FILE* clnt_read;
    FILE* clnt_write;

    char method[10];
    char ct[15];
    char file_name[30];

    clnt_read=fdopen(clnt_sock, "r");
    clnt_write=fdopen(dup(clnt_sock), "w");
    fgets(req_line, SMALL_BUF, clnt_read);
    if(strstr(req_line, "HTTP/")==NULL)
    {
        send_error(clnt_write);
        fclose(clnt_read);
        fclose(clnt_write);
        return;
    }
```

```
    strcpy(method, strtok(req_line, " /"));
    strcpy(file_name, strtok(NULL, " /"));
    strcpy(ct, content_type(file_name));
    if(strcmp(method, "GET")!=0)
    {
        send_error(clnt_write);
        fclose(clnt_read);
        fclose(clnt_write);
        return;
    }

    fclose(clnt_read);
    send_data(clnt_write, ct, file_name);
}

void send_data(FILE* fp, char* ct, char* file_name)
{
    char protocol[]="HTTP/1.0 200 OK\r\n";
    char server[]="Server:Linux Web Server \r\n";
    char cnt_len[]="Content-length:2048\r\n";
    char cnt_type[SMALL_BUF];
    char buf[BUF_SIZE];
    FILE* send_file;

    sprintf(cnt_type, "Content-type:%s\r\n\r\n", ct);
    send_file=fopen(file_name, "r");
    if(send_file==NULL)
    {
        send_error(fp);
        return;
    }

    /*传输头信息*/
    fputs(protocol, fp);
    fputs(server, fp);
    fputs(cnt_len, fp);
    fputs(cnt_type, fp);

    /*传输请求数据*/
    while(fgets(buf, BUF_SIZE, send_file)!=NULL)
    {
        fputs(buf, fp);
        fflush(fp);
    }
    fflush(fp);
    fclose(fp);
}

char* content_type(char* file)
{
    char extension[SMALL_BUF];
    char file_name[SMALL_BUF];
    strcpy(file_name, file);
```

```
    strtok(file_name, ".");
    strcpy(extension, strtok(NULL, "."));

    if(!strcmp(extension, "html")||!strcmp(extension, "htm"))
        return "text/html";
    else
        return "text/plain";
}

void send_error(FILE* fp)
{
    char protocol[]="HTTP/1.0 400 Bad Request\r\n";
    char server[]="Server:Linux Web Server \r\n";
    char cnt_len[]="Content-length:2048\r\n";
    char cnt_type[]="Content-type:text/html\r\n\r\n";
    char content[]="<html><head><title>NETWORK</title></head>"
        "<body><font size=+5><br>发生错误！查看请求文件名和请求方式！"
        "</font></body></html>";

    fputs(protocol, fp);
    fputs(server, fp);
    fputs(cnt_len, fp);
    fputs(cnt_type, fp);
    fflush(fp);
}

void error_handling(char* message)
{
    fputs(message, stderr);
    fputc('\n', stderr);
    exit(1);
}
```

关于TCP/IP套接字编程的讲解到此结束。第25章将简单介绍网络编程进阶部分需要学习的内容。

24.3 习题

(1) 下列关于Web服务器端和Web浏览器的说法错误的是？

a. Web浏览器并不是通过自身创建的套接字连接服务器端的客户端。

b. Web服务器通过TCP套接字提供服务，因为它将保持较长的客户端连接并交换数据。

c. 超文本与普通文本的最大区别是其具有可跳转的特性。

d. Web服务器端可视为向浏览器提供请求文件的文件传输服务器端。

e. 除Web浏览器外，其他客户端都无法访问Web服务器端。

(2) 下列关于HTTP协议的描述错误的是？

a. HTTP协议是无状态的Stateless协议，不仅可以通过TCP实现，还可通过UDP实现。

b. HTTP协议是无状态的Stateless协议，因为其在1次请求和响应过程完成后立即断开连接。因此，如果同一服务器端和客户端需要3次请求及响应，则意味着要经过3次套接字创建过程。

c. 服务器端向客户端传递的状态码中含有请求处理结果信息。

d. HTTP协议是基于因特网的协议，因此，为了同时向大量客户端提供服务，HTTP被设计为Stateless协议。

(3) IOCP和epoll是可以保证高性能的典型服务器端模型，但如果在基于HTTP协议的Web服务器端使用这些模型，则无法保证一定能得到高性能。请说明原因。

第 25 章

进阶内容

相信各位已经对套接字编程和系统编程有了一定认识。入门的过程感觉有些漫长，可一旦有了基础，接下来的学习并非难事。进入本章意味着我们已经走过了漫长的入门过程。

本章将介绍进阶学习的内容。我希望多介绍一些好的学习方法和经验教训，这也是编写本章的宗旨。

25.1 网络编程学习的其他内容

成为网络程序员的前提是成为程序员

如果对某一领域感兴趣，自然会更关注该领域，并会产生从事该领域相关工作的想法。也有读者向我询问如何成为一名网络程序员，但按照这部分读者的标准，我也很难成为合格的网络程序员。因为我的兴趣并非完全集中于网络领域，而且现阶段也并不从事网络编程相关工作。但工作中也会遇到网络编程的部分，这种情况下也会编写网络程序。

网络编程曾被认为是一种专业领域（现阶段也有人这么认为），但大部分最新软件是基于网络环境开发的，因此，网络编程成为程序员的一种必备技能。

如果对网络编程感兴趣，就应该在兴趣驱使学习程序员必备的所有知识。因为在现代服务器端，收发数据的网络编程部分所占篇幅远远比不上其他部分。优秀的服务器端并不是由优秀的网络程序员实现的，而是由优秀的程序员编写的。

编写这些程序时的参考书

编程经验的不足使我们更加依赖书籍。我接触陌生领域的项目时，也会收集国内外最新出版的图书。但我们无法通过书籍解决项目中遇到的问题，因为软件本身属于创造性工作的产物。编写同样功能的软件时，每位程序员的实现方法各不相同，此处没有正确答案。本身没有正解的东西很难从书中找到需要的信息，因此，在具备了坚实的理论知识的基础上，应该加强编程训练。

假设各位要开发在线俄罗斯方块对战游戏，大家能在身边找到有经验的程序员。这时不应该提如下这种问题：

"我想实现在线俄罗斯方块对战游戏，该如何编写呢？应该读哪些书？"

我能理解各位的焦虑，但提出这种问题无法得到满意的答复（被提问的人也不知所措）。应该缩小问题范围，而且问题要具体：

"我想实现在线俄罗斯方块对战游戏。用什么方法传输对方的砖块信息比较合理呢？我想出了一种方法，不知是否合理。"

提问的范围越小、方式越具体越好。一个大问题可以分成若干个子问题，通过这样的提问可以思考和理解更多内容。

后续学习内容

大部分学生对系统编程（System Programming）有着极深的恐惧感，特别是在没能理解其本质的情况下，这种感觉尤为深刻。但本书的绝大部分内容都与系统编程有关，也就是说，各位已经掌握了相当多的系统编程知识。

网络编程与操作系统有着密切的关系，IOCP和epoll就是典型的例子。因此，我们无法完全避免依赖于操作系统的代码。而编写依赖于操作系统的代码时，有必要深入学习系统编程。因此，如果各位想了解下一步应该学习哪些内容，我建议大家进一步学习Windows和Linux系统编程。学习过程中会加深对操作系统的理解，同时，系统编程知识可以应用到多种领域，可谓一举多得。操作系统是计算机专业的5大核心科目之一，学习系统编程必定有百利而无一害。

25.2　网络编程相关书籍介绍

最后推荐一些书目，各位可以将此视为我的主观建议。大家身边这种人越多越好，也希望各位多倾听其他前辈的意见。

系统编程相关书籍

如前所述，最好多学习系统编程相关知识。下面介绍2本相关书籍。

《UNIX环境高级编程（第2版）》

这本书的作者是大名鼎鼎的W. Richard Stevens，由Addison Wesley出版。这是一本广为人知的好书，如果您希望学习UNIX系列操作系统的系统编程，我向您强烈推荐。这本书的学习方法大致可分为2种：第一种方法是短时间内浏览一遍，通过这种快速阅读可以了解主要内容，并掌握各种系统级别（操作系统级别）的函数，浏览后可以参考需要的部分；第二种方法是从开始就把本书当作参考书，如果已经有了其他操作系统下的编程经验，可以通过这种方式提高学习效率。对于缺乏系统编程经验的读者，我还是推荐第一种方法。

《Windows核心编程》

本书的作者是Jeffrey Richter，由Microsoft Press出版。可以说本书与前一本书分别引领了Windows和UNIX领域的编程技术趋势。

协议相关书籍

相信各位在学习网络编程时也有所体会，要想编好网络程序，需要深入理解TCP/IP协议。下面介绍与之相关的2本书。

《TCP/IP详解》（卷1~卷3）

本书的作者同样是W. Richard Stevens，也由Addison Wesley出版。毋庸赘言，《TCP/IP详解》系列极为有名，网络方向的研究生案头一般都会摆着这3本书（特别是卷1和卷2）。但就各位现在的水平而言，卷1已经足够了。卷1讲解的是TCP/IP协议，卷2和卷3主要介绍TCP/IP的代码实现和扩展的（Transactional）TCP协议。下面为初学者推荐另一本书。

《TCP/IP协议族》

本书的作者是Behrouz A. Forouzan，由McGraw Hill出版。其优点是语句简洁，并加入大量插图以帮助理解。这本书本身就浅显易懂，改版中又加入了最新的热点问题，不仅是学习TCP/IP协议的好书，而且涵盖了多种应用层协议。据我所知，不少大学都将此书用作教材。

所有学习到此结束，各位辛苦了！

感谢各位选择本书！

作者　尹圣雨敬上

索　引

B

C

D

E

F

G

H

I

J

K

L

M

N

O

Q

S

T

W

X

Y

Z